1000 Fragen aus Genetik, Biochemie, Zellbiologie und Mikrobiologie

Olaf Werner

(Hrsg.)

1000 Fragen aus Genetik, Biochemie, Zellbiologie und Mikrobiologie

 Springer Spektrum

Herausgeber
Olaf Werner
Las Torres de Cotillas
Murcia
Spanien

ISBN 978-3-642-54986-1   ISBN 978-3-642-54987-8 (eBook)
DOI 10.1007/978-3-642-54987-8

Die Deutsche Nationalbibliothek verzeichnet diese Publikation in der Deutschen Nationalbibliografie; detaillierte bibliografische Daten sind im Internet über http://dnb.d-nb.de abrufbar.

Springer Spektrum
© Springer-Verlag Berlin Heidelberg 2014

Planung und Lektorat: Kaja Rosenbaum, Meike Barth
Redaktion: Bärbel Häcker

Gedruckt auf säurefreiem und chlorfrei gebleichtem Papier

Springer Spektrum ist eine Marke von Springer DE. Springer DE ist Teil der Fachverlagsgruppe Springer Science+Business Media
www.springer-spektrum.de

Vorwort

Sicher besteht der Sinn des Studiums nicht nur darin, sich erfolgreich auf Prüfungen vor-
zubereiten. Aber Prüfungen sind ein wesentlicher Bestandteil des Studiums, und gute
Noten können einem den weiteren beruflichen Lebensweg erheblich einfacher machen.
Deshalb habe ich gerne angenommen, als mich Frau Merlet Behncke-Braunbeck darum
bat, die bei Springer Spektrum vorhandenen Prüfungsfragen aufzubereiten und in zwei
Bänden zusammenzufassen.

Die Fragen sind nach Sachgebieten geordnet. Sie finden jeweils Verständnisfragen, die
eine umfangreichere Antwort erfordern, sowie Multiple-Choice-Fragen, bei denen es ausreicht, die richtige Antwort anzugeben. Machen Sie sich ruhig die Mühe, die Verständnisfragen schriftlich zu beantworten oder die Antwort zumindest **laut** auszusprechen. Meiner
Erfahrung nach bemerkt man so noch einige Kenntnislücken, die einem beim rein inner-
lichen Aufsagen der Antwort gar nicht richtig bewusst werden. Ideal wäre es, wenn Sie die
Fragen in Gruppen bearbeiten und sich gegenseitig abfragen. Auch wenn die richtigen
Antworten im Buch ausführlich erklärt werden, können Sie dann das entsprechende The-
ma in der Gruppe noch weiter vertiefen.

Bei der Auswahl der Fragen habe ich versucht, die grundlegenden Aspekte des jeweiligen Sachgebiets so gut wie möglich abzudecken. Darüber hinaus gibt es auch Fragen etwas
speziellerer Natur, deren Antworten vielleicht nicht alle Studierenden wissen müssen, an
denen sich aber herausragende Kandidaten noch messen können. Natürlich ist die Auswahl der Fragen auch immer subjektiv und die Gewichtung der Sachgebiete ist gemessen
an der Zahl der Fragen nicht so, wie sich das Vertreter der „zu kurz gekommen" Fachbe-
reiche vielleicht wünschen würden. Trotzdem hoffe ich, dass dieser Fragenkatalog Ihnen
dabei hilft, Ihr Wissen zu kontrollieren und dann selbstbewusst in die Prüfungen zu gehen.

Ich möchte die Gelegenheit auch nutzen, um dem Lektorat des Springer-Spektrum-Ver-
lags für die wie immer sehr angenehme Zusammenarbeit zu danken. Wie schon erwähnt
hat Frau Merlet Behncke-Braunbeck die Arbeit zu diesem Buch angestoßen und Frau Kaja
Rosenbaum und Frau Dr. Meike Barth haben sich dann um die Ausführung gekümmert.

Olaf Werner

Inhaltsverzeichnis

Fragen zur Biochemie

Olaf Werner

Frage 1 Die Ordnungszahl eines chemischen Elements …

a. ist gleich der Anzahl von Neutronen in einem Atom.
b. ist gleich der Anzahl von Protonen in einem Atom.
c. ist gleich der Anzahl von Protonen minus der Anzahl von Neutronen.
d. ist gleich der Anzahl von Neutronen plus der Anzahl von Protonen.
e. hängt vom Isotop ab.

Frage 2 Das Atomgewicht (die Atommasse) eines chemischen Elements …

a. ist gleich der Anzahl von Neutronen in einem Atom.
b. ist gleich der Anzahl von Protonen in einem Atom.
c. ist gleich der Anzahl von Elektronen in einem Atom.
d. ist gleich der Anzahl von Neutronen plus der Anzahl von Protonen.
e. hängt von den relativen Häufigkeiten seiner Isotope ab.

Frage 3 Welche der folgenden Aussagen über alle Isotope eines chemischen Elements ist *nicht* richtig?

a. Sie haben dieselbe Ordnungszahl.
b. Sie haben dieselbe Protonenzahl.
c. Sie haben dieselbe Neutronenzahl.
d. Sie haben dieselbe Elektronenzahl.
e. Sie haben dieselben chemischen Eigenschaften.

O. Werner (✉)
Las Torres de Cotillas, Murcia, Spanien
E-Mail: werner@um.es

O. Werner (Hrsg.), *1000 Fragen aus Genetik, Biochemie, Zellbiologie und Mikrobiologie*,
DOI 10.1007/978-3-642-54987-8_1, © Springer-Verlag Berlin Heidelberg 2014

Frage 4 Welche der folgenden Aussagen über eine kovalente Bindung ist *nicht* richtig?

a. Sie ist stärker als eine Wasserstoffbindung.
b. Sie kann sich zwischen Atomen desselben chemischen Elements bilden.
c. Zwischen zwei Atomen kann sich nur eine einzige kovalente Bindung bilden.
d. Sie entsteht durch die gemeinsame Nutzung von Elektronen durch zwei Atome.
e. Sie kann sich zwischen Atomen unterschiedlicher chemischer Elemente bilden.

Frage 5 Welche der folgenden Aussagen stimmt? Hydrophobe Wechselwirkungen …

a. sind stärker als Wasserstoffbindungen.
b. sind stärker als kovalente Bindungen.
c. können zwei Ionen zusammenhalten.
d. können zwei unpolare Moleküle zusammenhalten.
e. sind für die Oberflächenspannung des Wassers verantwortlich.

Frage 6 Welche der folgenden Aussagen über Wasser stimmt *nicht*?

a. Es setzt eine große Menge Wärme frei, wenn es vom flüssigen in den gasförmigen Zustand übergeht.
b. Seine feste Form ist weniger dicht als seine flüssige Form.
c. Es ist das effektivste Lösungsmittel von polaren Molekülen.
d. Es ist normalerweise die am weitesten verbreitete Substanz in einem aktiven Organismus.
e. Es ist an wichtigen chemischen Reaktionen beteiligt.

Frage 7 Die folgende Reaktion findet im menschlichen Magen statt: $HCl \rightarrow H^+ + Cl^-$. Diese Reaktion ist ein Beispiel für …

a. die Spaltung einer kovalenten Bindung.
b. die Bildung einer Wasserstoffbindung.
c. die Erhöhung des pH-Werts im Magen.
d. die Bildung von Ionen durch Dissoziation einer Säure.
e. die Bildung von polaren kovalenten Bindungen.

Frage 8 Die Wasserstoffbindung zwischen zwei Wassermolekülen entsteht, weil Wasser …

a. polar ist.
b. unpolar ist.
c. eine Flüssigkeit ist.
d. klein ist.
e. hydrophob ist.

Frage 9 Welche Aussage über die Thermodynamik trifft zu?

a. Freie Energie wird bei einer exergonischen Reaktion verbraucht.
b. Freie Energie kann nicht zum Leisten von Arbeit, zum Beispiel von chemischen Umwandlungen, eingesetzt werden.
c. Die Gesamtmenge an Energie kann sich nach einer chemischen Umwandlung verändern.
d. Freie Energie kann die Form von kinetischer, nicht jedoch von potenzieller Energie annehmen.
e. Entropie tendiert immer zu einem Maximum.

Frage 10 In einer chemischen Reaktion …

a. hängt die Rate vom ΔG-Wert ab.
b. hängt die Rate von der Aktivierungsenergie ab.
c. hängt der Wechsel an Entropie von der Aktivierungsenergie ab.
d. hängt die Aktivierungsenergie vom ΔG-Wert ab.
e. hängt die Änderung der Freien Energie von der Aktivierungsenergie ab.

Frage 11 Welche der folgenden Aussagen über Kondensationsreaktionen trifft *nicht* zu?

a. Aus ihnen resultiert die Proteinsynthese.
b. Aus ihnen resultiert die Polysaccharidsynthese.
c. Aus ihnen resultiert die Nucleinsäuresynthese.
d. Sie verbrauchen Wasser als Reaktionspartner.
e. Unterschiedliche Kondensationsreaktionen bilden verschiedene Arten von Makromolekülen.

Frage 12 Welche der folgenden Aussagen über die Carboxylgruppe ist *nicht* richtig?

a. Sie hat die chemische Formel $-COOH$.
b. Sie ist eine Säuregruppe.
c. Sie kann dissoziieren.
d. Sie kommt in Aminosäuren vor.
e. Sie hat ein Atomgewicht von 75.

Frage 13 Das häufigste Molekül in der Zelle ist …

a. ein Kohlenhydrat.
b. ein Lipid.
c. eine Nucleinsäure.
d. ein Protein.
e. Wasser.

Frage 14 Welche Methode auf molekularer Basis wurde zuerst angewendet?

a. DNA-Sequenzierung.
b. Elektrophorese von Proteinen.
c. Immunologische Tests.
d. DNA-DNA-Hybridisierung.

Frage 15 Welche Zustandsgröße wird mit einem Rastersondenmikroskop gemessen?

a. Magnetismus.
b. Elektrischer Widerstand.
c. Lichtabsorption.
d. Temperatur.
e. Alle genannten Größen.

Frage 16 Was wird als Schwäche der Rastertunnelmikroskopie angesehen?

a. Die fehlende Fähigkeit, Atome zu bewegen und anzuordnen und dadurch ein Design zu entwerfen.
b. Die Gefahr der Zerstörung der Oberfläche durch die Metallspitze auf dem Mikroskop.
c. Die Notwendigkeit einer leitenden Oberfläche für ein ordnungsgemäßes Arbeiten.
d. Die fehlende Möglichkeit, diese Technologie in der Biologie anzuwenden.
e. Alle genannten sind Schwächen der Rastertunnelmikroskopie.

Frage 17 Was ist ein Rasterkraftmikroskop (RKM)?

a. Ein RKM ermittelt die Kraft zwischen molekularen Bindungen in einem Objekt.
b. Ein RKM erkennt Atome und Moleküle durch Abtasten der Oberfläche.
c. Ein RKM nutzt Photonen, um die auf einer beliebigen Oberfläche vorhandene Struktur vorauszusagen.
d. Ein RKM erkennt Atome und Moleküle auf einer leitenden Oberfläche.
e. Keine der Aussagen ist wahr.

Frage 18 Welche der folgenden Aussagen bezüglich der Massenspektroskopie ist *nicht* korrekt?

a. Bei der MS wird zuerst die Probe ionisiert und dann die Zeit gemessen, die die Ionen benötigen, um den Detektor zu erreichen.
b. SELDI-MS hat ein großes Potenzial für die Analyse von Proteinprofilen in Körperflüssigkeiten und könnte in Zukunft eingesetzt werden, um Krankheiten schon vor dem Auftreten von Symptomen festzustellen.

c. Mithilfe von ESI und MALDI können die Glykosylierung und die Phosphorylierung von Proteinen festgestellt werden.

d. ESI kann mit viel größeren Ionen arbeiten als MALDI.

e. Die Flugzeit der Ionen bei der Massenspektroskopie korreliert direkt mit ihrer Masse.

Frage 19 Welche der folgenden Aussagen über HPLC ist *nicht* korrekt?

a. Bei der HPLC gibt es zwei Phasen, eine mobile und eine stationäre.

b. Die Trennung, Identifizierung und Aufreinigung von Proteinen sind nur einige der Anwendungsmöglichkeiten für die HPLC.

c. Der Nachteil der HPLC besteht darin, dass sie wegen der schlechten Verfügbarkeit des Materials für die stationäre Phase oft nicht angewandt werden kann.

d. Die Einstellung der experimentellen Bedingungen, die Änderung der Partikelgröße der stationären Phase und das Kontrollieren der Temperatur sind Faktoren, die die Auflösung beeinflussen.

e. Alle Aussagen sind wahr.

Frage 20 Alle Kohlenhydrate …

a. sind Polymere.

b. sind einfache Zucker.

c. bestehen aus einem oder mehreren einfachen Zuckern.

d. kommen in Biomembranen vor.

e. sind in unpolaren Lösungsmitteln besser löslich als in Wasser.

Frage 21 Welches der folgenden Moleküle ist *kein* Kohlenhydrat?

a. Glucose.

b. Stärke.

c. Cellulose.

d. Hämoglobin.

e. Desoxyribose.

Frage 22 Welche Art von kovalenter Bindung spielt bei der Verknüpfung verschiedener Stellen eines Polypeptids oder zwischen verschiedenen Polypeptiden eine wichtige Rolle?

a. Disulfidbrücken.

b. Wasserstoffbrücken.

c. Peptidbindungen.

d. Phosphodiesterbindungen.

Frage 23 Die meisten der sehr häufigen Proteine einer Zelle sind vermutlich Haushalts-proteine. Welche Funktion haben sie?

a. Sie sind für die spezifischen Funktionen einzelner Zelltypen verantwortlich.
b. Sie übernehmen in Zellen die Regulation der Genomexpression.
c. Sie entfernen Abfallstoffe aus den Zellen.
d. Sie sind für die allgemeinen biochemischen Aktivitäten einer Zelle verantwortlich.

Frage 24 Welche der folgenden biologischen Funktionen ist *keine* Funktion von Proteinen?

a. Biologische Katalyse.
b. Regulation zellulärer Prozesse.
c. Tragen der genetischen Information.
d. Transport von Molekülen in vielzelligen Organismen.

Frage 25 Warum wird SDS bei der Elektrophorese von Proteinen eingesetzt?

a. SDS umhüllt das Protein mit einer negativen Ladung, sodass die Probe durch das Gel wandern kann.
b. SDS ist eine spezielle Protease, die große Proteine in der Probe verdaut.
c. SDS ermöglicht die Bindung der Coomassie-Blau-Färbung an die Proteine im Gel, sodass diese sichtbar werden.
d. SDS erhöht das Molekulargewicht jeder Probe, sodass die Proteine nicht über das Ende des Gels hinauslaufen.
e. Keine der Aussagen ist wahr.

Frage 26 Was ist ein Problem bei der Anwendung der 2-D-PAGE?

a. Hydrophobe Proteine können sich wegen ihrer hydrophoben Oberflächen anders als erwartet im Gel bewegen.
b. Stark exprimierte Proteine können weniger zahlreiche überdecken, indem sie im Gel neben ihnen laufen.
c. Manche Proteine können nicht durch Polyacrylamid wandern und werden deshalb nicht auf dem Gel dargestellt.
d. Seltene zelluläre Proteine sind mit der Coomassie-Blau-Färbung nur schwer sichtbar zu machen.
e. Alle genannten sind Probleme der 2-D-PAGE.

Frage 27 Auf der Grundlage welches folgenden Faktors werden in der Polyacrylamidgele-lektrophorese mit Natriumdodecylsulfat (SDS) Proteine getrennt?

a. Verhältnis von Masse zu Ladung.
b. Konformation.

c. Isoelektrischer Punkt.

d. Größe.

Frage 28 Der isoelektrische Punkt eines Proteins ist definiert als:

a. pH-Wert, bei dem ein Protein keine Nettoladung besitzt.

b. pH-Wert, bei dem ein Protein seine Aktivität verliert.

c. pH-Wert, bei dem ein Protein seine maximale Aktivität besitzt.

d. pH-Wert, bei dem die Aminosäuren eines Proteins alle in ionischer Form vorliegen.

Frage 29 Was wird benötigt, um *yeast two hybrid-assays* durchzuführen?

a. Zwei Vektoren, um das Köder- und das Beuteprotein zu exprimieren.

b. Ein Reportergen unter der Kontrolle der GAL4-Erkennungssequenz.

c. Die DNA-bindende Domäne eines Transkriptionsfaktors, die genetisch mit dem interessierenden Protein, auch Köder genannt, fusioniert ist.

d. Die Aktivierungsdomäne eines Transkriptionsfaktors, die genetisch mit Proteinen fusioniert ist, die auf ihre Interaktionen mit dem Beuteprotein untersucht werden.

e. Alle genannten Elemente sind nötig.

Frage 30 Die Art der Chromatographie, bei der für die Ermittlung der bindenden Proteine ein Protein an Säulenmaterial gebunden und in einer Säule platziert wird, bezeichnet man als:

a. Gelfiltrationschromatographie.

b. Ionenaustauschchromatographie.

c. Affinitätschromatographie.

d. Isoelektrische Chromatographie.

Frage 31 Was sind *hubs* in einem Proteininteraktionsnetzwerk?

a. Es handelt sich um Proteine, die die Aktivitäten der Zelle regulieren.

b. Es sind Proteine, die das Gerüst der Zelle bilden.

c. Es sind Proteine, die mit vielen anderen Proteinen der Zelle interagieren.

d. Es sind Proteine, die die Genexpression in der Zelle kontrollieren.

Frage 32 Welche der folgenden Aussagen stimmt *nicht* im Hinblick auf die Sequenzierung von Peptiden mithilfe der Massenspektroskopie?

a. Mit der Massenspektroskopie kann das gesamte Protein auf einmal sequenziert werden.

b. Manche aufgereinigten Proteine müssen mit Proteasen verdaut werden, um unerwünschte Eigenschaften wie Hydrophobizität und Löslichkeit zu beseitigen.

c. Um die Sequenz zu bestimmen, werden zwei Runden von Massenspektroskopie durchgeführt.

d. Eine reine Probe des Proteins für die Bestimmung der Sequenz erhält man durch 2-D-PAGE oder HPLC.

e. Um die Sequenz des unbekannten Proteins zu bestimmen, werden seine Peaks mit denen aus einer Datenbank von Peptidionenspektren verglichen.

Frage 33 Warum sind Protein-Tags nützlich?

a. Protein-Tags sind genau das Gleiche wie Reporterfusionen und haben ähnliche Funktionen.

b. Durch Tags kann das Protein isoliert und von anderen zellulären Proteinen gereinigt werden.

c. Durch Tags kann das Protein quantifiziert werden.

d. Protein-Tags machen es dem Protein, an das sie gekoppelt sind, möglich, seine Aufgabe schneller zu erfüllen.

e. Keine der Aussagen ist wahr.

Frage 34 Wofür ist Biopanning in der Proteomikforschung nützlich?

a. Um große Mengen Protein auf der Oberfläche von Hefezellen zu exprimieren.

b. Um Expressionsbibliotheken in *E. coli* zu durchsuchen.

c. Um die Zellmembranstrukturen von Zellen zu verändern, indem fremde Proteine auf der Zelloberfläche exprimiert werden.

d. Um spezifische Peptide, die an ein bestimmtes Zielprotein binden, zu isolieren.

e. Für alle genannten Anwendungen.

Frage 35 Was sind Inteine?

a. Äußere oder innere Abschnitte von Proteinen, die durch Proteolyse entfernt werden, sodass ein aktives Protein entsteht.

b. Äußere Abschnitte von Proteinen, die durch Proteinligasen an andere Proteine angehängt werden.

c. Innere Abschnitte von Proteinen, die nach der Translation entfernt werden, wobei eine Verknüpfung der äußeren Abschnitte stattfindet.

d. Äußere Abschnitte von Proteinen, die kovalent an Lipide gebunden sind, um in Membranen eingefügt zu werden.

Frage 36 Was wird bei einem Western-Blot *nicht* gebraucht?

a. Ein sekundärer Antikörper mit einem konjugierten Detektionssystem.

b. Agarosegelelektrophorese.

c. Fettfreies Milchpulver.

d. Ein primärer Antikörper, der das Protein erkennt.

e. Eine Nitrocellulosemembran.

Frage 37 Welches ist *kein* Beispiel für Proteaseaktivität?

a. Manche Proteasen spalten die Phosphodiesterbindung zwischen Nucleinsäureresten.

b. Manche Proteasen spalten innerhalb einer Proteinsequenz, andere Proteasen schneiden an beiden Enden Reste ab.

c. Manche Proteasen enthalten Serin-, Cystein-, Threonin- oder Asparaginsäurereste in ihrem aktiven Zentrum.

d. Proteasen hydrolysieren die Peptidbindung zwischen Aminosäureresten.

e. Metalloproteasen enthalten Metallionen als Cofaktoren in ihrem aktiven Zentrum.

Frage 38 Zu welchem Zweck wird ein ELISA-Assay angewendet?

a. Um die Menge eines bestimmten Proteins oder Antigens in einer Probe zu messen.

b. Um die Menge an DNA in einer Probe zu bestimmen

c. Um die Menge eines Antikörpers in einer Probe zu ermitteln.

d. Um auf einer Mikrotiterplatte Antikörper aus Serum auszuwaschen.

e. Zu keinem der genannten Zwecke.

Frage 39 Was ist ein Problem bei Immunoassays?

a. Proteine, die an feste Träger gebunden sind, repräsentieren möglicherweise nicht die intrazellulären Bedingungen.

b. Der Antikörper kann eine Kreuzreaktion mit anderen zellulären Proteinen eingehen und dadurch ein falschpositives Ergebnis verursachen.

c. Einige Proteine könnten in zu geringer Konzentration vorliegen, um mit solchen, die im Überfluss vorhanden sind, um Bindungsstellen konkurrieren zu können.

d. Die Antikörperbindungsstellen von Proteinen, die oft in Komplexen vorkommen, könnten von den anderen Proteinen im Komplex verdeckt sein.

e. Alle genannten sind Probleme, die mit Immunoassays verbunden sind.

Frage 40 Alle Proteine …

a. sind Enzyme.

b. bestehen aus einem oder mehreren Polypeptiden.

c. sind Aminosäuren.

d. besitzen Quartärstrukturen.

e. sind in unpolaren Lösungsmitteln besser löslich als in Wasser.

Frage 41 Welche der folgenden Aussagen über die Primärstruktur eines Proteins trifft *nicht* zu?

a. Die Primärstruktur kann verzweigt sein.
b. Die Primärstruktur wird durch die Struktur der korrespondierenden DNA bestimmt.
c. Die Primärstruktur ist einzigartig und gilt nur für dieses Protein.
d. Die Primärstruktur bestimmt die Tertiärstruktur des Proteins.
e. Die Primärstruktur entspricht der Aminosäuresequenz dieses Proteins.

Frage 42 Die Aminosäure Leucin …

a. kommt in allen Proteinen vor.
b. kann keine Peptidbindungen bilden.
c. kommt wahrscheinlich in dem Teil eines Membranproteins vor, der sich innerhalb der Phospholipid-Doppelschicht befindet.
d. kommt wahrscheinlich in dem Teil eines Membranproteins vor, der sich außerhalb der Phospholipid-Doppelschicht befindet.
e. ist identisch mit der Aminosäure Lysin.

Frage 43 Die Quartärstruktur eines Proteins …

a. besteht aus vier Untereinheiten – daher der Name Quartärstruktur.
b. steht in keiner Beziehung zur Funktion des Proteins.
c. kann entweder alpha oder beta sein.
d. hängt von den kovalenten Bindungen zwischen den Untereinheiten ab.
e. hängt von der Primärstruktur der Untereinheiten ab.

Frage 44 Alle Lipide sind …

a. Triglyceride.
b. polar.
c. hydrophil.
d. Polymere von Fettsäuren.
e. in unpolaren Lösungsmitteln besser löslich als in Wasser.

Frage 45 Durch welche der folgenden Bindungen sind die Nucleotide in der DNA verknüpft?

a. Glykosidische Bindung.
b. Peptidbindung.
c. Phosphodiesterbindung.
d. Elektrostatische Wechselwirkung.

Frage 46 Was ist ein Ribozym?

a. Ein Enzym, das Ribosomen schneidet.
b. Ein RNA-Molekül, das an bestimmte Zielmoleküle bindet und Reaktionen katalysiert.
c. Ein Enzym, das den Abbau von dsRNA katalysiert.
d. Ein RNA-Molekül, das den Abbau von Ribonucleasen katalysiert.
e. Nichts davon.

Frage 47 Welche Eigenschaft muss ein Ribozym besitzen, um in der klinischen Medizin eingesetzt zu werden?

a. Stabilität und Resistenz gegenüber Degradierung.
b. Keine schädlichen Nebenwirkungen für den Patienten.
c. Expression ausschließlich in erkrankten Zellen.
d. Möglichkeit der spezifischen Verteilung an den gewünschten Ort.
e. Alle genannten Eigenschaften.

Frage 48 Alle Nucleinsäuren ...

a. sind Polymere von Nucleotiden.
b. sind Polymere von Aminosäuren.
c. sind doppelsträngig.
d. haben die Form einer Doppelhelix.
e. enthalten Desoxyribose.

Frage 49 Coenzyme unterscheiden sich von Enzymen dadurch, dass Coenzyme ...

a. nur außerhalb der Zelle aktiv sind.
b. Polymere von Aminosäuren sind.
c. kleiner sind, so wie Vitamine.
d. spezifisch für eine Reaktion sind.
e. immer Träger von energiereichen Phosphatgruppen sind.

Frage 50 Welche Aussage über Vitamine trifft zu?

a. Es handelt sich bei ihnen um essenzielle anorganische Nährstoffe.
b. Sie werden in größeren Mengen als essenzielle Aminosäuren benötigt.
c. Viele dienen als Coenzyme.
d. Vitamin D lässt sich nur durch den Konsum von Fleisch oder Milchprodukten erlangen.
e. Wenn Vitamin C in großen Mengen konsumiert wird, wird der Überschuss für den späteren Gebrauch im Fett gespeichert.

Frage 51 Was versteht man unter dem Metabolom einer Zelle?

a. Alle Proteine und Nucleinsäuren einer Zelle.
b. Alle Metaboliten einer Zelle unter bestimmten Bedingungen.
c. Alle potenziellen Metaboliten, die von einer Zelle hergestellt werden können.
d. Alle Makromoleküle einer Zelle.

Frage 52 Der Citratzyklus …

a. findet im Mitochondrium statt.
b. bildet kein ATP.
c. besitzt keine Verbindung mit der Atmungskette.
d. ist das Gleiche wie die Gärung.
e. reduziert zwei Moleküle NAD^+ pro abgebautem Glucosemolekül.

Frage 53 Die Gärung …

a. findet im Mitochondrium statt.
b. findet in Tierzellen statt.
c. benötigt kein O_2.
d. benötigt Milchsäure.
e. verhindert die Glykolyse.

Frage 54 Welche Aussage über Pyruvat ist *falsch*?

a. Es ist das Endprodukt der Glykolyse.
b. Es wird während der Gärung reduziert.
c. Es ist eine Vorstufe von Acetyl-CoA.
d. Es ist ein Protein.
e. Es enthält drei Kohlenstoffatome.

Frage 55 Im Vergleich zum anaeroben Stoffwechsel liefert der aerobe Glucoseabbau …

a. mehr ATP.
b. Pyruvat.
c. weniger Protonen für Pumpvorgänge in Mitochondrien.
d. weniger CO_2.
e. mehr oxidierte Coenzyme.

Frage 56 Die Elektronentransportkette …

a. findet in der Mitochondrienmatrix statt.
b. nutzt Proteine, die in eine Membran eingebettet sind.

c. führt immer zur ATP-Bildung.

d. regeneriert reduzierte Coenzyme.

e. findet gleichzeitig mit der Gärung statt.

Frage 57 Welche Aussage über die oxidative Phosphorylierung ist *falsch*?

a. Sie ist die Bildung von ATP durch die Atmungskette.

b. Sie wird durch die Chemiosmose bewirkt.

c. Sie erfordert aerobe Verhältnisse.

d. Sie findet bei Eukaroyten in Mitochondrien statt.

e. Ihre Funktionen können genauso gut durch die Gärung erfüllt werden.

Frage 58 Welche Aussage über Enzyme ist *falsch*?

a. Sie bestehen aus Proteinen mit oder ohne einen Nichtprotein-Anteil.

b. Sie verändern die Rate der katalysierten Reaktion.

c. Sie verändern den ΔG-Wert der Reaktion.

d. Sie sind hitzeempfindlich.

e. Sie sind pH-empfindlich.

Frage 59 Das aktive Zentrum eines Enzyms …

a. verändert niemals seine Form.

b. bildet keine chemische Bindung mit den Substraten.

c. legt durch seine Struktur die Spezifität des Enzyms fest.

d. sieht wie eine Schwellung aus, die aus der Enzymoberfläche hervorragt.

e. verändert das ΔG der Reaktion.

Frage 60 Das Molekül ATP …

a. ist ein Bestandteil der meisten Proteine.

b. ist wegen des Gehalts an Adenin (A) eine energiereiche Substanz.

c. wird für viele Energie liefernde biochemische Reaktionen benötigt.

d. ist ein Katalysator.

e. liefert für viele endergonische Prozesse die Energie.

Frage 61 In einer enzymkatalysierten Reaktion …

a. verändert sich ein Substrat nicht.

b. nimmt die Rate ab, während die Substratkonzentration zunimmt.

c. kann das Enzym dauerhaft verändert werden.

d. kann ein Substrat zusätzlich Streckungen ausgesetzt werden.

e. wird die Rate nicht durch die Substratkonzentration beeinflusst.

Frage 62 Welche Aussage über Enzyminhibitoren ist *falsch*?

a. Ein kompetitiver Inhibitor bindet an das aktive Zentrum des Enzyms.
b. Ein allosterischer Inhibitor bindet an die aktive Form des Enzmys.
c. Ein nichtkompetitiver Inhibitor bindet an einen Ort, der nicht mit dem aktiven Zentrum identisch ist.
d. Nichtkompetitive Hemmung kann durch die Zugabe von mehr Substrat nicht vollständig überwunden werden.
e. Kompetitive Hemmung kann durch die Zugabe von mehr Substrat vollständig überwunden werden.

Frage 63 Welche Aussage über die Feedback-Hemmung von Enzymen ist *falsch*?

a. Sie wird durch allosterische Effekte bewirkt.
b. Sie zielt auf das Enzym, das den ersten spezifischen Schritt eines Stoffwechselweges katalysiert.
c. Sie beeinflusst die Reaktionsrate, nicht jedoch die Enzymkonzentration.
d. Sie wirkt sehr langsam.
e. Sie ist ein Beispiel für negative Rückkoppelung.

Frage 64 Welche Aussage über die Temperatureinflüsse ist *falsch*?

a. Die Erhöhung der Temperatur kann die Enzymaktivität erniedrigen.
b. Die Erhöhung der Temperatur kann die Enzymaktivität erhöhen.
c. Die Erhöhung der Temperatur kann ein Enzym denaturieren.
d. Einige Enzyme sind bei Siedetemperatur des Wassers aktiv.
e. Alle Enzyme haben dasselbe Temperaturoptimum.

Frage 65 Oxidation und Reduktion …

a. ziehen den Erwerb oder Verlust von Proteinen nach sich.
b. sind als der Verlust von Elektronen definiert.
c. sind beide endergonische Reaktionen.
d. kommen immer gemeinsam vor.
e. finden nur unter anaeroben Bedingungen statt.

Frage 66 NAD^+ ist …

a. eine Art von Organell.
b. ein Protein.
c. nur in Mitochondrien gegenwärtig.
d. ein Teil von ATP.
e. eines der Produkte in der Reaktion, in der Ethanol gebildet wird.

Frage 67 Die Glykolyse …

a. findet im Mitochondrium statt.
b. bildet kein ATP.
c. hat keine Verbindung mit der Atmungskette.
d. ist das Gleiche wie die Gärung.
e. reduziert zwei Moleküle NAD^+ pro abgebautem Glucosemolekül.

Frage 68 Welche Aussage über Aquaporine stimmt *nicht*?

a. Sie sind Membrantransportproteine.
b. Die Wasserbewegung durch Aquaporine ist immer aktiv.
c. Die Permeabilität einiger Aquaporine unterliegt einer Regulation.
d. Sie kommen sowohl in Tieren als auch in Pflanzen vor.
e. Wasser kann mit ihrer Hilfe die Phospholipid-Doppelschicht durchqueren, ohne mit einer hydrophoben Umgebung in Berührung zu kommen.

Frage 69 Welche Aussage über die Protonenpumpe in der Plasmamembran stimmt *nicht*?

a. Sie benötigt ATP.
b. Der Innenbereich der Membran wird durch sie im Verhältnis zum Außenbereich positiv geladen.
c. Sie verstärkt den Einstrom von Kaliumionen in die Zelle.
d. Sie drückt Protonen gegen einen Protonen-Konzentrationsgradienten aus der Zelle heraus.
e. Sie kann den sekundär aktiven Transport von negativ geladenen Ionen antreiben.

Frage 70 Die Stickstofffixierung …

a. wird nur von Pflanzen durchgeführt.
b. ist die Oxidation von molekularem Stickstoff.
c. wird durch das Enzym Nitrogenase katalysiert.
d. ist eine Ein-Schritt-Reaktion.
e. ist möglich, weil N_2 eine hoch reaktive Substanz ist.

Frage 71 Was ist „Entropie"?

Frage 72 Was versteht man unter den Begriffen „exotherm", „endotherm", „exergon" und „endergon"?

Frage 73 Was versteht man unter dem „chemischen Potenzial" einer Substanz?

Frage 74 Was versteht man unter einem „Dalton"?

Frage 75 Was sind „Makromoleküle"? Wie entstehen sie?

Frage 76 Was sind „Homo"-, was sind „Heteropolymere"? Nennen Sie Beispiele!

Frage 77 Warum ist Wasser ein geeignetes Lösungsmittel für polare und geladene Substanzen?

Frage 78 Durch welche besonderen Eigenschaften unterscheidet sich Wasser von anderen Substanzen?

Frage 79 Was versteht man unter „hydrophoben Wechselwirkungen"?

Frage 80 Was kann mit der Henderson-Hasselbalch-Gleichung berechnet werden?

Frage 81 Welche Ionen- bzw. Dissoziationsverhältnisse liegen am Mittelpunkt der Titration von schwachen Säuren/Basen vor?

Frage 82 Begründen Sie die Notwendigkeit biologischer Puffersysteme! Welche kennen Sie?

Frage 83 Auf welche Weise kann ein angeregtes Molekül in den Grundzustand übergehen?

Frage 84 Welche Makromoleküle gibt es in der Natur? Wie sind sie aufgebaut?

Frage 85 Zählen Sie verschiedene Bindungstypen auf und erläutern Sie die Unterschiede!

Frage 86 Worauf beruht die Wasserstoffbrückenbindung in organischen Molekülen? Nennen Sie drei Wasserstoffdonatoren!

Frage 87 Was versteht man unter dem „Redoxpotenzial" einer Substanz und wie kann man es messen?

Frage 88 Was beschreibt die Nernst-Gleichung?

Frage 89 Was beschreibt das Lambert-Beer'sche Gesetz?

Frage 90 Erklären Sie die Hemiacetalbildung.

Frage 91 Wie sind „Monosaccharide" chemisch definiert, und warum bilden sie leicht Polymere?

Frage 92 Sie führen mit Saccharose und Maltose die Fehling'sche Probe durch. Welches Ergebnis erwarten Sie?

Frage 93 Was ist „Chitin", wo tritt es auf?

Frage 94 Was ist der Vorteil von Chitin gegenüber der Cellulose? Warum hat sich das Chitin dann nicht als Gerüstsubstanz durchgesetzt?

Frage 95 Was ist „Stärke" biochemisch?

Frage 96 Ist Saccharose reduzierend? Nennen Sie Gründe für Ihre Antwort!

Frage 97 An welchen C-Atomen erfolgt die Verknüpfung der Glucosemoleküle in: Glykogen, Cellulose und Amylose?

Frage 98 Was ist „Cellulose", chemisch gesehen?

Frage 99 Was stellt Lignin chemisch dar, und welche Enzyme sind am Ligninabbau beteiligt?

Frage 100 Welche Funktionen werden von Proteinen ausgeübt?

Frage 101 Beschreiben Sie eine Peptidbindung!

Frage 102 Unter welchen Bedingungen ist die Löslichkeit von Proteinen in Wasser am geringsten?

Frage 103 Beschreiben Sie die Grundstruktur einer Aminosäure und eines Peptids!

Frage 104 Glycin ist in vielen Proteinen außerordentlich stark konserviert. Warum?

Frage 105 Warum ist die Bezeichnung „Aminosäure" falsch für Prolin? Warum kommt Prolin nicht in α-Helices vor?

Frage 106 Wie viele pKs-Werte hat die Aminosäure Histidin im freien Zustand und als Proteinbestandteil? Welche Gruppen sind dafür verantwortlich? Welche Ladung kann für die Proteinfunktion hier von entscheidender Bedeutung sein?

Frage 107 Welche Sekundärstruktur wird in Proteinen stets benutzt, um Zellmembranen zu durchdringen? Warum?

Frage 108 Was verstehen Sie unter „isoelektrischer Fokussierung"?

Frage 109 Die SDS-PAGE und die Gelfiltrations-Säulenchromatographie trennen Makromoleküle aufgrund ihrer unterschiedlichen Größe. Während kleine Proteine in der SDS-PAGE am schnellsten wandern, sind es bei der Gelfiltrationschromatographie die großen Moleküle, die die Säule als Erstes verlassen. Wie erklären Sie diesen Gegensatz?

Frage 110 Was versteht man unter „essenziellen Aminosäuren"?

Frage 111 Nennen Sie die häufigsten Sekundärstrukturelemente von Proteinen.

Frage 112 Wodurch werden Sekundärstrukturelemente von Proteinen stabilisiert?

Frage 113 Unterscheiden Sie „Primär"-, „Sekundär"-, „Tertiär"- und „Quartärstruktur" von Proteinen.

Frage 114 Wie entsteht die Tertiärstruktur und wodurch wird sie stabilisiert?

Frage 115 Der schwefelhaltigen Aminosäure Cystein kommt eine besondere Bedeutung bei der Stabilisierung der Proteinstruktur zu. Welche? Warum kann die zweite schwefelhaltige Aminosäure Methionin diese Funktion nicht übernehmen?

Frage 116 Was ist ein „Ester"? Bilden Sie einen Ester aus Glycerol und drei Essigsäuremolekülen.

Frage 117 Warum sind Fettsäuren amphipathische Moleküle?

Frage 118 Was sind „Neutralfette" und wie werden sie abgebaut?

Frage 119 Wodurch unterscheiden sich Speicher- und Membranlipide, und welchen Einfluss hat dies auf ihr Verhalten im wässrigen Milieu?

Frage 120 Warum sind Oleosomen zumeist von Membranen umgeben?

Frage 121 Welche Klasse der Membranlipide kommt in Pflanzenzellen ausschließlich in Plastidenmembranen vor?

Frage 122 Nucleinsäuren sind Heteropolymere. Aus welchen Bausteinen bestehen sie?

Frage 123 Wie heißen die Purinbasen, wie die Pyrimidinbasen?

Frage 124 Welche Vorstufen werden zur Nucleinsäuresynthese benötigt?

Frage 125 Das Polynucleotid DNA speichert genetische Informationen. Welche Komponente(n) ist/sind für den Informationsgehalt bedeutsam?

Frage 126 Geben Sie die zum DNA-Abschnitt 5'-GAATTC-3' komplementäre DNA-Sequenz in der üblichen Leserichtung an.

Frage 127 Worin bestehen prinzipielle Unterschiede zwischen DNA und RNA?

Frage 128 Vergleichen Sie die Sekundärstruktur der DNA mit der der RNA!

Frage 129 Wodurch unterscheidet sich die DNA des Zellkerns von derjenigen der Zellorganellen?

Frage 130 Welche Funktionen werden von RNA ausgeübt?

Frage 131 Wie entsteht die „Kleeblattstruktur" der tRNA?

Frage 132 Was ist der Unterschied zwischen einem „Nucleotid" und einem „Nucleosid"?

Frage 133 Warum beruht die Genauigkeit der DNA-Replikation auf der spezifischen Paarung von A mit T und G mit C?

Frage 134 Wodurch unterscheiden sich die beiden Nicotinamidnucleotide und welchem Zweck dienen diese?

Frage 135 Nennen Sie Beispiele für Reaktionen, an denen Flavinnucleotide als Wasserstoffüberträger beteiligt sind!

Frage 136 Wie kann das Apoenzym Einfluss auf das Redoxpotenzial der Flavonucleotide nehmen?

Frage 137 Welche Funktionen erfüllt Glutathion innerhalb der Zellen?

Frage 138 Was sind „Eisen-Schwefel-Proteine"?

Frage 139 Welche Coenzyme kennen Sie, denen das Porphyringerüst zugrunde liegt?

Frage 140 Formulieren Sie Reaktionen, bei denen ATP als Gruppendonator beteiligt ist!

Frage 141 Welche Überträger von Methylgruppen kennen Sie?

Frage 142 Charakterisieren Sie die wichtigsten Funktionen von Coenzym A!

Frage 143 Das in der Glykolyse gebildete Pyruvat wird vor seiner Einschleusung in den Citratzyklus in einer komplexen Reaktion zu Acetyl-CoA decarboxyliert. Warum wird das katalysierende Enzym als Pyruvat-Dehydrogenase bezeichnet?

Frage 144 Worin besteht der Zusammenhang zwischen dem Leistungsstoffwechsel und dem Energiestoffwechsel einer Zelle?

Frage 145 ATP besitzt eine Einheit aus drei miteinander verbundenen Phosphatresten. Welche Bindungsarten bestehen zwischen diesen Resten?

Frage 146 Welche Energieüberträger spielen außer ATP im Stoffwechsel eine Rolle?

Frage 147 Worin besteht die Funktion anaplerotischer Reaktionen?

Frage 148 Welches Enzym katalysiert die Umsetzung von Fructose-6-phosphat zu Fructose-1,6-bisphosphat? Wie wird es reguliert?

Frage 149 Glucose-6-phosphat ist ein wichtiger Knotenpunkt im Intermediärstoffwechsel. Geben Sie drei Wege an, in denen es weiter verwertet wird!

Frage 150 Worin liegt der Vorteil der phosphorolytischen Spaltung eines Polysaccharids gegenüber einer hydrolytischen Spaltung?

Frage 151 Wie wird NH_4^+ in organische Moleküle eingebaut?

Frage 152 Welche Enzyme katalysieren die Übertragung der Aminogruppe von Glutamat auf α-Ketosäuren?

Frage 153 Von welchen Zwischenprodukten der Glykolyse und des Citratzyklus starten die Synthesewege der Aminosäurefamilien?

Frage 154 Welche Gruppe von Prokaryoten nutzt bei der Photosynthese Wasser als Elektronendonator wie die grünen Pflanzen? Warum wird diese Form der Photosynthese als „oxygen" bezeichnet?

Frage 155 Welchen Stoffwechselweg verwenden Eukaryoten zur Fixierung von CO_2? Benutzen auch alle Prokaryoten diesen Weg?

Frage 156 Wie heißt der CO_2-Akzeptor im Calvin-Zyklus, und durch welches Enzym wird die Carboxylierung katalysiert?

Frage 157 Auf welche Weise können Untersuchungen des Metaboloms die Behandlung von menschlichen Krankheiten beeinflussen?

Frage 158 Warum eignet sich ATP besser als Energiespeicher als Essigsäureanhydrid?

Frage 159 Weshalb wird bei der Succinat-Dehydrogenase-Reaktion kein NADH gebildet?

Frage 160 Über welchen Stoffwechselweg wird überschüssiges NH_4^+ aus dem Abbau von Aminosäuren bei Säugern ausgeschieden?

Frage 161 Was bedeutet die Bezeichnung „chemolithoautotroph" in Bezug auf einen Organismus?

Frage 162 Was versteht man unter „Stickstofffixierung"?

Frage 163 Warum können die meisten Tiere einschließlich des Menschen Cellulose nicht verwerten?

Frage 164 Welche Coenzyme sind an der Pyruvat-Dehydrogenase-Reaktion beteiligt?

Frage 165 Warum wird der Citratzyklus auch als „Drehscheibe des Stoffwechsels" bezeichnet?

Frage 166 Wo findet in Eukaryoten die Fettsäuresynthese statt, wo der Fettsäureabbau?

Frage 167 Wie werden die Fettsäuren für den Abbau aktiviert?

Frage 168 Welche vier Schritte laufen bei der β-Oxidation in zyklischer Folge ab, und was ist jeweils das Abbauprodukt dieser Reaktionsfolge?

Frage 169 In welcher Form liegt die wachsende Fettsäurekette während der Verlängerungszyklen bei der Fettsäuresynthese vor?

Frage 170 Warum startet die Fettsäuresynthese mit einem Carboxylierungsschritt, obwohl diese Carboxylgruppe nicht in die Fettsäurekette eingebaut wird?

Frage 171 Welche vier Schritte wiederholen sich in zyklischer Abfolge bei der Fettsäuresynthese?

Frage 172 Welche Reaktion katalysiert die Fructose-1,6-bisphosphat-Aldolase?

Frage 173 Welches sind die irreversiblen Schritte der Glykolyse und der Gluconeogenese, und wie werden sie reguliert?

Frage 174 Aus welchen beiden Bestandteilen setzt sich die protonmotorische Kraft zum Antrieb der oxidativen Phosphorylierung zusammen?

Frage 175 Welches sind die energiereichen Zwischenprodukte der Glykolyse, die für die Synthese von ATP genutzt werden können?

Frage 176 Über welche Zwischenprodukte der Glykolyse werden andere Hexosen in diesen Stoffwechselweg eingeschleust?

Frage 177 Welcher Proteinkomplex überträgt bei der Atmung Elektronen auf O_2?

Frage 178 Was versteht man unter „anaerober Respiration"?

Frage 179 Beschreiben Sie die Funktion der beiden Untereinheiten der ATP-Synthase!

Frage 180 Von welchen Faktoren hängt die ATP-Ausbeute der oxidativen Phosphorylierung in einem Organismus ab?

Frage 181 Wodurch unterscheiden sich Enzyme von chemischen Katalysatoren?

Frage 182 Welchen Einfluss haben Enzyme auf die Gleichgewichtslage bzw. die Reaktionsenthalpie $\Delta G^{\circ\prime}$ einer Reaktion?

Frage 183 Was sind „Isoenzyme"?

Frage 184 Was ist ein „Übergangszustand", und wodurch zeichnet sich dieser aus?

Frage 185 Was ist das „aktive Zentrum" eines Enzyms? Was sind dessen Besonderheiten?

Frage 186 Welche Modellvorstellungen gibt es zur Substratbindung im aktiven Zentrum?

Frage 187 Welche prinzipiellen Katalysemechanismen kennen Sie?

Frage 188 Wovon ist die Enzymaktivität abhängig? Wodurch entsteht das Temperaturoptimum? Gilt dies auch bei der pH-Abhängigkeit?

Frage 189 Welche Annahmen werden bei der Michaelis-Menten-Kinetik gemacht? Was beschreiben die Größen K_M, v_{max} und k_{kat}?

Frage 190 Worin liegen die Vorteile bei der Linearisierung der Michaelis-Menten-Beziehung?

Frage 191 Welche Arten der Hemmung gibt es? Welchen Einfluss haben diese auf K_M und v_{max}?

Frage 192 Nennen Sie Möglichkeiten zur Regulation der Enzymaktivität!

Frage 193 Was sind allosterische Enzyme?

Frage 194 Was versteht man unter „Kooperativität"? Welche Modelle dienen zur Beschreibung kooperativer Wechselwirkungen? Worin liegt der Nutzen der Kooperativität?

Frage 195 Von welchen Parametern hängt die Freie Energie einer chemischen Reaktion ab, und wie sind die Standardbedingungen definiert?

Frage 196 Wie hoch ist die Freie Energie der Umsetzung von Glucose zu 2 Ethanol und 2 CO_2 unter Standardbedingungen?

Frage 197 Was ist „Substratstufenphosphorylierung" und „Elektronentransportphosphorylierung"?

Frage 198 Was ist eine sogenannte „energiereiche Verbindung"? Welche Beispiele gibt es?

Frage 199 Was ist das „Adenylatsystem"?

Frage 200 Was besagt die „RGT-Regel"? Inwieweit ist diese auf enzymkatalysierte Reaktionen anwendbar?

Olaf Werner

Frage 201 Was kommt sowohl in prokaryotischen als auch in eukaryotischen Zellen vor?

a. Chloroplasten.
b. Zellwände.
c. Zellkern.
d. Mitochondrien.
e. Mikrotubuli.

Frage 202 Die Zellgröße wird hauptsächlich limitiert durch …

a. die Konzentration von Wasser im Cytoplasma.
b. den Energiebedarf.
c. das Vorhandensein von membranumhüllten Organellen.
d. das Verhältnis von Oberfläche zu Volumen.
e. die Zusammensetzung der Plasmamembran.

Frage 203 Somatische Zellen sind diejenigen,

a. die einen haploiden Satz von Chromosomen enthalten.
b. aus denen Gameten entstehen.
c. die keine Mitochondrien besitzen.
d. die einen diploiden Chromosomensatz enthalten und den größten Teil der Zellen eines Menschen ausmachen.

O. Werner (✉)
Las Torres de Cotillas, Murcia, Spanien
E-Mail: werner@um.es

O. Werner (Hrsg.), *1000 Fragen aus Genetik, Biochemie, Zellbiologie und Mikrobiologie*,
DOI 10.1007/978-3-642-54987-8_2, © Springer-Verlag Berlin Heidelberg 2014

Frage 204 Welche Aussage über Mitochondrien ist *nicht* richtig?

a. Ihre innere Membran ist eingestülpt und bildet Cristae.
b. Sie haben gewöhnlich einen Durchmesser von 1 μm oder weniger.
c. Sie sind grün, weil sie Chlorophyll enthalten.
d. Energiereiche Substanzen aus dem Cytosol werden in Mitochondrien oxidiert.
e. Es wird viel ATP in ihnen synthetisiert.

Frage 205 Warum haben Mitochondrien und Chloroplasten eigene Gene?

a. Sie sind freilebende Prokaryoten und fähig, außerhalb der Wirtszelle zu überleben.
b. Es wird vermutet, dass sie einst freilebende Organismen, ähnlich wie Bakterien, waren, die eine symbiontische Beziehung mit einzelligen Eukaryoten eingegangen sind.
c. Sie enthalten nicht ihr eigenes genetisches Material.
d. Sie enthalten genetisches Material, aber machen nicht ihre eigenen Proteine.
e. Keine der Aussagen ist korrekt.

Frage 206 Welches Organell ist *nicht* von einer oder mehreren Membranen umgeben?

a. Ribosom.
b. Chloroplast.
c. Mitochondrium.
d. Peroxisom.
e. Vakuole.

Frage 207 Welche Aussage über Membran-Phospholipide ist *falsch*?

a. Sie lagern sich zusammen und bilden Doppelschichten.
b. Sie besitzen einen hydrophoben „Schwanz".
c. Sie haben einen hydrophilen „Kopf".
d. Sie verleihen der Membran Fluidität.
e. Sie wechseln leicht ihren Ort von einer Seite der Membran zur anderen.

Frage 208 Welche Aussage über Membranproteine ist *falsch*?

a. Sie reichen alle von einer Seite der Membran bis zur anderen.
b. Einige dienen als Kanal für Ionen, welche die Membran durchqueren.
c. Viele können innerhalb der Membran lateral wandern.
d. Ihre Position in der Membran wird durch ihre Tertiärstruktur bestimmt.
e. Einige spielen eine Rolle bei der Photosynthese.

Frage 209 Welche Aussage über Membrankohlenhydrate ist *falsch*?

a. Die meisten sind an Proteine gebunden.
b. Einige sind an Lipide gebunden.
c. Sie werden im Golgi-Apparat mit Proteinen verbunden.
d. Sie weisen geringe Diversität auf.
e. Sie spielen eine wesentliche Rolle bei den Zellerkennungsreaktionen auf der Zelloberfläche.

Frage 210 Sie untersuchen, wie das Protein Transferrin in Zellen hineingelangt. Wenn Sie Zellen beobachten, die Transferrin aufgenommen haben, befindet sich dieses innerhalb der von Clathrin überzogenen Vesikel. Daher erfolgt die Aufnahme von Transferrin am wahrscheinlichsten über …

a. die erleichterte Diffusion.
b. einen Protonen-Antiport.
c. rezeptorvermittelte Endocytose.
d. Gap Junctions.
e. Ionenkanäle.

Frage 211 Welche Aussage über Membrankanäle ist *falsch*?

a. Sie sind Poren in der Membran.
b. Sie sind Proteine.
c. Alle Ionen passieren den gleichen Membrankanal.
d. Die Wanderung durch Membrankanäle findet von hohen zu niedrigen Konzentrationen hin statt.
e. Die Wanderung durch Membrankanäle erfolgt durch einfache Diffusion.

Frage 212 Erleichterte Diffusion und aktiver Transport …

a. benötigen beide ATP.
b. benötigen beide den Einsatz von Proteinen als Transporter.
c. befördern gelöste Stoffe nur in eine Richtung.
d. weisen beide eine unbegrenzt steigerungsfähige Rate auf, wenn sich die Konzentration des gelösten Stoffs erhöht.
e. hängen beide von der Löslichkeit der gelösten Substanz in Lipiden ab.

Frage 213 Primär und sekundär aktiver Transport …

a. erzeugen beide ATP.
b. hängen beide von der passiven Bewegung von Natriumionen ab.

c. schließen beide die passive Bewegung von Glucosemolekülen ein.

d. nutzen beide ATP direkt.

e. können beide gelöste Stoffe gegen ihren Konzentrationsgradienten befördern.

Frage 214 Welche Aussage über die Osmose ist *falsch*?

a. Sie gehorcht den Gesetzen der Diffusion.

b. In tierischen Geweben bewegt sich Wasser in die Zelle, die zum Medium hypertonisch ist.

c. Rote Blutzellen müssen in einem Plasma gehalten werden, das gegenüber den Zellen hypotonisch ist.

d. Zwei Zellen mit identischem osmotischem Potenzial sind gegeneinander isotonisch.

e. Die Konzentration der gelösten Stoffe ist der Hauptfaktor bei der Osmose.

Frage 215 Welche Aussage über tierische Zellverbindungen ist *falsch*?

a. Tight Junctions bilden Schranken für die Wanderung von Molekülen zwischen Zellen.

b. Desmosomen ermöglichen den Zellen, fest aneinander zu haften.

c. Gap Junctions blockieren die Kommunikation zwischen benachbarten Zellen.

d. Connexone bestehen aus Protein.

e. Die mit den Desmosomen assoziierten Filamente bestehen aus Protein.

Frage 216 Plasmodesmen und Gap Junctions …

a. ermöglichen es kleinen Molekülen und Ionen, schnell von einer Zelle in die andere zu gelangen.

b. sind beide mit einer Membran ausgekleidete Kanäle.

c. sind Kanäle mit etwa 1 µm Durchmesser.

d. kommen in jeder Zelle nur einmal vor.

e. spielen während der Signalübertragung bei der Zellerkennung eine Rolle.

Frage 217 Wie werden die Proteine bezeichnet, die im Nucleosom an die DNA binden und ein Core-Oktamer bilden?

a. Histidine.

b. Histone.

c. Chromatin.

d. Chromatosom.

Frage 218 Worum handelt es sich bei der Kernmatrix?

a. Sie ist ein Komplex aus Histonproteinen und DNA, der ein strukturelles Netzwerk bildet, das den Zellkern durchzieht.
b. Sie ist ein homogenes Gemisch von DNA, RNA und Proteinen, das den Zellkern ausmacht.
c. Es handelt sich um Mikrotubuli, die die Basis für die Struktur des Zellkerns darstellen.
d. Die Kernmatrix ist ein komplexes Netzwerk aus Protein und RNA-Fasern, das eine Substruktur des Zellkerns darstellt.

Frage 219 Welche Funktion besitzt der Nucleolus?

a. Er ist der Ort, an dem proteincodierende Gene exprimiert werden.
b. Er ist das chromosomale Gerüst, das seine Struktur verändert, um die Chromosomen während der Zellteilung zu kondensieren.
c. Er ist der Ort für die Synthese und das Prozessieren von rRNA-Molekülen.
d. Er ist der Ort, an dem mRNA-Moleküle prozessiert werden.

Frage 220 Welche der folgenden Methoden ist bei der Bestimmung der Proteinbewegung innerhalb des Zellkerns hilfreich?

a. Elektronenmikroskopie.
b. FRAP (*fluorescence recovery after photobleaching*).
c. FISH (Fluoreszenz-*in-situ*-Hybridisierung).
d. Konfokale Lichtmikroskopie.

Frage 221 Nehmen Sie an, alle Lysosomen in einer Zelle würden plötzlich platzen; was wäre wahrscheinlich die Folge?

a. Die Makromoleküle im Cytosol würden abgebaut.
b. Es würden mehr Proteine gebildet.
c. Die DNA in den Mitochondrien würde abgebaut.
d. Die Mitochondrien und die Chloroplasten würden sich teilen.
e. Es gäbe keine Veränderung in der Zellfunktion.

Frage 222 Der Golgi-Apparat …

a. kommt nur in Tieren vor.
b. kommt in Prokaryoten vor.
c. ist das Anhängsel, das die Zelle in ihrer Umgebung umherbewegt.
d. ist ein Ort schneller ATP-Bildung.
e. verpackt und modifiziert Proteine.

Frage 223 Das Cytoskelett besteht aus …

a. Cilien, Geißeln und Actinfilamenten.
b. Cilien, Mikrotubuli und Actinfilamenten.
c. internen Zellwänden.
d. Mikrotubuli, Intermediärfilamenten und Actinfilamenten.
e. verkalkten Mikrotubuli.

Frage 224 Mikrofilamente …

a. bestehen aus Polysacchariden.
b. bestehen aus Actin.
c. liefern die treibende Kraft für Cilien und Geißeln.
d. bilden die Mitosespindel, welche die Bewegung der Chromosomen leitet.
e. helfen mit, den Chloroplasten in der Zelle in seiner Position zu halten.

Frage 225 Welche Aussage über die pflanzliche Zellwand ist *nicht* richtig?

a. Ihre Hauptkomponenten sind Polysaccharide.
b. Sie liegt außerhalb der Plasmamembran.
c. Sie gibt der Pflanzenzelle Halt.
d. Sie isoliert aneinander grenzende Zellen vollständig voneinander.
e. Sie ist halbstarr.

Frage 226 Welche Aussage über den Zellzyklus trifft *nicht* zu?

a. Er besteht aus Mitose und Interphase.
b. Die Replikation der zellulären DNA erfolgt in der G_1-Phase.
c. Eine Zelle bleibt mehrere Wochen oder sogar länger in der G_1-Phase.
d. Proteine werden in allen Subphasen der Interphase gebildet.
e. Histone werden vor allem in der S-Phase gebildet.

Frage 227 Apoptose …

a. tritt bei allen Zellen auf.
b. bringt die Auflösung der Zellmembran mit sich.
c. kommt bei einem Embryo nicht vor.
d. umfasst eine Reihe von vorprogrammierten Ereignissen, die zum Zelltod führen.
e. kommt bei Krebs nicht vor.

Frage 228 Welche Arten von Signalübertragungswegen beeinflussen die STAT-Proteine?

a. Diese Signalwege bestehen aus einem einzigen Schritt zwischen dem Rezeptor und dem Genom.
b. Diese Signalwege bestehen aus mehreren Schritten zwischen dem Rezeptor und dem Genom.
c. Diese Signalwege beruhen auf *second messengern*, um das Signal auf das Genom zu übertragen.
d. Diese Signalwege aktivieren einen Rezeptor, der dann in den Zellkern gelangt, wo er die Genomexpression reguliert.

Frage 229 Welche ist die häufigste Art der kovalenten Modifikation, durch die Proteine in Signalwegen aktiviert werden?

a. Acetylierung.
b. Glykosylierung.
c. Methylierung.
d. Phosphorylierung.

Frage 230 Was sind *second messenger*?

a. Hormone, die einen Signalweg auslösen.
b. Rezeptoren, die Hormone binden und einen Signalweg auslosen.
c. Interne Moleküle, die in der Zelle ein Signal übertragen.
d. Transkriptionsaktivatoren, die am Ende eines Signalweges aktiv sind.

Frage 231 Das menschliche Wachstumshormon bindet spezifisch an ein Protein auf der Plasmamembran. Dieses Protein wird bezeichnet als …

a. Ligand.
b. Clathrin.
c. Rezeptor.
d. hydrophobes Protein.
e. Zelladhäsionsprotein.

Frage 232 Wie ist die richtige Reihenfolge für die folgenden Ereignisse bei der Wechselwirkung einer Zelle mit einem Signalmolekül? 1. Änderung der Zellfunktion; 2. Signal bindet an den Rezeptor; 3. Signal wird am Ausgangspunkt freigesetzt; 4. Signalübertragung.

a. 1234.
b. 2314.

c. 3214.

d. 3241.

e. 2341.

Frage 233 Warum lösen manche Signalmoleküle (als primäre Botenmolcküle) die Freisetzung eines *second messengers* aus, um die Zielzelle zu aktivieren?

a. Das Signalmolekül erfordert eine Aktivierung durch ATP.

b. Das Signalmolekül ist nicht wasserlöslich.

c. Das Signalmolekül bindet an viele Zelltypen.

d. Das Signalmolekül kann die Plasmamembran nicht durchdringen.

e. Es gibt keine Rezeptoren für das Signalmolekül.

Frage 234 Steroidhormone wirken auf Zielzellen, indem sie …

a. die Aktivität eines *second messengers* auslösen.

b. an Membranproteine binden.

c. die Transkription der DNA in Gang setzen.

d. Enzyme aktivieren.

e. an Membranlipide binden.

Frage 235 Der wichtigste Unterschied zwischen einer Zelle, die auf ein Signal reagiert, und einer anderen, die das nicht tut, besteht im Vorhandensein …

a. einer DNA-Sequenz, an die das Signalmolekül bindet.

b. eines in der Nähe liegenden Blutgefäßes.

c. eines Rezeptors.

d. eines *second messengers*.

e. eines Signalübertragungsweges.

Frage 236 Welche der folgenden Effekte ist keine Folge der Bindung eines Signalmoleküls an einen Rezeptor?

a. Aktivierung der enzymatischen Aktivität des Rezeptors.

b. Diffusion des Rezeptors in der Plasmamembran.

c. Konformationsänderung des Rezeptorproteins.

d. Abbau des Rezeptors zu Aminosäuren.

e. Freisetzung des Signalmoleküls durch den Rezeptor.

Frage 237 Ein apolares Molekül wie etwa ein Steroidhormon bindet normalerweise an …

a. einen cytoplasmatischen Rezeptor.

b. eine Proteinkinase.

c. einen Ionenkanal.

d. ein Phospholipid.

e. einen sekundären Messenger.

Frage 238 Welches der folgenden Merkmale trifft auf keinen häufig vorkommenden Rezeptortyp zu?

a. Ionenkanal.

b. Proteinkinase.

c. G-Protein-gekoppelt.

d. Transkriptionsfaktor.

e. Adenylat-Cyclase.

Frage 239 Welche der folgenden Aussagen trifft nicht auf eine Proteinkinasenkaskade zu?

a. Das Signal wird verstärkt.

b. Ein *second messenger* wird gebildet.

c. Zielproteine werden phosphoryliert.

d. Die Kaskade endet im Zellkern.

e. Die Kaskade beginnt an der Plasmamembran.

Frage 240 Welche der folgenden Komponenten ist kein *second messenger* für die Signalübertragung?

a. Calciumionen.

b. Stickstoffmonoxidgas.

c. ATP.

d. Zyklisches AMP.

e. Diacylglycerol.

Frage 241 In welchen Bereichen liegen die Auflösungsvermögen des unbewaffneten Auges, des Lichtmikroskops, des Rasterelektronenmikroskops und des Transmissionselektronenmikroskops?

Frage 242 Welches sind die für die Optik entscheidenden Bestandteile eines Lichtmikroskops?

Frage 243 Durch welchen physikalischen Parameter ist das Auflösungsvermögen des Lichtmikroskops im Wesentlichen begrenzt?

Frage 244 Weshalb ist das Lichtmikroskop unverzichtbar, obwohl das Auflösungsvermögen eines Elektronenmikroskops viel höher ist?

Frage 245 Welche Vorteile bringen Phasenkontrast- und Interferenzkontrastmikroskopie?

Frage 246 Die Fluoreszenzmikroskopie hat in den letzten Jahren einen stürmischen Aufschwung genommen. Warum wohl?

Frage 247 Was versteht man unter „Mikroautoradiographie"? Gibt es dazu Alternativen, die nichtradioaktiv sind?

Frage 248 Warum muss eine Probe für das Elektronenmikroskop vollständig entwässert sein, und warum müssen Schnitte für das TEM ultradünn geschnitten werden?

Frage 249 Die Beobachtung im EM hat einige schwerwiegende Nachteile gegenüber der Lichtmikroskopie. Welche? Warum ist Elektronenmikroskopie dennoch eine sehr wichtige Methode?

Frage 250 Wie arbeitet das Rasterelektronenmikroskop (REM)?

Frage 251 Nennen Sie die wichtigsten Stoffwechselreaktionen, die im Grundplasma der pflanzlichen Zelle stattfinden!

Frage 252 Was versteht man unter „Cytoplasma"? Wann ist der Begriff „Cytosol" angebracht?

Frage 253 Was ist unter „Gel-" und „Solplasma" zu verstehen? Wo treten diese Formen auf?

Frage 254 Welche Arten von Plasmaströmung lassen sich unterscheiden? Wozu dient Plasmaströmung?

Frage 255 Was sind „Ribosomen", und was ist ihre Funktion?

Frage 256 Wie lassen sich die Ribosomen nach ihrer Sedimentation gliedern?

Frage 257 Wie liegen die Ribosomen während der Translation vor?

Frage 258 Welches sind die wesentlichen Schritte zur Erstellung eines histologischen Dauerpräparates der Mäuse-Leber?

Frage 259 Welche der folgenden Kompartimente oder Zellbestandteile sind durch eine Doppelmembran abgegrenzt? Glyoxysomen, Plastiden, Golgi, endoplasmatisches Reticulum (ER), Dictyosom, Peroxysomen, Lysosomen, Nucleolus, Nucleus.

Frage 260 Welche Kompartimente besitzen DNA?

Frage 261 Gibt es eukaryotische Zellen, die keinen oder aber solche, die mehrere Zellkerne haben?

Frage 262 Was ist die „Hydrogen-Hypothese", und wieso wurde sie entwickelt?

Frage 263 Welche Schritte folgten der Aufnahme des Endosymbionten? Was bedeutet in diesem Zusammenhang „Gen-Transfer"?

Frage 264 Wie unterscheiden sich Proto- und Eucyte hinsichtlich Größe und Länge der DNA?

Frage 265 Warum gehören Cyanobakterien zu den Prokaryoten?

Frage 266 Wodurch ist die obere und untere Grenze für die Größe einer lebenden Zelle gegeben?

Frage 267 Was versteht man unter der „Endosymbiontentheorie"? Nennen Sie acht Argumente, die diese Theorie aus heutiger Sicht untermauern!

Frage 268 Versuchen Sie mit eigenen Worten, die Vorgänge der seriellen Endocytobiose zu beschreiben!

Frage 269 Von welchen Prokaryoten leiten sich Chloroplasten und Mitochondrien ab, und mit welcher molekularbiologischen Methode wird dies begründet?

Frage 270 Nennen Sie wesentliche Unterschiede zwischen Eukaryoten und Prokaryoten in Stichworten!

Frage 271 Welche Bestandteile einer Bakterienzelle können Sie unterscheiden?

Frage 272 Sind Protocyten kompartimentiert?

Frage 273 Wie kompensiert die prokaryotische Zelle das Fehlen von Kompartimenten?

Frage 274 Nennen Sie wichtige Unterschiede zwischen einer prokaryotischen und einer eukaryotischen Zelle!

Frage 275 Vergleichen Sie das Oberflächen-Volumen-Verhältnis einer durchschnittlichen pro- und einer durchschnittlichen eukaryotischen Zelle. Was sind die Konsequenzen?

Frage 276 Was sind die „Thylakoide" der Cyanobakterien?

Frage 277 Was sind „intracytoplasmatische Membranen"? Stellen sie nicht doch Kompartimente dar?

Frage 278 Wie ist die Bakteriengeißel gebaut, und wodurch wird sie angetrieben?

Frage 279 Was gibt der Bakterienzellwand die Struktur?

Frage 280 Was ist „Gramfärbung"? Was ist der Unterschied zwischen grampositiven und gramnegativen Bakterien?

Frage 281 Geben Sie die Größe, bzw. Dimensionen der folgenden Dinge an: Atome, Ribosomen, Viren, Bakterien, Hefezelle, durchschnittliche tierische bzw. pflanzliche Zelle!

Frage 282 Worin unterscheidet sich der genetische Apparat der Prokaryoten von dem der Eukaryoten?

Frage 283 Nennen Sie die vier Elemente, aus denen lebende Zellen zu 99 % bestehen!

Frage 284 Inwiefern sind DNA und Proteinbiosynthese von Mitochondrien und Plastiden typisch prokaryotisch?

Frage 285 Wie wird bei Prokaryoten das genetische Material auf die Tochterzellen verteilt? Welche Rolle spielt dabei das FtsZ?

Frage 286 Beschreiben Sie den Aufbau einer biologischen Membran!

Frage 287 Wie erscheinen Biomembranen im Elektronenmikroskop?

Frage 288 Nennen Sie die Komponenten des eukaryotischen Membransystems!

Frage 289 Wodurch unterscheiden sich Biomembranen von künstlich hergestellten Lipidbilayern?

Frage 290 Was ist der Unterschied zwischen „Zellwand" und „Zellmembran"? Warum kann die Zellwand als Exoskelett dienen?

Frage 291 Welche Arten von Membranproteinen lassen sich unterscheiden?

Frage 292 Was ist mit „Fluid-Mosaik_Modell" gemeint?

Frage 293 Welche Komponenten tragen zur Fluidität der Membranen bei und wie?

Frage 294 Das wertvollste Leinöl (das mit besonders vielen Doppelbindungen) stammt aus kalten Anbaugebieten. Erklären Sie diesen Befund aufgrund des Fluid-Mosaik-Modells.

Frage 295 Warum ist die Fluidität biologischer Membranen eine Voraussetzung für das Leben?

Frage 296 Nennen Sie die prinzipiellen Möglichkeiten der Assoziation von Proteinen in biologischen Membranen!

Frage 297 Welche Konsequenz für die Zelle hat die Permeabilitätsverminderung biologischer Membranen durch den Einbau von Cholesterol?

Frage 298 Welche Hauptklassen der Membranlipide kennen Sie?

Frage 299 Was meint der Begriff „amphipathisch"?

Frage 300 Was versteht man unter dem Membranpotenzial, und aus welcher Komponente setzt es sich zusammen?

Frage 301 Welche prinzipiellen Möglichkeiten gibt es für den Aufbau der protonenmotorischen Kraft?

Frage 302 Was ist die treibende Kraft für die ATP-Synthese über Elektronentransportphosphorylierung?

Frage 303 Welche Aufgaben haben Biomembranen?

Frage 304 Was sind „Vakuolen", was ein „Tonoplast"?

Frage 305 Welche Rolle spielt die Vakuole für die Stabilität pflanzlicher Gewebe?

Frage 306 Welche Stoffe werden in der Vakuole gespeichert?

Frage 307 Wie entstehen Vakuolen?

Frage 308 Worauf beruht der Transport durch Biomembranen?

Frage 309 Wie funktioniert eine Ionenfalle?

Frage 310 Warum sind Biomembranen nicht absolut undurchlässig?

Frage 311 Als die Aquaporine zuerst beschrieben wurden, konnten viele Forscher nicht glauben, dass es Wasserkanäle in der Membran gibt – woher kam Ihrer Meinung nach diese Skepsis?

Frage 312 Was versteht man unter der „Kompartimentierungsregel"?

Frage 313 Worin unterscheiden sich plasmatische und nichtplasmatische Kompartimente?

Frage 314 Welche Konsequenzen folgen aus der Kompartimentierungsregel?

Frage 315 Was bedeutet der Begriff „nucleocytoplasmatisches Kontinuum"?

Frage 316 Welche drei Membransysteme lassen sich in pflanzlichen Zellen unterscheiden?

Frage 317 Warum verschmelzen verschiedene Kompartimente nicht spontan miteinander?

Frage 318 Was geschieht, wenn man einen wandlosen Protoplasten in destilliertes Wasser gibt?

Frage 319 Wie unterscheidet sich die innere Mitochondrienmembran von einer Eukaryotenmembran?

Frage 320 Wie bildet sich ein Diffusionspotenzial?

Frage 321 Welche Regulationsmöglichkeiten gibt es bei Ionenkanälen?

Frage 322 Wie lautet die Nernst-Gleichung, und welche Anwendung hat sie?

Frage 323 Beschreiben Sie die Vorgänge bei einer Exo- und einer Endocytose.

Frage 324 Wie ist ein Ionenkanal aufgebaut, und welche charakteristischen Eigenschaften hat er?

Frage 325 Wie funktioniert ein ATP-getriebener Transporter?

Frage 326 Was ist der Unterschied zwischen einem „Carrier" und einem „kanalbildenden Protein"?

Frage 327 Was ist ein „Uniport", ein „Symport" und ein „Antiport"?

Frage 328 Was ist ein „aktiver Transport"? Was beinhalten die Begriffe „primär aktiver" bzw. „sekundär aktiver Transport"?

Frage 329 Wie werden Proteine in Membranen eingebaut?

a. Beschreiben Sie die Membranorientierung eines Proteins mit einer nichtspaltbaren internen Signalsequenz, das aber kein Stopp-Transfer-Peptid besitzt!
b. Welche Membranorientierung besitzt ein Protein mit einer aminoterminalen spaltbaren Signalsequenz, gefolgt von einer Stopp-Transfer-Sequenz und einer Start-Transfer-Sequenz?

Frage 330 Das Abschnüren von clathrinumhüllten Vesikeln kann man mit Plasmamembranfragmenten beobachten, wenn Adaptin, Clathrin und Dynamin-GTP hinzugefügt werden. Was wird man erwarten, wenn folgende Substanzen weggelassen werden: a) Clathrin, b) Adaptin, c) Dynamin?

Frage 331 Welche Rolle spielen Tight Junctions beim transepithelialen Transport?

Frage 332 Mit welchen Cytoskelettsystemen sind Desmosomen, Hemidesmosomen und *adherens-junctions* verbunden?

Frage 333 Eine der behandelten Zellkontaktstrukturen ist wichtiger Bestandteil von elektrischen Synapsen. Welche könnte das sein?

Frage 334 Wie erscheinen Plasmodesmen im Elektronenmikroskop?

Frage 335 Wie lassen sich Plasmodesmen im Lichtmikroskop gut feststellen?

Frage 336 Was versteht man unter einem „primären Tüpfelfeld"?

Frage 337 Wie entstehen Siebporen?

Frage 338 Was ist die Funktion der Plasmodesmen?

Frage 339 Wie entstehen sekundäre Plasmodesmen? Warum sind sie notwendig?

Frage 340 Welche Rolle spielt das in den Mitochondrien erzeugte ATP?

Frage 341 Was sind die wichtigsten Struktur- und Funktionselemente eines Mitochondriums? Wo findet der Citratzyklus, wo die ATP-Synthese statt?

Frage 342 Wie vermehren sich Mitochondrien?

Frage 343 Wie wird sichergestellt, dass alle Mitochondrien bei der Teilung mit DNA ausgestattet sind? Gibt es Unterschiede zur Mitose?

Frage 344 Womit steht das nichtplasmatische Innere der Cristae in Verbindung, wo sind die mtRibosomen? Wie unterscheiden sich innere und äußere Membran?

Frage 345 Warum ist Proteinimport in die Mitochondrien sehr wichtig?

Frage 346 Warum muss die äußere Mitochondrienmembran durchlässig sein, wo liegt die eigentliche Diffusionsbarriere?

Frage 347 Wie wird sichergestellt, dass die im Kern codierten mitochondrialen Proteine an den richtigen Wirkort gelangen?

Frage 348 Mitochondrien besitzen sowohl eine äußere als auch eine innere Membran. Welche der beiden Membranen stammt entsprechend der Endosymbiontenhypothese von der eukaryotischen Zelle ab?

Frage 349 Wie erzeugen die Mitochondrien ATP? Was versteht man unter der „chemi-osmotischen Theorie"?

Frage 350 Was unterscheidet Plastiden und Mitochondrien von den übrigen Organellen?

Frage 351 Was ist an der mtDNA besonders?

Frage 352 Wodurch werden Karyo- und Cytoplasma voneinander getrennt? Wie werden Verbindungen geschaffen?

Frage 353 Welche wichtigen Makromoleküle müssen die Kernporen passieren?

Frage 354 Was versteht man unter „Kern-Plasma-Relation"?

Frage 355 Was versteht man unter „Kernmatrix", „Kernhülle" und „Nuclearlamina"?

Frage 356 Was ist die Funktion von Kernporenkomplexen? Woraus bestehen sie?

Frage 357 Die Kernmembran wird von „Ausläufern" des ERs gebildet. Besitzt sie auch ER-typische biologische Makromoleküle? Wenn ja, welche?

Frage 358 Wie wird die Auflösung der Kernmembran auf molekularer Ebene eingeleitet?

Frage 359 Wie groß sind die Kernporen?

Frage 360 Wie stellt man sich den Transport der verschiedenen Moleküle in bzw. aus dem Zellkern vor?

Frage 361 Auf welchen gemeinsamen Nenner lassen sich alle, zum Teil recht heterogenen NLS-Motive reduzieren?

Frage 362 Warum wird die NLS eines Proteins nach Erreichen des Zellkerns nicht entfernt, wie dies bei anderen Zielsteuerungssignalen üblich ist?

Frage 363 Was sind „Microbodies", was sind „Peroxisomen", was sind „Glyoxysomen"?

Frage 364 Wie entstehen Peroxisomen?

Frage 365 Nennen Sie die wichtigsten Funktionen der Peroxisomen!

Frage 366 Unterscheiden Sie zwischen Geißeln und Flagellen!

Frage 367 Was versteht man unter dem „endoplasmatischen Reticulum" (ER)?

Frage 368 In welcher Form und mit welcher Funktion tritt das ER auf?

Frage 369 Wie unterscheiden sich glattes und raues ER strukturell voneinander? Welche Funktionen hat das glatte ER?

Frage 370 Warum scheint es von Vorteil zu sein, eine vorgefertigte Zuckerstruktur von 14 Zuckerresten *en bloc* auf ein Protein im ER zu übertragen, anstatt die Zuckerkette schrittweise an die Proteine anzuhängen?

Frage 371 Was sind „Dictyosomen", was ist der „Golgi Apparat", was ist ihre Aufgabe?

Frage 372 Worin unterscheiden sich tierische und pflanzliche Dictyosomen?

Frage 373 Ordnen Sie die Golgi-Kompartimente den entsprechenden Processing-Reaktionen am Protein zu!

Frage 374 Welche Synthesevorgänge laufen vor allem in den Golgi-Zisternen ab?

Frage 375 Was ist „Exocytose"?

Frage 376 Welche Stationen durchläuft ein Protein während der Exocytose?

Frage 377 Gibt es bei Pflanzen Coated Vesicles? Welche Funktion haben sie? Was geschieht, wenn sie bei ihrer Zielmembran ankommen?

Frage 378 Nennen Sie die drei wichtigsten Komponenten des Cytoskeletts der Eukaryotenzelle und geben Sie deren Durchmesser an. Welche Rolle erfüllt das Cytoskelett?

Frage 379 Aus welchen Proteinuntereinheiten bestehen die drei Komponenten des Cytoskeletts?

Frage 380 Was sind „Mikrofilamente"? Inwiefern sind sie polar? Wie kann man sie im Experiment entfernen bzw. stabilisieren?

Frage 381 Wie sind intermediäre Filamente aufgebaut?

Frage 382 Wodurch unterscheiden sich die intermediären Filamente von den Mikrotubuli und den Mikrofilamenten?

Frage 383 Was sind die molekularen Bausteine der Mikrotubuli?

Frage 384 Warum sind Mikrotubuli im Gegensatz zu Mikrofilamenten relativ starre Gebilde?

Frage 385 Wo werden die Mikrotubuli in der Zelle gebildet?

Frage 386 Wie wirken die Alkaloide Colchicin und Taxol?

Frage 387 Wie kann man polyploide Pflanzen züchten?

Frage 388 Wo kommen Mikrotubuli neben dem Cytoplasma noch vor?

Frage 389 Was versteht man unter einem „Präprophaseband"?

Frage 390 Welche mikrotubuliabhängigen Motorproteine kennt man, und welche Bewegungen vermitteln sie in Relation zum Mikrotubulus?

Frage 391 Was bedeutet das „9 + 2"-Muster bei Geißeln eukaryotischer Zellen?

Frage 392 Wie bewegt sich eine Eukaryoten-Geißel?

Frage 393 Was versteht man unter dem „Basalkörper"? Gibt es verwandte Zellstrukturen?

Frage 394 Wodurch unterscheiden sich Cilien und Basalkörper in ihrem Aufbau?

Frage 395 Inwiefern unterscheiden sich pflanzliche und tierische Teilungsspindeln?

Frage 396 Welche Klassen von Motorproteinen sind bekannt?

Frage 397 Wie funktioniert der Gleitfasermechanismus des Actin-Myosin-Systems?

Frage 398 Gibt es Bewegungsformen, die durch die Anlagerung von G-Actin an Mikrofilamente vermittelt werden?

Frage 399 Welches mikrofilamentabhängige Motorprotein kennen Sie, und wie ist es aufgebaut?

Frage 400 Welche Mechanismen liegen der amöboiden Bewegung zugrunde?

Frage 401 Wie kommt Transport von Vesikeln zustande?

Frage 402 Welche Aufgaben kommen den Zelloberflächen zu?

Frage 403 Welches sind die Hauptkomponenten der extrazellulären Matrix?

Frage 404 Nennen Sie einige Strukturen, die hauptsächlich aus extrazellulärem Material bestehen!

Frage 405 Wie wird verhindert, dass sich bereits intrazellulär Kollagenfasern bilden?

Frage 406 Was sind Unterschiede, was Gemeinsamkeiten der pflanzlichen Zellwand und der extrazellulären Matrix der Tiere?

Frage 407 Aus welchen Phasen setzt sich ein Zellzyklus zusammen?

Frage 408 Wie unterscheiden sich Bildungsgewebe und Dauergewebe hinsichtlich des Zellzyklus'?

Frage 409 Wann findet während des Zellzyklus die Replikation der DNA statt?

Frage 410 Warum findet man in einer Zellkultur selbst bei starkem Ansteigen der Zellzahl nur wenige Zellen, die gerade eine Zellteilung durchführen?

Frage 411 Welche Abweichung des Zellzyklus führt zu endopolyploiden Zellen?

Frage 412 Was ist „Syngamie"?

Frage 413 Was bedeutet „Dikaryophase"?

Frage 414 Worin liegen die Hauptunterschiede in der Zellteilung bei Pro- und Eukaryoten?

Frage 415 Wie ist die Interphase unterteilt, und auf welchen zellulären Parameter stützt sich diese Unterteilung?

Frage 416 Wieso ist eine Unterscheidung von Mitose und Cytokinese sinnvoll?

Frage 417 Welche Merkmale zeichnen die einzelnen Mitosestadien aus?

Frage 418 Welche Modelle hat man zur Erklärung der Anaphase A und der Anaphase B entwickelt?

Frage 419 In welchen Merkmalen unterscheidet sich die Mitose bei der Sprosshefe von derjenigen höherer tierischer Zellen?

Frage 420 In welchen Merkmalen unterscheidet sich die Cytokinese bei höheren Pflanzen von derjenigen höherer tierischer Zellen?

Frage 421 Wie läuft die Zellteilung bei Pflanzen ab?

Frage 422 Kennen Sie Abweichungen von der klassischen Zellteilung bei Pflanzen und Pilzen?

Frage 423 Welche typischen Zellteilungsformen können bei den Hefen beobachtet werden?

Frage 424 Nennen Sie die wichtigsten Plastidentypen und ihre Funktion.

Frage 425 Wie ist ein typischer Mesophyll-Chloroplast aufgebaut?

Frage 426 Was sind Plastidennucleoide, und wo liegen sie?

Frage 427 Welche Gene sind auf der ptDNA lokalisiert

Frage 428 Wie liegt die ptDNA vor?

Frage 429 Welche Rolle spielt FtsZ bei der Plastidenteilung? Sind die Plastiden nach der Teilung voneinander isoliert?

Frage 430 Was sind „Pyrenoide"?

Frage 431 Wie unterscheiden sich die Plastiden der Rotalgen von gewöhnlichen Chloroplasten, und was lässt sich daraus über die Evolution der Rotalgen folgern?

Frage 432 Was sind „Phycobilisomen"?

Frage 433 Was sind „Proplastiden"? Was sind „Leukoplasten"?

Frage 434 Wo wird Stärke gespeichert?

Frage 435 Was sind „Etioplasten", was ist ein„Prolamelellarkörper"?

Frage 436 Was sind „Chromo"-, was „Gerontoplasten"?

Frage 437 Beschreiben Sie die Schritte beim Import von Proteinen in Chloroplasten!

Frage 438 Erläutern Sie die Beziehung zwischen Glucosetransport und dem cAMP-Spiegel bei *E. coli*.

Frage 439 Wie werden STAT-Proteine phosphoryliert, wenn der Rezeptor keine Tyrosin-Kinase ist?

Frage 440 Wie ist die Funktionsweise der MAP-Kinase bei der Regulation der Genom-expression?

Frage 441 Welche intrazellulären Signalwege gibt es?

Frage 442 Nennen Sie verschiedene Signalmolekülarten!

Frage 443 Nennen Sie verschiedene Möglichkeiten der intrazellulären Verstärkung bei der Signaltransduktion!

Frage 444 Wie ist die Funktionsweise des Ras-Proteins in Signalwegen?

Frage 445 Was versteht man unter einem „Zweikomponenten-Regulationssystem"?

Frage 446 Was ist der Unterschied zwischen einem *„first"* und einem *„second messenger"*? Nennen Sie Beispiele!

Frage 447 Warum ist der cAMP-Gehalt in der Zelle normalerweise sehr niedrig? Welche Mechanismen sind dafür verantwortlich?

Frage 448 Beschreiben Sie die Rolle der G-Proteine bei der Signaltransduktion!

Frage 449 Was sind die Gemeinsamkeiten der Reaktionen, welche zur Aktivierung von G-Proteinen bzw. Ras führen? Wo liegen die Unterschiede?

Frage 450 Wie kommunizieren Hefezellen miteinander?

Fragen zur Genetik

Olaf Werner

Frage 451 Was ist ein Gen?

a. Ein DNA-Segment, das ein Protein codiert.
b. Ein DNA-Segment, das nicht translatierte RNA codiert.
c. DNA-Sequenzen, die nicht transkribiert werden.
d. Ein DNA-Segment, das transkribiert wird.
e. Alle genannten Elemente werden als Gene bezeichnet.

Frage 452 Das Prinzip der genetischen Kopplung ist …

a. die Tatsache, dass unterschiedliche Allele eines bestimmten Gens an derselben Position auf einem Chromosom liegen.
b. die Entdeckung, dass für einige Merkmale mehrere Gene verantwortlich sind (wie die Augenfarbe bei Fliegen).
c. die Beobachtung, dass einige Gene zusammen vererbt werden, wenn sie auf demselben Chromosom liegen.
d. die Beobachtung, dass dunkel gefärbte Regionen auf Chromosomen keine Gene enthalten.

Frage 453 Welche der folgenden Aussagen über die Vervollständigung der menschlichen Genomsequenz im Jahr 2000 ist *falsch*?

a. Nur 90 % des Genoms waren zu dieser Zeit sequenziert.
b. Die genomischen Sequenzen, die im Jahr 2000 erstellt wurden, waren Entwurfsversionen.

O. Werner (✉)
Las Torres de Cotillas, Murcia, Spanien
E-Mail: werner@um.es

O. Werner (Hrsg.), *1000 Fragen aus Genetik, Biochemie, Zellbiologie und Mikrobiologie*,
DOI 10.1007/978-3-642-54987-8_3, © Springer-Verlag Berlin Heidelberg 2014

c. Die gesamte euchromatische Sequenz war fertiggestellt.

d. Eine erhebliche Menge an konstitutivem Heterochromatin war nicht sequenziert.

Frage 454 Welche der folgenden Definitionen für Syntänie ist korrekt?

a. Der Prozentsatz der bei zwei Genomen identischen Nucleotidsequenz.

b. Der Prozentsatz der bei zwei Genomen identischen Aminosäuresequenz.

c. Die Konservierung der Genreihenfolge in zwei Genomen.

d. Die Konservierung der Genfunktionen in zwei Genomen.

Frage 455 Per Definition bezeichnet man Gene als homolog, wenn sie …

a. die gleiche Funktion besitzen.

b. den gleichen gemeinsamen Vorfahren haben.

c. unter ähnlichen Bedingungen exprimiert werden.

d. zu mindestens 50 % identische Nucleotidsequenzen besitzen.

Frage 456 Bei einer einfachen Mendel'schen Monohybridenkreuzung wurden großwüchsige mit kleinwüchsigen Pflanzen und anschließend die F_1-Generation mit sich selbst gekreuzt. Welcher Anteil der F_2-Generation ist sowohl großwüchsig als auch heterozygot?

a. 1/8.

b. 1/4.

c. 1/3.

d. 2/3.

e. 1/2.

Frage 457 Der Phänotyp eines Individuums …

a. hängt zumindest teilweise vom Genotyp ab.

b. ist entweder homozygot oder heterozygot.

c. bestimmt den Genotyp.

d. ist die genetische Konstitution eines Organismus.

e. ist entweder monohybrid oder dihybrid.

Frage 458 Die AB0-Blutgruppen des Menschen werden bestimmt durch ein System von mehreren Allelen, wobei IA und IB gegenüber i0 dominant sind. Ein Neugeborenes besitzt die Blutgruppe A. Die Mutter hat die Blutgruppe 0. Mögliche Phänotypen des Vaters sind …

a. A, B oder AB.
b. A, B oder 0.
c. nur 0.
d. A oder AB.
e. A oder 0.

Frage 459 Welche Aussage über ein Individuum, das für ein Allel homozygot ist, trifft *nicht* zu?

a. Alle somatischen Zellen enthalten zwei Kopien dieses Allels.
b. Alle Gameten enthalten eine Kopie dieses Allels.
c. Das Individuum ist in Bezug auf dieses Allel reinerbig.
d. Die Eltern müssen für dieses Allel auch homozygot sein.
e. Das Individuum kann dieses Allel an seine Nachkommen weitergeben.

Frage 460 Welche Aussage über eine Rückkreuzung trifft *nicht* zu?

a. Es wird getestet, ob ein unbekanntes Individuum homozygot oder heterozygot ist.
b. Das getestete Individuum wird mit einem homozygot rezessiven Individuum gekreuzt.
c. Wenn das getestete Individuum heterozygot ist, zeigen die Nachkommen ein Verhältnis von 1:1.
d. Wenn das getestete Individuum homozygot ist, zeigen die Nachkommen ein Verhältnis von 3:1.
e. Die Ergebnisse einer Rückkreuzung stimmen mit Mendels Modell der Vererbung überein.

Frage 461 Gekoppelte Gene …

a. müssen unmittelbar nebeneinander auf dem Chromosom liegen.
b. besitzen Allele, die unabhängig voneinander segregieren.
c. zeigen kein Crossing-over.
d. liegen auf demselben Chromosom.
e. besitzen immer mehrere Allele.

Frage 462 In der F_2-Generation einer Dihybridenkreuzung …

a. treten vier Phänotypen im Verhältnis 9:3:3:1 auf, wenn die Loci gekoppelt sind.
b. treten vier Phänotypen im Verhältnis 9:3:3:1 auf, wenn die Loci nicht gekoppelt sind.
c. treten zwei Phänotypen im Verhältnis 3:1 auf, wenn die Loci nicht gekoppelt sind.

d. treten drei Phänotypen im Verhältnis 1:2:1 auf, wenn die Loci nicht gekoppelt sind.

e. treten zwei Phänotypen im Verhältnis 1:1 auf, unabhängig davon, ob die Loci gekoppelt sind.

Frage 463 Das Geschlecht eines Menschen wird bestimmt durch …

a. die Ploidie; ein Mann ist haploid.
b. das Y-Chromosom.
c. das X- und das Y-Chromosom; ein Mann hat den Genotyp XY.
d. die Anzahl der X-Chromosomen; ein Mann hat den Genotyp X0.
e. das Z- und das W-Chromosom; ein Mann hat den Genotyp ZZ.

Frage 464 Bei der Epistase …

a. bleibt von Generation zu Generation alles unverändert.
b. verändert ein Gen die Wirkung eines anderen.
c. ist ein Teil eines Chromosoms verloren gegangen (deletiert).
d. ist ein Teil eines Chromosoms umgedreht worden (invertiert).
e. verhalten sich zwei Gene vollkommen unabhängig voneinander.

Frage 465 Welche der folgenden Methoden wendeten Watson und Crick für die Aufklärung der DNA-Struktur an?

a. Sie erstellten Modelle des DNA-Moleküls, anhand derer sie überprüfen konnten, ob sich die Atome an der richtigen Position befinden.
b. Röntgenkristallographie.
c. Chromatographische Studien, um die relative Nucleotidzusammensetzung der DNA verschiedenen Ursprungs zu untersuchen.
d. Genetische Studien, die zeigten, dass DNA das genetische Material ist.

Frage 466 Was ist der Unterschied zwischen DNA und RNA?

a. DNA enthält eine Phosphatgruppe, RNA jedoch nicht.
b. Sowohl DNA als auch RNA enthalten einen Zuckerrest, aber nur DNA besitzt eine Pentose.
c. Der Zuckerring in RNA besitzt eine zusätzliche Hydroxylgruppe, die in der Pentose der DNA fehlt.
d. DNA besteht aus fünf unterschiedlichen Stickstoffbasen, RNA jedoch enthält nur vier verschiedene Basen.
e. RNA enthält nur Pyimidine, DNA nur Purine.

Frage 467 Orphan-Familien sind Familien von Genen, die:

a. in anderen Arten keine Homologe besitzen.
b. keine bekannte Funktion haben.
c. keine phänotypische Veränderung nach einer Genaktivierung zeigen.
d. noch nicht untersucht worden sind.

Frage 468 Was versteht man unter einem Pseudogen?

a. Ein Gen, das nur in bestimmten Entwicklungsstadien exprimiert wird.
b. Ein nichtfunktionelles Gen.
c. Ein Gen, das eine Mutation enthält, aber immer noch funktionell ist.
d. Eine DNA-Sequenz, die sich langsam zu einem aktiven Gen entwickelt.

Frage 469 Was ist eine genomische Bibliothek?

a. Eine Sammlung rekombinanter Moleküle mit Insertionsfragmenten, die alle Gene eines Organismus umfassen.
b. Eine Sammlung rekombinanter Moleküle mit Insertionsfragmenten, die das gesamte Genom eines Organismus umfassen.
c. Eine Sammlung rekombinanter Moleküle, die alle Gene eines Organismus exprimieren.
d. Eine Sammlung rekombinanter Moleküle, die sequenziert worden sind.

Frage 470 Über welche der folgenden Merkmale verfügen *sequence tagged sites*?

a. Sie kommen nur ein einziges Mal im Genom vor und besitzen eine RFLP-Schnittstelle.
b. Sie kommen nur ein einziges Mal im Genom vor und ihre Sequenz ist bekannt.
c. Ihre Sequenz ist bekannt, und sie enthalten repetitive DNA-Sequenzen.
d. Sie enthalten die Sequenz eines Gens, und es können keine repetitiven DNA-Sequenzen vorhanden sein.

Frage 471 Was haben die Wissenschaftler bezüglich der Verteilung von Genen in eukaryotischen Genomen beobachtet?

a. Die Gene sind gleichmäßig über eukaryotische Genome verteilt.
b. Die Gene sind auf spezielle Orte in eukaryotischen Genomen verteilt.
c. In eukaryotischen Genomen kommen immer mindestens 10 Gene auf 100 kb.
d. Die Gene scheinen zufällig über das Genom verteilt zu sein, und ihre Dichte variiert stark.

Frage 472 Das Hefegenom ist nur 0,004-mal so groß wie das menschliche Genom und enthält ungefähr 0,2-mal so viele Gene. Welche Erklärung gibt es hierfür?

a. Die Gene der Hefe umfassen im Vergleich zu menschlichen Genen viel weniger Codons.
b. Hefechromosomen enthalten viel kleinere Centromere und Telomere.
c. Das Hefegenom besitzt viel weniger intergenische DNA und weniger Introns.
d. Das Hefegenom enthält viele überlappende Gene.

Frage 473 Das kleinste bakterielle Genom umfasst einige Hunderttausend Basenpaare, während das mitochondriale Genom des Menschen weniger als 17.000 Basenpaare groß ist. Das Mitochondriengenom hat eine geringere Größe, weil …

a. das Mitochondriengenom des Menschen seine proteincodierenden Gene verloren hat.
b. das Mitochondriengenom des Menschen seine Gene für funktionelle RNA verloren hat.
c. das Mitochondriengenom des Menschen nichtfunktionell und ein evolutionäres Relikt ist.
d. Gene aus dem Mitochondriengenom des Menschen in den Kern übertragen worden sind.

Frage 474 Welche der folgenden Gentypen kommen in Mitochondriengenomen *nicht* vor?

a. tRNA-Gene.
b. Gene der Atmungskette.
c. Gene für die Glykolyse.
d. rRNA-Gene.

Frage 475 Heterochromatin ist definiert als …

a. Chromatin, das aus heterogenen Nucleotidsequenzen besteht.
b. Chromatin, das heterogene Proteine enthält.
c. Chromatin, das relativ stark kondensiert ist und inaktive Gene enthält.
d. Chromatin, das relativ entspannt ist und aktive Gene enthält.

Frage 476 Welche Form des Chromatins enthält exprimierte Gene?

a. Euchromatin.
b. Fakultatives Heterochromatin.
c. Konstitutives Heterochromatin.
d. Alle der oben erwähnten Formen.

Frage 477 Wie ist der Methylierungszustand der CpG-Inseln von Haushaltsgenen?

a. Sie besitzen hypermethylierte CpG-Inseln.
b. Sie sind in einigen, aber nicht allen Geweben methyliert.
c. Sie haben nicht methylierte CpG-Inseln.
d. Diesen Genen fehlen CpG-Inseln.

Frage 478 Der Vorgang des Kreuzungstypwechsels bei der Hefe ist ein Beispiel für …

a. alternatives Spleißen.
b. die Veränderung einer Rückkopplungsschleife.
c. eine Veränderung des DNA-Methylierungsmusters.
d. eine Veränderung aufgrund einer physikalischen Umstrukturierung des Genoms.

Frage 479 Wie synthetisieren DNA-abhängige RNA-Polymerasen RNA?

a. Sie verwenden DNA als Matrize für die Polymerisierung der Ribonucleotide.
b. Sie verwenden Proteine als Matrize für die Polymerisierung der Ribonucleotide.
c. Sie verwenden RNA als Matrize für die Polymerisierung der Ribonucleotide.
d. Sie benötigen keine Matrize für die Polymerisierung der Ribonucleotide.

Frage 480 Welche der folgenden Aussagen bezieht sich auf die Degeneriertheit des genetischen Codes?

a. Jedes Codon codiert mehr als eine Aminosäure.
b. Die meisten Aminosäuren besitzen mehr als ein Codon.
c. Es gibt verschiedene Startcodons.
d. Das Stoppcodon kann auch Aminosäuren codieren.

Frage 481 Welche der folgenden Polymerasen benötigt *keine* Matrize?

a. DNA-Polymerase I.
b. Sequenase.
c. Reverse Transkriptase.
d. Terminale Desoxyribonucleotidyltransferase.

Frage 482 Was versteht man unter einem offenen Leseraster (ORF)?

a. Alle Nucleotide eines transkribierten Gens.
b. Die Nucleotide eines Gens, die die Codons bilden, die wiederum die Aminosäuren spezifizieren.
c. Die Nucleotide eines mRNA-Moleküls vor der Entfernung der Introns.
d. Die Aminosäuresequenz eines Polypeptids.

Frage 483 Eine Consensussequenz für eine Exon-Intron-Grenze oder einen Genpromotor bezieht sich auf …

a. die genaue Nucleotidsequenz, die erforderlich ist, damit die Sequenz funktionieren kann.
b. die Sequenz von Nucleotiden, die am häufigsten an diesen Stellen vorkommen.
c. die kürzeste Sequenz, die notwendig ist, damit die Sequenz funktionieren kann.
d. die Sequenz von Nucleotiden um die Stellen, an denen Intronspleißen stattfindet und die Transkription beginnt.

Frage 484 Welche der folgenden RNA-Polymerasen ist bei Eukaryoten für die Transkription von proteincodierenden Genen zuständig?

a. RNA-Polymerase I.
b. RNA-Polymerase II.
c. RNA-Polymerase III.
d. RNA-Polymerase IV.

Frage 485 Welche Aussage über das RNA-Spleißen ist *falsch*?

a. Introns werden entfernt.
b. Der Prozess erfolgt durch kleine nucleäre RiboNucleoProteinpartikel (snRNPs).
c. Es werden immer dieselben Introns entfernt.
d. Die Steuerung der Reaktion erfolgt mithilfe von Consensussequenzen.
e. Das RNA-Molekül wird verkürzt.

Frage 486 Wie wird die Lassostruktur beim Spleißen eines GU–AG-Introns erzeugt?

a. Nach Spaltung der 5′-Spleißstelle wird zwischen dem 5′-Nucleotid und dem 2-Kohlenstoffatom des Nucleotids an der 3′-Spleißstelle eine neue Phosphodiesterbindung gebildet.
b. Nach Spaltung der 5′-Spleißstelle wird zwischen dem 5′-Nucleotid und dem 2-Kohlenstoffatom eines internen Adenosins eine neue Phosphodiesterbindung gebildet.
c. Nach Spaltung der 3′-Spleißstelle wird zwischen dem 5′-Nucleotid und dem 2-Kohlenstoffatom des Nucleotids an der 5′-Spleißstelle eine neue Phosphodiesterbindung gebildet.
d. Nach Spaltung der 3′-Spleißstelle wird zwischen dem 5′-Nucleotid und dem 2-Kohlenstoffatom eines internen Adenosins eine neue Phosphodiesterbindung gebildet.

Frage 487 Bei welcher Gruppe von Introns ähnelt die Selbstspleißreaktion am meisten dem Spleißmechanismus von GU–AG-Introns?

a. Gruppe I.
b. Gruppe II.

c. Gruppe III.
d. Bei keiner der oben genannten.

Frage 488 Was sind kryptische Spleißstellen?

a. Es handelt sich um Spleißstellen, die in einigen Zellen verwendet werden, in anderen jedoch nicht.
b. Es handelt sich um Spleißstellen, die immer verwendet werden.
c. Es handelt sich um Stellen, die am alternativen Spleißen beteiligt sind, wodurch aus einigen mRNA-Molekülen Exons entfernt werden.
d. Es handelt sich um Sequenzen in Exons oder Introns, die den Consensusspleißsignalen ähneln, aber keine wirklichen Spleißstellen sind.

Frage 489 Welche besondere Eigenschaft haben Gruppe-I-Introns?

a. Sie werden durch externe RNA-Moleküle gespleißt, ohne dass Proteine beteiligt sind.
b. Sie werden durch Proteinmoleküle gespleißt, ohne dass externe RNA-Moleküle beteiligt sind.
c. Sie sind autokatalytisch.
d. Sie kommen nur in den Genomen von Mitochondrien und Chloroplasten vor.

Frage 490 Welche der folgenden Reaktionen ist ein Beispiel für RNA-Editing?

a. Entfernen von Introns aus einem RNA-Transkript.
b. Abbau eines RNA-Moleküls durch Nucleasen.
c. Veränderung der Nucleotidsequenz eines RNA-Moleküls.
d. Anbringen der Cap-Struktur am 5′-Ende eines RNA-Transkripts.

Frage 491 Wie kann Antisense-RNA innerhalb einer Zelle exprimiert werden?

a. Das Zielgen kann in umgekehrter Orientierung in einen Vektor kloniert werden und unter der Kontrolle eines induzierbaren Promotors exprimiert werden.
b. Die Antisense-RNA kann nicht in einer Zelle exprimiert werden und muss stattdessen über Liposomen verabreicht werden.
c. Antisense-RNA kann in Zellen exprimiert werden, was aber wegen des hohen Grades unspezifischer Interaktion ungünstig ist.
d. Es wurde kein System entwickelt, um Antisense-RNA in einer Zelle zu exprimieren.
e. Keine der Aussagen ist korrekt.

Frage 492 Welche der folgenden Aussagen über mRNA ist *nicht* wahr?

a. Prokaryotische mRNA kann mehrere Strukturgene auf demselben Transkript enthalten, welches dann als polycistronische mRNA bezeichnet wird.

b. Eukaryoten transkribieren nur ein Gen auf einmal in mRNA. Diese heißt „monocistronische mRNA".

c. Eukaryoten können zwar polycistronische mRNA besitzen, aber nur das erste Cistron wird translatiert.

d. Eukaryoten produzieren fast immer polycistronische mRNA.

e. In Bakterien liegen die Gene für einen Stoffwechselweg typischerweise nahe beieinander und werden in eine gemeinsame mRNA transkribiert.

Frage 493 Inwiefern ist die eukaryotische Transkription komplexer als die prokaryotische?

a. Eukaryoten haben drei verschiedene RNA-Polymerasen, wohingegen Prokaryoten nur eine RNA-Polymerase haben.

b. Aufgrund der Beteiligung der verschiedenen Transkriptionsfaktoren ist die Transkriptionsinitiation bei Eukaryoten viel komplexer als bei Prokaryoten.

c. In eukaryotischen Zellen sind für eine effiziente Transkription stromaufwärts liegende Elemente erforderlich. In Prokaryoten jedoch sind diese Elemente nicht unbedingt notwendig.

d. Eukaryotische mRNA wird im Zellkern produziert.

e. Alle Aussagen stellen Gründe dar, warum die eukaryotische Transkription komplexer ist.

Frage 494 Die Transkription …

a. erzeugt nur mRNAs.

b. erfordert Ribosomen.

c. erfordert tRNAs.

d. erzeugt RNA, die vom 5′- zum 3′-Ende verlängert wird.

e. erfolgt nur bei Eukaryoten.

Frage 495 Der genetische Code …

a. unterscheidet sich bei Prokaryoten und Eukaryoten.

b. hat sich im Verlauf der jüngeren Evolution verändert.

c. umfasst 64 Codons, die Aminosäuren codieren.

d. ist degeneriert.

e. ist uneindeutig.

Frage 496 Wie können Transkriptomanalysen die Diagnose von Krebs beim Menschen unterstützen?

a. Alle Krebsformen zeigen eine verstärkte Expression einer spezifischen Reihe von Genen.

b. Jeder Krebs besitzt sein eigenes einzigartiges Transkriptom.

c. Die Gene, die Tumoren auslösen, werden nicht in gesunden Zellen exprimiert.
d. Transkriptionsanalysen können auf die Zellteilungsrate hinweisen.

Frage 497 Welche Rolle spielen die Locuskontrollregionen (LCRs) bei der Regulation der Genexpression?

a. DNA-bindende Proteine lagern sich an die LCRs an und verändern die Chromatinstruktur.
b. Transkriptionsfaktoren binden an die LCRs und fördern die Genexpression.
c. DNA-bindende Proteine lagern sich an die LCRs an und stimulieren die DNA-Methylierung.
d. LCRs stellen Verbindungen zur Kernmatrix her.

Frage 498 Welches der folgenden Sequenzmodule ist *kein* basales Promotorelement?

a. CAAT-Box.
b. GC-Box.
c. Oktamermodul.
d. TATA-Box.

Frage 499 Welche der folgenden DNA-Sequenzen kann die Rate der Transkriptionsinitiation erhöhen und Hunderte von Kilobasen stromaufwärts oder stromabwärts von den Genen liegen, die dadurch reguliert werden?

a. Aktivatoren.
b. Enhancer.
c. Silencer.
d. Terminatoren.

Frage 500 Welche ist die wichtigste Kontrollstelle für die Regulation der Genomexpression?

a. Initiation der Transkription.
b. Prozessierung des Transkripts.
c. Initiation der Translation.
d. Abbau von Proteinen und RNA-Molekülen.

Frage 501 Wie bezeichnet man die DNA-Sequenz, die bei *E. coli* in der Nähe des Promotors des Lactoseoperons liegt und die Expression des Operons reguliert?

a. Aktivator.
b. Induktor.
c. Operator.
d. Repressor.

Frage 502 Wie viele Basenpaare bilden bei Prokaryoten ungefähr die Bindungsstelle zwischen der DNA-Matrize und dem RNA-Transkript?

a. 8.
b. 12–14.
c. 30.
d. Das gesamte RNA-Molekül bleibt mit der Matrize über Basenpaare verbunden, bis die Transkription beendet ist.

Frage 503 Welche wichtige Veränderung der Transkription findet bei der stringenten Kontrolle von *E. coli* statt?

a. Die Transkriptionsraten der meisten Gene werden erhöht.
b. Nur die Transkriptionsraten der Operons für die Biosynthese von Aminosäuren werden erhöht.
c. Die Transkriptionsraten der meisten Gene nehmen ab.
d. Nur die Transkriptionsraten der Operons für die Biosynthese von Aminosäuren nehmen ab.

Frage 504 Wie beeinflussen Steroidhormone, wie beispielsweise Östrogen, die Genomexpression der reaktionsfähigen Zellen?

a. Durch Bindung an Enhancer-Sequenzen.
b. Durch Bindung an Rezeptoren im Cytoplasma, die dann in den Zellkern wandern, wo sie an DNA binden und dadurch die Genomexpression regulieren.
c. Durch Bindung an Rezeptoren im Zellkern, die aktiviert werden und dann an DNA binden, um die Genomexpression zu regulieren.
d. Durch Bindung an Rezeptoren in der Zellmembran, wobei das Signal danach über einen Signalweg in den Zellkern übertragen wird.

Frage 505 Welche Veränderungen finden in B-Zellen statt, wenn sie von der Produktion von Immunglobulinen der Klasse IgM oder IgD zu IgG wechseln?

a. Die Veränderung erfolgt durch alternatives Spleißen des RNA-Transkripts.
b. Die Veränderung erfolgt im Proteom, indem die konstanten Regionen von IgM/IgD proteolytisch entfernt werden.
c. Die Veränderung erfolgt im Genom, indem die Gene, welche die konstanten Regionen von IgM und IgD codieren, durch die Proteine RAG1 und RAG2 deletiert werden.
d. Die Veränderung erfolgt im Genom, indem die Gene, welche die konstanten Regionen von IgM und IgD codieren, unabhängig von den RAG-Proteinen deletiert werden.

Frage 506 Welche der folgenden Modifikationen der DNA-Struktur werden verwendet, um die Transkription zu regulieren?

a. Acetylierung bzw. Deacetylierung von Histonschwänzen.
b. Methylierung spezifischer Basen in der DNA-Sequenz.
c. Prägung (engl. *imprinting*), wie zum Beispiel die X-Inaktivierung.
d. Chromatinkondensierung.
e. Alle genannten sind wichtige Modifikationen für die Transkriptionsregulation.

Frage 507 Was ist ein Riboschalter?

a. Eine mRNA-Sequenz, die direkt an ein Effektormolekül bindet, um die Translation der mRNA in Protein zu regulieren.
b. Ein Enzym, das Ribozyme in Desoxyribozyme umwandelt.
c. Das für die translationale Kontrolle einer bestimmten mRNA verantwortliche Effektormolekül.
d. Ein RNA-Molekül, das zwischen dem in Protein translatierten Status und dem Status als Ribozym hin und her schaltet.
e. Nichts davon.

Frage 508 Welche der folgenden Aussagen trifft auf das *lac*-Operon *nicht* zu?

a. Wenn Lactose an den Repressor bindet, kann dieser nicht mehr an den Operator binden.
b. Wenn Lactose an den Operator bindet, wird die Transkription stimuliert.
c. Wenn der Repressor an den Operator bindet, wird die Transkription gehemmt.
d. Wenn Lactose an den Repressor bindet, verändert sich die Struktur des Repressors.
e. Wenn der Repressor mutiert ist, kann er möglicherweise nicht an den Operator binden.

Frage 509 Der Promotor des *lac*-Operons ist …

a. die Region, an die der Repressor bindet.
b. die Region, an welche die RNA-Polymerase bindet.
c. das Gen, das den Repressor codiert.
d. ein Strukturgen.
e. ein Operon.

Frage 510 Wenn Tryptophan in einer Bakterienzelle akkumuliert, bindet das Molekül …

a. an den Operator und verhindert so die Transkription der anschließenden Gene.
b. an den Promotor und ermöglicht so die Transkription der anschließenden Gene.
c. an den Repressor, sodass dieser an den Operator binden kann.
d. an Gene, die Enzyme codieren.
e. an RNA, sodass eine negative Rückkopplungsschleife entsteht, welche die Transkription verringert.

Frage 511 Welche der folgenden Aussagen ist eine Definition für eine Isoakzeptor-tRNA?

a. Ein einzelnes tRNA-Molekül, das mit verschiedenen Codons für die gleiche Aminosäure in Wechselwirkung treten kann.
b. Verschiedene tRNA-Moleküle, die für die gleiche Aminosäure spezifisch sind.
c. Verschiedene tRNAs, die das gleiche Codon erkennen.
d. Ein tRNA-Molekül, das mit verschiedenen Aminosäuren aminoacyliert werden kann.

Frage 512 Welche der folgenden Aussagen über die Spezifität von Aminoacyl-tRNA-Synthetasen trifft zu?

a. Jede Aminoacyl-tRNA-Synthetase katalysiert die Verknüpfung einer einzigen Aminosäure mit einer einzigen tRNA.
b. Jede Aminoacyl-tRNA-Synthetase katalysiert die Verknüpfung einer einzigen Aminosäure mit einer oder mehreren tRNAs.
c. Jede Aminoacyl-tRNA-Synthetase katalysiert die Verknüpfung von mehreren Aminosäuren mit einer einzigen tRNA.
d. Jede Aminoacyl-tRNA-Synthetase katalysiert die Verknüpfung von mehreren Aminosäuren mit einer oder mehreren tRNAs.

Frage 513 Der *wobble*-Effekt zwischen einem Codon und einem Anticodon tritt auf zwischen …

a. dem ersten Nucleotid des Codons und ersten Nucleotid des Anticodons.
b. dem ersten Nucleotid des Codons und dritten Nucleotid des Anticodons.
c. dem dritten Nucleotid des Codons und ersten Nucleotid des Anticodons.
d. dem dritten Nucleotid des Codons und dritten Nucleotid des Anticodons.

Frage 514 Welches der folgenden Phänomene ist *keine* Ursache des *wobble*-Effekts zwischen einem Codon und einem Anticodon?

a. Das Anticodon ist eine Schleife des tRNA-Moleküls und es lagert sich nicht gleichmäßig an das Codon an.
b. Ein Inosinnucleotid im tRNA-Molekül kann mit A, C und U in der mRNA ein Basenpaar bilden.
c. Ein Inosinnucleotid im mRNA-Molekül kann mit A, C und U in der tRNA ein Basenpaar bilden.
d. Guanin kann mit Uracil ein Basenpaar bilden.

Frage 515 Welche der folgenden Eigenschaften ist *keine* Eigenschaft eines typischen bakteriellen Operons?

a. Die Gene werden alle in ein Polypeptid translatiert.

b. Die Gene eines Operons werden alle in ein mRNA-Molekül transkribiert.

c. Die Gene codieren häufig Proteine, die alle an einem biochemischen Stoffwechselweg beteiligt sind.

d. Die Gene stehen unter der Kontrolle von nur einem Promotor.

Frage 516 Wie wird die Proteinsynthese beendet?

a. Ein Freisetzungsfaktor erkennt das Stoppcodon und tritt in die A-Stelle ein.

b. Eine tRNA für das Stoppcodon tritt in die A-Stelle ein.

c. Eine tRNA für das Stoppcodon tritt in die P-Stelle ein.

d. Das Ribosom hält am Stoppcodon an und katalysiert die Freisetzung des Proteins von der tRNA.

Frage 517 Welche der folgenden Aussagen beschreibt *keine* Funktion der molekularen Chaperone bei der Proteinfaltung?

a. Molekulare Chaperone unterstützen Proteine dabei, ihre richtige Struktur anzunehmen.

b. Molekulare Chaperone legen die Tertiärstruktur eines Proteins fest.

c. Molekulare Chaperone können teilweise gefaltete Proteine stabilisieren und daran hindern, mit anderen Proteinen Aggregate zu bilden.

d. Molekulare Chaperone können exponierte hydrophobe Bereiche von Proteinen abschirmen und schützen.

Frage 518 Welche der folgenden Reaktionen ist *kein* Beispiel für eine chemische Modifikation von Proteinen nach der Translation?

a. Glykosylierung.

b. Methylierung.

c. Phosphorylierung.

d. Proteolyse.

Frage 519 Wie können die Schwierigkeiten, die aufgrund des Codongebrauchs entstanden sind, überwunden werden?

a. Durch genetische Manipulation der Wirtsorganismen, sodass sie auch seltenere tRNAs exprimieren.

b. Man kann nichts gegen den Codongebrauch bei der Proteinexpression tun.

c. Durch genetische Manipulation des Gens, sodass die Codons von häufigeren tRNAs erkannt werden.

d. Durch genetische Manipulation des Gens, um die Codons für seltene tRNAs zu entfernen.

e. Sowohl A als auch C sind geeignete Lösungen.

Frage 520 Wählen Sie diejenige Aussage über die Translation, die *nicht* korrekt ist.

a. Das Ribosom besteht aus mehreren Untereinheiten, die sowohl ribosomale RNA als auch Proteine enthalten.
b. Die Consensussequenz UAAGGAGG wird Shine-Dalgarno-Sequenz genannt und wird vom Ribosom erkannt.
c. Für die Translation werden drei Initiationsfaktoren, zwei Elongationsfaktoren und zwei Freisetzungsfaktoren benötigt.
d. In Eukaryoten sind die Transkription und die Translation gekoppelt.
e. Am Ribosom gibt es drei Stellen (E, P und A), die von der tRNA besetzt werden können.

Frage 521 Welche Gleichung gibt *nicht* die korrekte Zusammensetzung der jeweiligen Ribosomenuntereinheit wieder?

a. 30S = 16S-rRNA + 21 Proteine.
b. 50S = 5S + 23S + 34 Proteine.
c. 30S = 5S + 23S + 21 Proteine.
d. 70S = 30S + 50S + tRNAifMet.
e. Alle Gleichungen sind korrekt.

Frage 522 Im Vergleich zur Meiose ist die Mitose charakterisiert durch:

a. die Produktion von zwei diploiden Zellen, die mit der elterlichen Zelle genetisch identisch sind.
b. den Austausch von DNA (Crossing-over) zwischen homologen Chromosomen.
c. die Produktion von zwei diploiden Zellen, die sich genetisch von der elterlichen Zelle unterscheiden.
d. die Produktion von vier haploiden Zellen, die sich genetisch von der elterlichen Zelle unterscheiden.

Frage 523 Welche Art von DNA-Austausch tritt beim Crossing-over während der Meiose auf?

a. Einzelstrangaustausch.
b. Reziproker Strangaustausch.
c. Integrativer Strangaustausch.
d. Replikativer Strangaustausch.

Frage 524 Welche Aussage über die Mitose trifft *nicht* zu?

a. Aus einem einzigen Zellkern gehen zwei identische Tochterzellkerne hervor.
b. Die Tochterzellkerne sind mit dem Zellkern der Ausgangzelle identisch.

c. Die Centromere trennen sich zu Beginn der Anaphase.

d. Homologe Chromosomen bilden in der Prophase Synapsen.

e. Centrosomen organisieren die Mikrotubuli der Spindelfasern.

Frage 525 Die Anzahl der Tochterchromosomen in einer menschlichen Zelle während der Anaphase II der Meiose beträgt:

a. 2.

b. 23.

c. 46.

d. 69.

e. 92.

Frage 526 Was versteht man unter dem bakteriellen Nucleoid?

a. Es ist ein membrangebundenes Organell, das genomische DNA enthält.

b. Es ist eine hell gefärbte Region in der Bakterienzelle, die genomische DNA enthält.

c. Es ist ein Proteinkomplex in einer Bakterienzelle, der genomische DNA bindet.

d. Es ist ein membrangebundener Komplex, der die Ribosomen des Bakteriums enthält.

Frage 527 Was ist ein Integron?

a. Ein Plasmid, das sich in das bakterielle Chromosom integrieren kann.

b. Ein Plasmid, das auf andere Bakterien übertragen werden kann.

c. Eine Gruppe von Genen und DNA-Sequenzen, durch die ein Plasmid Gene von Bakteriophagen und anderen Plasmiden aufnehmen kann.

d. Ein Klonierungsvektor, der Sequenzen aus Plasmiden und Bakteriophagen enthält.

Frage 528 Der laterale Gentransfer beinhaltet die folgenden Formen das DNA-Austausches, bis auf …

a. den Transfer von Genen von Bakterien auf Archaea.

b. den Transfer von Genen von Archaea auf Bakterien.

c. die Fusion von zwei Bakterienarten zur Produktion von diploiden Nachkommen.

d. den Gentransfer von einer Art auf eine andere.

Frage 529 Ein Prophage wird definiert als …

a. ein neues Phagenpartikel, das während der Infektion in der Wirtszelle zusammengesetzt wird.

b. ein RNA-Molekül, das nicht seine eigenen Capsidproteine codiert.

c. ein Phage mit einem RNA-Genom, das durch das Enzym Reverse Transkriptase in DNA umgewandelt wird.
d. eine passive, ruhende Form eines Bakteriophagen, die in das Wirtszellgenom integriert ist.

Frage 530 Welche Funktion hat die Formylgruppe, die bei Bakterien am Initiatormethionin hängt?

a. Bei der Initiation der Translation verbindet sie die Initiator- tRNA mit der großen ribosomalen Untereinheit.
b. Sie bindet das GTP-Molekül, das für die Bildung des Initiationskomplexes notwendig ist.
c. Sie blockiert die Aminogruppe des Methionins und stellt dadurch sicher, dass die Proteinsynthese in der N→C-Richtung abläuft.
d. Sie blockiert die Seitenkette des Methionins, sodass es nicht mit dem Initiationsfaktor IF-3 reagieren kann.

Frage 531 Welcher der folgenden Mechanismen führt bei Prokaryoten am wahrscheinlichsten zu einem lateralen Gentransfer?

a. Konjugation.
b. Transduktion.
c. Transformation.
d. Transposition.

Frage 532 Welche Aussage über die komplementäre Basenpaarung trifft *nicht* zu?

a. Sie spielt bei der DNA-Replikation eine Rolle.
b. In DNA ist T mit A gepaart.
c. Purine paaren sich mit Purinen, Pyrimidine mit Pyrimidinen.
d. In DNA ist C mit G gepaart.
e. Die Basenpaare besitzen dieselbe Länge.

Frage 533 Bei der semikonservativen Replikation der DNA …

a. bleibt die ursprüngliche Doppelhelix intakt und es bildet sich eine neue Doppelhelix.
b. trennen sich die Stränge der Doppelhelix und bilden Matrizen für neue Stränge.
c. wird die Polymerisierung durch eine RNA-Polymerase katalysiert.
d. wird die Polymerisierung von einem Doppelhelixenzym katalysiert.
e. wird die DNA aus Aminosäuren synthetisiert.

Frage 534 Die Funktion der DNA-Ligase bei der DNA-Replikation besteht darin, …

a. weitere Nucleotide einzeln an den wachsenden Strang anzuhängen.
b. die beiden DNA-Stränge zu öffnen, damit sie als Matrizenstränge zugänglich sind.
c. in einem Nucleotid die Base mit dem Zucker und dem Phosphat zu verknüpfen.
d. Okazaki-Fragmente miteinander zu verknüpfen.
e. falsch gepaarte Basen zu entfernen.

Frage 535 Was ist das topologische Problem der DNA-Replikation?

a. Die Blockade der DNA-Replikationsstellen durch die Nucleosomen.
b. Die Schwierigkeit, die DNA des Folgestranges zu synthetisieren.
c. Die Entwindung der Doppelhelix und die Drehung der DNA.
d. Die Synchronisation der DNA-Replikation mit der Zellteilung.

Frage 536 Was sind Okazaki-Fragmente?

a. Kurze Abschnitte von Polynucleotiden, die am Leitstrang der DNA synthetisiert werden.
b. Kurze Abschnitte von Polynucleotiden, die am Folgestrang der DNA synthetisiert werden.
c. Die Primer, die am Folgestrang synthetisiert werden und für die DNA-Synthese erforderlich sind.
d. Die proteolytischen Fragmente der DNA-Polymerase.

Frage 537 Wie erhöht die Korrekturlesefunktion die Genauigkeit der Genomreplikation?

a. Die DNA-Polymerase selektiert falsche Nucleotide, wenn sie zunächst an das Enzym binden.
b. Die $5' \rightarrow 3'$-Exonucleaseaktivität der DNA-Polymerase entfernt ein Nucleotid, das fälschlicherweise am Ende des gerade synthetisierten Polynucleotids eingebaut wurde.
c. Wenn das $3'$-endständige Nucleotid mit der Matrize kein Basenpaar bildet, wird es durch die Exonucleaseaktivität der DNA-Polymerase entfernt.
d. Alle obigen Aussagen treffen zu.

Frage 538 Welcher der folgenden Vorgänge ist ein Beispiel für eine ortsspezifische Rekombination?

a. Crossing-over bei der Meiose.
b. Genkonversion.
c. Integration des Genoms des Bakteriophagen λ in das Chromosom von *E. coli*.
d. Einfügen eines Transposons an einer neuen Stelle im Genom.

Frage 539 Wann kommt es zu einer Genkonversion?

a. Während der Meiose, wenn ein Allel durch ein anderes Allel ersetzt wird.
b. Während der Meiose, wenn ein erwartetes Allelverhältnis von 2:2 in ein Allelverhältnis von 4:0 umgewandelt wird.
c. Während der Meiose, wenn ein erwartetes Allelverhältnis von 2:2 in ein Allelverhältnis von 3:1 umgewandelt wird.
d. In allen genannten Fällen.

Frage 540 Was ist wahrscheinlich die primäre Funktion der homologen Rekombination?

a. Crossing-over in der Meiose.
b. Genkonversion.
c. Integration der Genome von lysogenen Phagen.
d. Postreplikative DNA-Reparatur.

Frage 541 Welche Funktion besitzt die DNA-Gyrase von *E. coli*?

a. Das Enzym wirkt der Überdrehung des Genoms entgegen, die bei der DNA-Replikation auftritt.
b. Das Enzym wirkt der Überdrehung des Genoms entgegen, die bei der Transkription auftritt.
c. Die Einführung von Superspiralisierungen in DNA-Moleküle.
d. Alle oben genannten Funktionen.

Frage 542 Welche der folgenden Enzyme helfen bei der Entwindung der DNA?

a. DNA-Gyrase.
b. DNA-Helikase.
c. Topoisomerase IV.
d. Einzelstrangbindende Proteine.
e. Alle genannten.

Frage 543 Warum ist während der Replikation ein RNA-Primer notwendig?

a. DNA-Polymerase III erfordert eine 3′-OH-Gruppe, um die DNA zu verlängern.
b. Zur Elongation wird kein RNA-Primer benötigt.
c. DNA-Polymerase benötigt eine 5′-Phosphatgruppe, bevor sie die DNA verlängern kann.
d. Für die Replikation wird ein DNA-Primer anstatt eines RNA-Primers benötigt.
e. Ein RNA-Primer wird nur dann benötigt, wenn die DNA bereits verlängert wurde und DNA-Polymerase versucht, die Lücken zu schließen.

Frage 544 Welche der folgenden Aussagen stimmt *nicht* im Hinblick auf die DNA-Replikation?

a. *Rolling circle-* und θ-Replikation sind Prokaryoten und Viren gemeinsam.
b. Jede Runde der Replikation linearer Chromosomen, wie z. B. bei Eukaryoten, verkürzt die Länge der Chromosomen.
c. Prokaryotische Chromosomen haben mehrere Replikationsursprünge.
d. Eukaryotische Replikation tritt nur während der S-Phase des Zellzyklus auf.
e. Eukaryotische Chromosomen haben mehrere Replikationsursprünge.

Frage 545 Eine Mutation, durch die aus einem UGG-Codon ein UAG-Codon wird, …

a. ist eine Nonsense-Mutation.
b. ist eine Missense-Mutation.
c. ist eine Frameshift-Mutation.
d. ist eine Inversion.
e. hat wahrscheinlich keine Auswirkungen.

Frage 546 Die Phenylketonurie ist ein Beispiel für eine genetisch bedingte Krankheit, bei der …

a. ein einziges Enzym funktionslos ist.
b. die Vererbung X-gekoppelt erfolgt.
c. zwei Elternteile, die diese Krankheit nicht haben, kein Kind mit dieser Krankheit bekommen können.
d. immer eine geistige Behinderung auftritt, unabhängig von der Behandlung.
e. ein Transportprotein nicht korrekt funktioniert.

Frage 547 Multifaktorielle (komplexe) Krankheiten …

a. sind seltener als Einzelgenkrankheiten.
b. sind gekennzeichnet durch eine Wechselwirkung zwischen vielen Genen und der Umgebung.
c. betreffen weniger als ein Prozent der Menschen.
d. sind gekennzeichnet durch eine Wechselwirkung zwischen mehreren mRNAs.
e. umfassen beispielsweise die Sichelzellenanämie.

Frage 548 Beim fra(X)-Syndrom …

a. sind Frauen stärker betroffen als Männer.
b. liegt eine kurze DNA-Sequenz vielfach wiederholt vor, wodurch die fragile Bruchstelle entsteht.

c. neigen sowohl das X- als auch das Y-Chromosom zum Zerbrechen, wenn sie für die Mikroskopie präpariert werden.

d. sind alle Menschen, die das Gen tragen, welches das Syndrom verursacht, geistig behindert.

e. ist das Grundmuster der Vererbung autosomal-dominant.

Frage 549 Prionen werden definiert als infektiöse, krankheitsauslösende Partikel, die …

a. nur RNA enthalten.

b. nur DNA enthalten.

c. nur Proteine enthalten (keine Nucleinsäuren).

d. nur Lipide enthalten (keine Nucleinsäuren).

Frage 550 Welches der folgenden Enzyme wird durch ein Gen spezifiziert, das in RNA-Transposons enthalten ist?

a. DNA-Polymerase.

b. RNA-Polymerase.

c. Reverse Transkriptase.

d. Telomerase.

Frage 551 Nennen Sie den Wissenschaftler, der zuerst Transposons identifizierte, und geben Sie den Organismus an, den er untersuchte.

a. David Baltimore und Retroviren.

b. Barbara McClintock und Mais.

c. Thomas Hunt Morgan und Taufliegen.

d. Craig Venter und Menschen.

Frage 552 Welches der folgenden Ereignisse führt dazu, dass ein Nucleotid durch ein anderes ersetzt wird?

a. Deletionsmutation.

b. Insertionsmutation.

c. Punktmutation.

d. Translokation.

Frage 553 Welche Arten von chemischen Mutagenen werden durch die DNA-Polymerase bei der Replikation in das Genom eingebaut?

a. Alkylierende Agenzien.

b. Basenanaloga.

c. Desaminierende Agenzien.

d. Interkalierende Agenzien.

Frage 554 Welche Art von Mutation wandelt ein Codon, das eine Aminosäure codiert, in ein Stoppcodon um?

a. Nonsense-Mutation.

b. Nichtsynonyme Mutation.

c. *Readthrough*-Mutation.

d. Synonyme Mutation.

Frage 555 Wie versucht *E. coli* bei der SOS-Antwort beschädigte DNA zu replizieren?

a. Bereiche mit beschädigter DNA werden aus dem Genom deletiert.

b. Nucleotide werden zufällig an den beschädigten Stellen eingebaut.

c. Die gesamte DNA-Synthese wird angehalten, bis der Schaden repariert werden kann.

d. Messenger-RNA wird in DNA umgewandelt, die dann an den beschädigten Stellen durch Rekombination eingebaut wird.

Frage 556 Wie halten Zellen die potenziell schädlichen Auswirkungen von Transpositionen möglichst gering?

a. Immunglobuline binden an die Proteine, die von den Transposons codiert werden.

b. Transposonsequenzen werden zu fest gepacktem Chromatin verdichtet.

c. Transposonsequenzen werden methyliert.

d. Die Transposonproteine werden mithilfe von Ubiquitin für den Abbau in den Proteasomen vorbereitet.

Frage 557 Die Polymerasekettenreaktion …

a. ist ein Verfahren für die Sequenzierung von DNA.

b. wird für die Transkription spezifischer Gene verwendet.

c. amplifiziert spezifische DNA-Sequenzen.

d. erfordert keine DNA-Replikationsprimer.

e. erfolgt mithilfe einer DNA-Polymerase, die bei 55 °C denaturiert.

Frage 558 Restriktionsenzyme …

a. sind für Bakterien ohne Bedeutung.

b. schneiden die DNA an hochspezifischen Erkennungssequenzen.

c. werden von Bakteriophagen in die Bakterien gebracht.

d. werden nur von eukaryotischen Zellen produziert.

e. hängen Methylgruppen an spezifische DNA-Sequenzen.

Frage 559 Wenn unterschiedlich lange DNA-Fragmente in einem Gel in ein elektrisches Feld gebracht werden, …

a. wandern die kleineren Fragmente am schnellsten zum positiv geladenen Pol.
b. wandern die größeren Fragmente am schnellsten zum positiv geladenen Pol.
c. wandern die kleineren Fragmente am schnellsten zum negativ geladenen Pol.
d. wandern die größeren Fragmente am schnellsten zum negativ geladenen Pol.
e. wandern die kleineren und die größeren Fragmente mit derselben Geschwindigkeit.

Frage 560 RNA-Interferenz (RNAi) hemmt …

a. die DNA-Replikation.
b. die RNA-Synthese von spezifischen Genen.
c. die Erkennung des Promotors durch die RNA-Polymerase.
d. die Transkription aller Gene.
e. die Translation von spezifischen mRNAs.

Frage 561 Komplementäre DNA (cDNA) …

a. wird aus Ribonucleosidtriphosphaten synthetisiert.
b. wird durch eine reverse Transkription erzeugt.
c. ist der Gegenstrang zu einer einzelsträngigen DNA.
d. erfordert für die Synthese keine Matrize.
e. kann nicht in einen Vektor eingebaut werden, da sie eine umgekehrte DNA-Sequenz besitzt wie der Vektor.

Frage 562 In einer genomischen Bibliothek mit Frosch-DNA in *E.-coli*-Bakterien …

a. enthalten alle Bakterien dieselben Sequenzen der Frosch-DNA.
b. enthalten alle Bakterienzellen unterschiedliche Sequenzen der Frosch-DNA.
c. enthält jede Bakterienzelle ein zufälliges Fragment der Frosch-DNA.
d. enthält jede Bakterienzelle viele Fragmente der Frosch-DNA.
e. wird die Frosch-DNA in den bakteriellen Zellen zu mRNA transkribiert.

Frage 563 Pharming ist eine Bezeichnung für …

a. Tiere, die in der Forschung mit Transgenen eingesetzt werden.
b. Pflanzen für die Herstellung von genetisch veränderten Lebensmitteln.
c. die Synthese von rekombinanten Medikamenten in Bakterien.
d. die Erzeugung von klonierten Tieren im großen Maßstab.
e. die Synthese eines Medikaments durch ein transgenes Tier in seiner Milch.

Frage 564 Beim genetischen Fingerabdruck …

a. lässt sich eine positive Identifizierung durchführen.
b. wird nur ein Gel-Blot benötigt.
c. erzeugt man mit mehreren Restriktionsspaltungen spezifische Fragmente.
d. amplifiziert man mithilfe der Polymerasekettenreaktion DNA von einem der Finger.
e. bestimmt man die Variabilität von Wiederholungssequenzen zwischen zwei Restriktionsstellen.

Frage 565 Alle drei Typen von Restriktionsenzymen binden an spezifische Sequenzen der DNA-Moleküle. Warum werden die Typ-II-Enzyme von den Forschern bevorzugt?

a. Typ-II-Enzyme schneiden die DNA an spezifischen Stellen.
b. Typ-II-Enzyme schneiden die DNA immer so, dass glatte Enden entstehen.
c. Typ-II-Enzyme schneiden die DNA immer so, dass kohäsive Enden entstehen.
d. Typ-II-Enzyme sind die einzigen Restriktionsenzyme, die doppelsträngige DNA schneiden.

Frage 566 Durch welches der folgenden Verfahren nehmen *E.-coli*-Zellen in Laborversuchen Plasmide auf?

a. Konjugation.
b. Elektrophorese.
c. Transduktion.
d. Transformation.

Frage 567 Welcher der folgenden Vektortypen ist am besten geeignet, um DNA in eine menschliche Zelle einzuschleusen?

a. Plasmid.
b. Bakteriophage.
c. Cosmid.
d. Adenovirus.

Frage 568 Welches der folgenden Verfahren wird *nicht* angewendet, um rekombinante DNA-Moleküle in Pflanzen einzuschleusen?

a. Biolistik.
b. Cosmide.
c. Ti-Plasmid.
d. Viren.

Frage 569 Ein Hauptproblem beim Zusammensetzen von DNA-Sequenzen mit dem Computer ist die Anwesenheit von …

a. mehrfachen Chromosomen.
b. mitochondrialer DNA.
c. Introns im Genom.
d. repetitiven Sequenzen.

Frage 570 Mikrosatelliten werden häufiger als DNA-Marker verwendet als Minisatelliten, weil …

a. Minisatelliten an zu vielen Orten innerhalb des Genoms vorkommen.
b. Restriktionsenzyme für die Darstellung von Mikrosatelliten verwendet werden können, nicht aber für die von Minisatelliten.
c. es nur sehr wenige Mikrosatelliten in eukaryotischen Genomen gibt, sodass sie leicht zu identifizieren und zu analysieren sind.
d. Mikrosatelliten über das ganze eukaryotische Genom verteilt vorliegen und leicht durch PCR amplifiziert werden können.

Frage 571 Wie sind die verschiedenen Nucleotide (A, C, G oder T) bei der Kettenabbruchsequenzierreaktion markiert?

a. Die Primer der Reaktionen sind mit Fluoreszenzfarbstoffen markiert.
b. Von den unterschiedlichen Desoxynucleotiden ist jedes mit einem anderen Fluoreszenzfarbstoff markiert.
c. Von den unterschiedlichen Didesoxynucleotiden ist jedes mit einem anderen Fluoreszenzfarbstoff markiert.
d. Die unterschiedlichen Sequenzierungsprodukte werden mit Antikörpern gefärbt, die die verschiedenen Didesoxynucleotide erkennen.

Frage 572 Warum wird bei der Pyrosequenzierung eine Nucleotidase eingesetzt?

a. Sie wandelt das Pyrophosphat in ein Produkt um, das Licht abstrahlt.
b. Sie baut das DNA-Molekül ab und setzt die Nucleotide frei, die dann über Chemilumineszenz nachgewiesen werden.
c. Sie stabilisiert die kurzen DNA-Produkte, die durch dieses Verfahren entstehen.
d. Sie baut nicht eingebaute Nucleotide im Reaktionsansatz ab.

Frage 573 Viele Wissenschaftler glaubten, dass die Shotgun-Sequenzierung sogar mit kleinen Genomen *nicht* funktionieren würde, weil …

a. zwischen den verschiedenen Minisequenzen keine Überlappungen auftreten würden.
b. Computer die große Menge der in einem Shotgun-Seuqnzierungsprojekt generierten Daten nicht bewältigen würden.

c. kleine prokaryotische Genome große Mengen an repetitiver DNA enthalten.
d. kein Verfahren existierte, mit dem genomische DNA in willkürliche Fragmente zerteilt werden konnte.

Frage 574 Welcher der folgenden Vorgänge beschreibt das positionelle Klonieren?

a. Wandern entlang eines Chromosoms von einem Marker zu einem nahe gelegenen Gen.
b. Zusammensetzen von Klon-Contigs zu einem vollständigen Genom.
c. Identifizieren von Genen einer genomischen Sequenz.
d. Fingerprint eines Chromosoms oder DNA-Fragments, um eine Karte für die Sequenzierung zu erstellen.

Frage 575 Wie können zwei unterschiedliche Transkriptome mit einem einzigen Microarray analysiert werden?

a. Zunächst wird ein Transkriptom hybridisiert, analysiert und seine Sequenzen werden entfernt, bevor das zweite Transkriptom mit demselben Microarray untersucht wird.
b. Nur eines der Transkriptome wird markiert und konkurriert mit dem zweiten, nicht markierten um die Bindung an die Probensequenz.
c. Die Transkriptome werden vor der Microarray-Analyse miteinander hybridisiert, um die aus beiden Zelltypen stammenden cDNAs zu entfernen.
d. Die beiden Transkriptome werden mit unterschiedlich fluoreszierenden Markierungen gekennzeichnet und gleichzeitig mit dem Array hybridisiert.

Frage 576 Welche Aussage über *Thermus aquaticus* ist *falsch*?

a. *T. aquaticus* wurde aus einer heißen Quelle isoliert.
b. Die DNA-Polymerase von *T. aquaticus* wird in der Molekularbiologie für ein Verfahren namens Polymerasekettenreaktion (PCR) verwendet.
c. Die DNA-Polymerase von *T. aquaticus* kann sehr hohen Temperaturen standhalten.
d. *T. aquaticus* kann bei hohen Temperaturen und niedrigem pH-Wert überleben.
e. *T. aquaticus* kommt in gefrorenen Seen in der Antarktis vor.

Frage 577 Welches der folgenden Elemente ist wichtig in der biotechnologischen Forschung?

a. Transposons.
b. F-Plasmid.
c. Satellitenviren.
d. Plasmide.
e. Alle genannten Elemente.

Frage 578 Wie werden Restriktionsenzyme und Ligase in der Biotechnologie genutzt?

a. Restriktionsenzyme schneiden DNA an spezifischen Stellen und erzeugen dabei Enden, die durch Ligase wieder miteinander verbunden werden können.
b. Nur Restriktionsenzyme, die beim Schneiden der DNA glatte Enden erzeugen, können mit durch Ligase ligiert werden.
c. Nur Restriktionsenzyme, die beim Schneiden der DNA klebrige Enden erzeugen, können durch Ligase ligiert werden.
d. Restriktionsenzyme können DNA an spezifischen Stellen schneiden und die Enden wieder miteinander verbinden.
e. Restriktionsenzyme schneiden DNA zufällig. Die geschnittenen Fragmente können durch Ligase wieder miteinander verbunden werden.

Frage 579 Welche der folgenden ist eine geeignete Methode zur Detektion von Nucleinsäuren?

a. Absorptionsmessung bei 260 nm.
b. Autoradiographie von radioaktiv markierten Nucleinsäuren.
c. Chemilumineszenz von DNA, die mit Biotin oder Digoxigenin markiert ist.
d. Messung des nach der Anregung von fluoreszenzmarkierten Nucleinsäuren emittierten Lichts auf einem Photodetektor.
e. Alle beschriebenen Methoden sind für die Detektion von Nucleinsäuren geeignet.

Frage 580 Warum beeinflusst der GC-Gehalt eines DNA-Moleküls die Schmelztemperatur seiner beiden Stränge?

a. Die G-C-Bindung erfordert nur zwei Wasserstoffbrücken, weshalb nur eine geringere Temperatur erforderlich ist, um die DNA zu „schmelzen".
b. Weil die G-C-Basenpaarung drei Wasserstoffbrücken erfordert und eine höhere Temperatur benötigt wird, um die DNA zu „schmelzen".
c. Der Prozentsatz an As und Ts im Molekül ist bedeutender für die Schmelztemperatur als der Prozentsatz an Gs und Cs.
d. In der biotechnologischen und molekularbiologischen Forschung ist es nicht wichtig, den Nucleotidgehalt eines DNA-Moleküls zu kennen.
e. Nichts vom Genannten stimmt.

Frage 581 Was ist der Unterschied zwischen Southern- und Northern-Hybridisierungen?

a. Southern-Blots hybridisieren eine DNA-Sonde mit einer verdauten DNA-Probe, Northern-Blots jedoch hybridisieren eine DNA-Sonde gewöhnlich mit mRNA.
b. Southern-Blots benutzen eine RNA-Sonde, um sie mit DNA zu hybridisieren, Northern-Blots dagegen hybridisieren eine RNA-Sonde mit RNA.
c. Mit Southern-Blots stellt man fest, ob ein bestimmtes Gen gerade exprimiert wird, mit Northern-Blots ermittelt man die Homologie zwischen mRNA und einer DNA-Sonde.

d. Mit Southern-Blots bestimmt man die Homologie zwischen mRNA und einer DNA-Sonde, mit Northern-Blots stellt man dagegen fest, ob ein bestimmtes Gen gerade exprimiert wird.

e. Southern- und Northern-Blots sind im Grunde ein und dasselbe Verfahren, nur auf verschiedenen Erdhalbkugeln durchgeführt.

Frage 582 Zu welchem Zweck könnte man die Fluoreszenz-*in-situ*-Hybridisierung (FISH) anwenden?

a. Zur Identifizierung eines bestimmten Gens in einem DNA-Extrakt durch Hybridisierung mit einer DNA-Sonde.

b. Zur Identifizierung eines bestimmten Gens durch Hybridisierung mit einer DNA-Sonde in lebenden Zellen, deren DNA durch Hitze denaturiert wurde.

c. Zur Identifizierung einer mRNA in einem RNA-Extrakt durch Hybridisierung mit einer DNA-Sonde.

d. Zur Identifizierung sowohl von mRNA als auch von DNA in Zellextrakten mithilfe einer RNA-Sonde.

e. Zu keinem der genannten.

Frage 583 Welche sind nützliche Eigenschaften von Klonierungsvektoren?

a. Ein Antibiotikaresistenzgen auf dem Plasmid zur Selektion der Zellen, die das Plasmid enthalten.

b. Eine Stelle, die eine Ansammlung nur einmal vorkommender Schnittsequenzen für Restriktionsenzyme enthält, zur Klonierung fremder DNA.

c. Ein Plasmid mit hoher Kopienzahl, sodass man große Mengen DNA erhalten kann.

d. α-Komplementation, um festzustellen, ob die fremde DNA in die Klonierungsstelle eingefügt wurde.

e. Alle genannten sind nützliche Eigenschaften.

Frage 584 Welche der folgenden Vektoren enthalten die größten DNA-Stücke?

a. Plasmide.
b. Bakteriophagenvektoren.
c. YACs.
d. PACs.
e. Cosmide.

Frage 585 Welche der folgenden Komponenten führt zum Abbruch der Kette in einer Sequenzierungsreaktion?

a. Didesoxynucleotide.
b. Klenow-Polymerase.
c. DNA-Polymerase III.

d. Desoxynucleotide.
e. DNA-Primer.

Frage 586 Welche der folgenden Aussagen bezüglich PCR ist *nicht* korrekt?

a. Die DNA-Matrize wird mittels Helikase denaturiert.
b. PCR wird genutzt, um Millionen von Kopien eines bestimmten Bereiches der DNA zu erhalten.
c. Wegen der hohen Temperaturen, die bei der PCR erforderlich sind, wird eine hitzestabile DNA-Polymerase verwendet.
d. Eine DNA-Matrize, ein Primerpaar, Desoxynucleotide, eine hitzestabile DNA-Polymerase und ein Thermocycler sind die wesentlichen Komponenten der PCR.
e. Primer werden benötigt, weil die DNA-Polymerase die Synthese nicht selbst initiieren, sondern nur von einem bestehenden 3′-OH-Ende fortführen kann.

Frage 587 Aus welchem Grund würde ein Forscher RT-PCR anwenden wollen?

a. RT-PCR wird benutzt, um zwei verschiedene Proben von DNA im Hinblick auf ihre Verwandtschaft zu vergleichen.
b. RT-PCR erzeugt ein mRNA-Molekül aus einer bekannten DNA-Sequenz.
c. RT-PCR erzeugt eine Proteinsequenz aus mRNA.
d. RT-PCR erzeugt ein DNA-Molekül ohne nicht codierende Introns aus eukaryotischer mRNA.
e. Alle genannten sind Anwendungen der RT-PCR.

Frage 588 Auf welche Weise ist Data-Mining nützlich für die biotechnologische Forschung?

a. Es erlaubt Forschern, Sequenzähnlichkeiten festzustellen; diese führen gewöhnlich zu funktioneller Ähnlichkeit.
b. Data-Mining erlaubt es Forschern, Computer zum Studieren, Sortieren und Zusammenstellen riesiger Mengen von Rohdaten zu benutzen, die mithilfe der Bioinformatik erzeugt wurden.
c. Data-Mining ist der Vorgang, bei dem die Rohdaten aus Forschungsprojekten wie der Sequenzierung an einem Ort gesammelt werden.
d. Data-Mining liefert normalerweise zu viele Informationen, die das Forschungsprojekt nur verzögern und deshalb nicht sehr nützlich sind.
e. Keine der Aussagen stimmt.

Frage 589 Für welches der folgenden Fusionsproteine wird *kein* chemisches Substrat benötigt, damit seine Aktivität beobachtet werden kann?

a. Luciferase.
b. Alkalische Phosphatase.

c. Grün fluoreszierendes Protein (GFP).

d. β-Galactosidase.

e. Keines der genannten Proteine braucht ein Substrat.

Frage 590 Welche der folgenden Aussagen über Antisense-RNA ist wahr?

a. Antisense-RNA bindet an RNA und bildet doppelsträngige Bereiche, um dadurch die Translation oder das Spleißen der Introns zu verhindern.

b. Antisense-RNA wird transkribiert, indem der Sense-Strang (codierender Strang) der DNA als Matrize verwendet wird.

c. Die Sequenz von Antisense-RNA ist komplementär zur mRNA.

d. Antisense-RNA wird natürlicherweise in Zellen, aber auch künstlich im Labor hergestellt.

e. Alle getroffenen Aussagen über Antisense-RNA sind wahr.

Frage 591 Bei der Analyse eines menschlichen Stammbaums, bei der ermittelt werden soll, wie eng zwei Gene miteinander gekoppelt sind, ist es am besten …

a. herzuleiten, dass die Genotypen der Eltern bei den Nachkommen am häufigsten vorkommen.

b. herzuleiten, dass bei den Nachkommen am häufigsten rekombinante Genotypen vorkommen.

c. eine Rückkreuzung durchzuführen, um die Kopplung zwischen den Genen zu bestimmen.

d. die Genotypen der Großeltern zu bestimmen.

Frage 592 Welche der folgenden Behauptungen über Allelfrequenzen trifft *nicht* zu?

a. Die Summe sämtlicher Allelfrequenzen beträgt stets 1.

b. Wenn es an einem Genort zwei Allele gibt und wir die Frequenz von einem dieser Allele kennen, dann können wir die des anderen durch Subtraktion davon ableiten.

c. Wenn ein Allel in einer Population nicht vorkommt, beträgt seine Frequenz 0.

d. Wenn zwei Populationen für einen Genort den gleichen Genpool aufweisen, dann haben sie für diesen Locus auch den gleichen Anteil an Homozygoten.

e. Wenn es an einem Genort nur ein Allel gibt, beträgt dessen Frequenz 1.

Frage 593 Wie hoch ist die erwartete Häufigkeit von Aa-Individuen in einer Population im Hardy-Weinberg-Gleichgewicht, in der die Frequenz von A-Allelen (p) gleich 0,3 ist?

a. 0,21.

b. 0,42.

c. 0,63.

d. 0,18.

e. 0,36.

Frage 594 Welche der folgenden genomischen Einheiten werden nur mütterlich vererbt?

a. Globingene.
b. Mitochondrien-DNA.
c. X-Chromosomen.
d. Y-Chromosomen.

Frage 595 Klonexperimente mit Schafen, Fröschen und Mäusen haben gezeigt, dass …

a. die Zellkerne adulter Zellen totipotent sind.
b. die Zellkerne embryonaler Zellen totipotent sein können.
c. die Zellkerne differenzierter Zellen andere Gene haben als die Zygotenkerne.
d. die Differenzierung in allen Zellen eines Frosches vollständig reversibel ist.
e. eine Differenzierung dauerhafte Veränderungen im Genom beinhaltet.

Frage 596 Der Begriff „therapeutisches Klonen" beschreibt …

a. die Modifikation eines Klons durch ein Transgen.
b. eine Kombination von Kerntransplantation und Stammzellendifferenzierung.
c. die Herstellung von Klonen, die nützliche Medikamente produzieren.
d. die Produktion embryonaler Stammzellen zu Transplantationszwecken.
e. die Herstellung zahlreicher identischer Kopien eines Organismus.

Frage 597 Bei Taufliegen dienen die folgenden Gene dazu, die Segmentpolarität festzulegen: (k) Lückengene, (l) homöotische Gene, (m) Maternaleffektgene, (n) Paarregelgene. In welcher Reihenfolge werden diese Gene in der Entwicklung exprimiert?

a. klmn.
b. lknm.
c. mknl.
d. nkml.
e. nmkl.

Frage 598 Welche Aussage über embryonale Induktion trifft *nicht* zu?

a. Eine Gruppe von Zellen veranlasst benachbarte Zellen, sich in bestimmter Weise zu entwickeln.
b. Sie löst in Zielzellen eine Folge von Genexpressionen aus.
c. Einzelne Zellen können keinen Induktor bilden.
d. Ein Gewebe kann sich selbst induzieren.
e. Die chemische Identifizierung von spezifischen Induktoren ist schwierig gewesen.

Frage 599 Im Verlauf der Körpersegmentierung bei *Drosophila*-Larven …

a. werden die ersten Schritte von homöotischen Genen bestimmt.
b. führen Mutationen in Paarregelgenen zu Embryonen, denen jedes zweite Segment fehlt.
c. führen Mutationen in Lückengenen zum Einfügen zusätzlicher Segmente.
d. bestimmen Segmentpolaritätsgene die dorsoventrale Achse der Segmente.
e. ist die Segmentierung dieselbe wie beim Regenwurm.

Frage 600 Welche Gene von *Drosophila* legen die Identität der Segmente in der Taufliegenlarve fest?

a. Die *gap*-Gene.
b. Die Paarregelgene.
c. Die Segmentpolaritätsgene.
d. Die homöotischen Selektorgene.

Frage 601 Homöotische Mutationen …

a. sind häufig so schwer, dass sie nur an Larven untersucht werden können.
b. führen zu geringfügigen Veränderungen beim Bau von Larven oder Adulttieren.
c. kommen nur bei Prokaryoten vor.
d. beeinflussen die DNA des Tieres nicht.
e. sind auf die Zone der polarisierenden Aktivität beschränkt.

Frage 602 Ein Hauptfaktor bei der Determination und Differenzierung von Gewebe längs der anterior-posterioren Achse der Maus ist …

a. die differenzielle Expression von Hox-Genen.
b. der Konzentrationsgradient von β-Catenin.
c. die differenzielle Expression des *sonic-hedgehog*-Gens.
d. die Entfernung des Gewebes vom grauen Halbmond.
e. die Verteilung von GSK-3, das β-Catenin abbaut.

Frage 603 Die Gene liefern eher Rezepte als einen Organismenbauplan, weil …

a. genetische Anweisungen die Form des adulten Organismus nicht bestimmen.
b. die Entwicklung eines Organismus nicht völlig von seinen Genen bestimmt wird.
c. Gene nicht nur Anweisungen geben, sondern sie auch entgegennehmen.
d. Gene andere Moleküle codieren, die wiederum verschiedene Teile eines Organismus beeinflussen.
e. Alles trifft zu.

Frage 604 Welche Blütenwirtel bilden sich, wenn es in den B-Typ-Genen von *Arabidopsis* zu einer *loss-of-function*-Mutation kommt (von Wirtel 1 bis Wirtel 4)?

a. Kelchblätter – Blütenblätter – Staubblätter – Fruchtblätter.
b. Kelchblätter – Kelchblätter – Staubblätter – Fruchtblätter.
c. Kelchblätter – Kelchblätter – Fruchtblätter– Fruchtblätter.
d. Blütenblätter – Blütenblätter – Staubblätter – Staubblätter.

Frage 605 Obwohl das „Florigen" bis 2005 *nicht* identifiziert werden konnte, hielt man seine Existenz schon lange für wahrscheinlich, weil …

a. die Nachtlänge in den Blättern gemessen wird, aber die Blüte an einem anderen Ort stattfindet.
b. es in den Wurzeln gebildet und zum Sprosssystem transportiert wird.
c. es in der Coleoptilspitze gebildet und zur Basis transportiert wird.
d. man annahm, dass das Florigen mit Gibberellin identisch ist.
e. es durch eine lange Kältebehandlung (mehr als ein Monat) aktiviert werden kann.

Frage 606 Wie lenkt das Genom die biologische Aktivität einer Zelle?

Frage 607 Was ist der Unterschied zwischen „Genotyp" und „Phänotyp"?

Frage 608 Was versteht man unter dem Begriff „Allel"?

Frage 609 Was bedeutet „Homozygotie"?

Frage 610 Was bedeutet „Hemizygotie"?

Frage 611 Was bedeutet „Kodominanz"?

Frage 612 Was bedeutet „Polygenie"?

Frage 613 Definieren Sie die Begriffe „Penetranz" und „Expressivität"!

Frage 614 Was versteht man unter einer „Phänokopie"?

Frage 615 Was versteht man unter einer „monohybriden Kreuzung"?

Frage 616 Was besagt die dritte Mendel-Regel?

Frage 617 Warum wird für die Rückkreuzungen im Rahmen der Kopplungsanalyse eine doppelt Homozygote verwendet? Warum sind die homozygoten Allele für die getestete Eigenschaft bevorzugt rezessiv?

Frage 618 Welche Besonderheit weist die Vererbung von an Sexchromosomen gekoppelten Allelen auf?

Frage 619 Was macht formalgenetische Experimente mit haploiden Organismen attraktiv?

Frage 620 Welche Züchtungsmethoden werden in der klassischen Pflanzenzüchtung angewendet?

Frage 621 Was versteht man unter „maternaler Vererbung"?

Frage 622 Was ist ein „Barr-Körperchen"?

Frage 623 Was versteht man unter „Dosiskompensation" und wie wird sie vollzogen?

Frage 624 Was ist der Unterschied zwischen orthologen und paralogen Genen?

Frage 625 Warum ist es wichtig, dass Chromosomen Telomere an ihren Enden besitzen?

Frage 626 Welche Typen von repetitiver DNA sind im menschlichen Genom enthalten?

Frage 627 Welche Ähnlichkeiten bestehen zwischen den HU-Proteinen von *E. coli* und den Histonproteinen aus Eukaryoten?

Frage 628 Was versteht man unter „Isolatorsequenzen" und welche gemeinsamen Merkmale haben sie?

Frage 629 Welche Veränderungen finden während der X-Inaktivierung in den Nucleosomen statt?

Frage 630 In welchen Organismen kann es zu einer Allopolyploidie kommen?

Frage 631 Welche klassischen Experimente belegen, dass die Erbinformation in der DNA niedergelegt ist?

Frage 632 Wie sind die Centromere der Säugetiere aufgebaut?

Frage 633 Was versteht man unter „B-Chromosomen"?

Frage 634 Was versteht man unter den Begriffen „C-Wert" und „C-Wert-Paradoxon"?

Frage 635 Was sind „überlappende Gene"?

Frage 636 Wie lang ist die DNA eines Bakteriums, wie lang ist die DNA einer menschlichen diploiden Zelle?

Frage 637 Was versteht man unter dem Begriff „Hypochromie"?

Frage 638 Wie verhält sich DNA bei Erwärmung?

Frage 639 Was ist ein „Palindrom"?

Frage 640 Wie sind Nucleosomen aufgebaut?

Frage 641 Nennen Sie die fünf Grundtypen der Histone. Welche Rolle spielt das Histon H1 für die Struktur des Chromatins?

Frage 642 Nennen Sie die verschiedenen Ebenen der Chromatinverpackung!

Frage 643 Was bedeutet der Begriff „Chromosom"?

Frage 644 Was bedeutet „Karyotyp"?

Frage 645 Was ist ein „Karyogramm"?

Frage 646 Was ist das „Centromer", was bedeutet „Kinetochor", was sind Telomere?

Frage 647 Was versteht man unter der „Nucleolus-Organisator-Region"? Welche Funktion übt sie aus?

Frage 648 Was ist ein „SAT-Chromosom"?

Frage 649 Was sind „Lampenbürstenchromosomen"?

Frage 650 Unterscheiden Sie „Monokaryon", „Dikaryon", „Heterokaryon", „haploid" und „diploid"!

Frage 651 Werden hoch- und mittelrepetitive Sequenzen transkribiert?

Frage 652 Ist der genetische Code universell?

Frage 653 Wie kann das Codon 5′-UGA-3′ sowohl als Stoppcodon als auch als Codon für die modifizierte Aminosäure Selenocystein fungieren?

Frage 654 Warum liefert das Transkriptom keinen absolut genauen Hinweis auf das Proteom einer Zelle?

Frage 655 Unterscheiden Sie die Funktionen des Core-Bereichs und der stromaufwärts liegenden Elemente eines eukaryotischen Promotors.

Frage 656 Welche Faktoren kontrollieren die Basisrate der Transkriptionsinitiation bei einem bakteriellen Promotor?

Frage 657 Welche Funktion besitzen die kleinen nucleolären RNAs (snoRNAs) bei der Modifikation von Prä-rRNA-Molekülen bei Eukaryoten?

Frage 658 Was bedeuten die Begriffe „Transkriptom" und „Proteom"?

Frage 659 Wie erfolgt die Transkription bei Bacteria? Welche Bedeutung hat der σ-Faktor?

Frage 660 Wie erfolgt die Termination der Transkription bei Bacteria? Welche Funktion hat der ρ-Faktor?

Frage 661 Wovon hängt es bei Eukaryoten ab, welche Gene von welcher der drei RNA-Polymerasen transkribiert werden?

Frage 662 Bei Eukaryoten besitzen mRNA-Moleküle, im Unterschied zu anderen RNA-Transkripten, spezifische Modifikationen. Durch welchen Mechanismus wird diese Spezifität erzielt?

Frage 663 Welche Funktion hat die 5′-Kappe?

Frage 664 Was versteht man unter „differenziellem/alternativem Spleißen"?

Frage 665 Was versteht man unter „RNA-Editing", wie entsteht ein *frameshift* und welche Folgen hat dies?

Frage 666 Was sind „Transkriptionsfaktoren"?

Frage 667 Wie funktionieren Enhancer/Silencer?

Frage 668 Wodurch unterscheiden sich starke von schwachen Promotoren? Wo sind besonders starke Promotoren sinnvoll? Welchen Nutzen können Sie im Labor daraus ziehen?

Frage 669 Warum spielt der RNA-Abbau eine wichtige Rolle bei der Regulation der Genomexpression?

Frage 670 Warum haben mRNA-Moleküle im Vergleich zu anderen RNA-Molekülen kürzere Halbwertszeiten?

Frage 671 Was ist die Funktion der unterschiedlichen Gene in den Familien der menschlichen Globingene?

Frage 672 Nennen Sie zwei grundlegende Unterschiede zwischen der Transkriptionskontrolle bei Bakterien und den entsprechenden Vorgängen bei Eukaryoten!

Frage 673 Warum besitzen einige Gene alternative oder multiple Promotoren?

Frage 674 In *E. coli* gibt es eine Mutante OC, bei der die für den Lactoseabbau notwendigen Enzyme konstitutiv abgelesen werden. Erklären Sie den Befund unter Berücksichtigung der Glucosekonzentration!

Frage 675 Worin unterscheiden sich grundsätzlich die Repressoren der Mechanismen „Substratderepression" und „Endproduktrepression"?

Frage 676 Erklären Sie die Begriffe „Regulon" und „Modulon"!

Frage 677 Kennen Sie Beispiele, in denen RNA-Moleküle wie „Repressoren" agieren?

Frage 678 Was versteht man unter *„gene silencing"* in Zusammenhang mit der Chromatinstruktur?

Frage 679 Was ist „Attenuation"?

Frage 680 Was sind „Chaperone" und wie wirken sie?

Frage 681 Was versteht man unter „differenzieller Genexpression"?

Frage 682 Was besagt das „zentrale Dogma der Molekularbiologie"?

Frage 683 Lange Zeit galt das molekularbiologische Dogma für den Fluss der genetischen Information: DNA → RNA → Protein. Gilt dieses Dogma noch heute? Wenn nein, wann und wo wurde es in welchem biologischen Zusammenhang widerlegt?

Frage 684 Gibt es für jedes der 64 möglichen Codons eine passende tRNA?

Frage 685 Wie erreichen Aminoacyl-tRNA-Synthetasen eine so hohe Beladungsgenauigkeit?

Frage 686 Was geschieht, wenn eine Aminoacyl-tRNA-Synthetase die falsche Aminosäure an einem tRNA-Molekül befestigt (wenn beispielsweise die tRNA für Valin mit Isoleucin beladen wird)?

Frage 687 Inwiefern spielen die tRNA-Moleküle die „Rolle eines Lexikons"?

Frage 688 Welche Funktion besitzt wahrscheinlich der Poly(A)-Schwanz während der Initiation der Translation bei den Eukaryoten?

Frage 689 Wie können eukaryotische Zellen als Reaktion auf eine Stresssituation wie etwa einem Hitzeschock die Translation schnell unterdrücken?

Frage 690 Beschreiben Sie die Struktur von GroEL und geben sie in groben Umrissen seine Funktionsweise an.

Frage 691 Erläutern Sie die Unterschiede zwischen der Funktionsweise der Hsp70-Chaperone und des GroEL/GroES-Chaperonins.

Frage 692 Wie wird ein Intein aus einem Protein entfernt?

Frage 693 Wie unterscheiden sich pro- und eukaryotische Ribosomen?

Frage 694 In welchem Zellorganell werden eukaryotische Ribosomen beziehungsweise deren Untereinheiten zusammengebaut?

Frage 695 Was sind „Polysomen"?

Frage 696 Für die drei Stoppcodons gibt es keine passenden tRNAs. Was bindet dafür an die Ribosomen?

Frage 697 An welcher Stelle greift das Diphtherietoxin in die Translation ein?

Frage 698 Was ist ein „Zweikomponenten-Regulationssystem" und wo findet man es bei der Regulation der *nod*-Gene?

Frage 699 Wie werden zum Abbau freigegebene Proteine markiert und wo werden sie abgebaut?

Frage 700 Worin liegt die Bedeutung der Meiose?

Frage 701 Wie verhalten sich die Chromosomen im Leptotän, Zygotän und Pachytän?

Frage 702 Wie ist der synaptonemale Komplex aufgebaut?

Frage 703 Was versteht man unter „pseudoautosomalen Genen"?

Frage 704 Welche Beziehung besteht zwischen Crossover und Chiasma?

Frage 705 Was ist „Chiasmainterferenz"?

Frage 706 Wie unterscheidet sich die Meiose bei weiblichen und männlichen Tieren?

Frage 707 Erklären Sie „Adjacent Segregation" und „Alternate Segregation"!

Frage 708 Was versteht man unter dem Begriff „meiotische Non-Disjunction"?

Frage 709 Wie verhalten sich invertierte Chromosomen in der Meiose?

Frage 710 Was hat Meiose mit Sexualität zu tun?

Frage 711 An welchen Stellen der Meiose spielt der „Zufall" eine große Rolle?

Frage 712 Warum ist die Meiose nicht nur eine Reduktions-, sondern vor allem auch eine Rekombinationsteilung?

Frage 713 Aus welchen Stadien ist die Meiose aufgebaut?

Frage 714 Wie wird die DNA-Menge bei der Meiose von 4C auf 1C reduziert?

Frage 715 Wie wird „Mitose" definiert?

Frage 716 Worin unterscheiden sich Mitose und Meiose?

Frage 717 Erläutern Sie die Begriffe „Virusoide" und „Viroide"!

Frage 718 Was versteht man unter einem „Plasmid", was unter einem „Episom"?

Frage 719 Welche experimentellen Befunde weisen darauf hin, dass das *E.-coli*-Chromosom in superspiralisierte Domänen unterteilt und an Proteine gebunden ist, die seine Entspannung verhindern?

Frage 720 Das Genom von *E. coli* ist ein einzelnes, ringförmiges DNA-Molekül. Welche anderen Formen der Genomstruktur sind bei den Prokaryoten anzutreffen?

Frage 721 Wie sind Gene und andere Sequenzeigenschaften in einem typischen prokaryotischen Genom organisiert? Welche Unterschiede in der Gendichte, Zahl der Introns und im Gehalt von repetitiver DNA fallen bei einem Vergleich von prokaryotischen Genomen mit den Genomen von Säugetieren auf?

Frage 722 Das obligat intrazellulär lebende Bakterium *Mycoplasma genitalium* besitzt nur 470 Gene. Warum reichen diesem Organismus so wenige Gene aus?

Frage 723 Worauf beruht die Beziehung zwischen Genomgröße und Anzahl der Gene in Prokaryoten?

Frage 724 Warum trifft der auf Eukaryoten angewendete Artbegriff – der besagt, dass eine Gruppe von Organismen innerhalb einer Art miteinander gekreuzt werden kann – nicht auf Prokaryoten zu?

Frage 725 Unterscheiden Sie zwischen „allgemeiner" und „spezifischer Transduktion"!

Frage 726 Unterscheiden Sie zwischen „Transformation", „Konjugation" und „konjugativer Transposition"!

Frage 727 Beschreiben Sie die Replikation bei Viren!

Frage 728 Woraus bestehen virale Genome und in welcher Form können sie vorliegen?

Frage 729 Welches spezielle Enzym benötigen Minus-Strang-RNA-Viren für ihre Vermehrung und warum?

Frage 730 Wodurch unterscheiden sich Plus-Strang-RNA-Viren von Minus-Strang-RNA-Viren?

Frage 731 Listen Sie die einzelnen Phasen der Phagenvermehrung auf?

Frage 732 Was sind „virale Retroelemente"? Welche unterschiedlichen Arten kennen Sie?

Frage 733 Nennen Sie die drei codierenden Regionen in Retroviren und ihre Produkte!

Frage 734 Wie können Retroviren in ihrem Wirtsorganismus Tumorwachstum induzieren?

Frage 735 Beschreiben Sie das grundlegende Prinzip der DNA-Replikation!

Frage 736 Welche Konsequenzen hat die antiparallele Struktur der DNA für die Replikation?

Frage 737 Beschreiben Sie den Mechanismus der Verdrängungsreplikation eines DNA-Moleküls!

Frage 738 Beschreiben sie den Mechanismus der *rolling circle*-Replikation!

Frage 739 Beschreiben Sie kurz die drei Enzyme, die an der Synthese des Leitstranges von Eukaryoten beteiligt sind!

Frage 740 Was ist über die Termination der Genomreplikation bei *E. coli* bekannt? Welche Proteine und Sequenzen spielen bei diesem Prozess eine Rolle?

Frage 741 Warum werden bei Eukaryoten die Enden von linearen Chromosomen durch aufeinanderfolgende Runden der DNA-Replikation kürzer?

Frage 742 Welche allgemeinen Muster lassen sich feststellen, wenn man den zeitlichen Verlauf der Replikation von verschiedenen Bereichen des eukaryotischen Genoms untersucht?

Frage 743 Welche Funktion besitzt die Rekombination bei der Evolution der Genome?

Frage 744 Wie kann die Auflösung einer Holliday-Struktur zu zwei verschiedenen Ergebnissen führen?

Frage 745 Beschreiben Sie, wie sich die Ausbildung einer Genkonversion durch das Doppelstrangbruchmodell erklären lässt!

Frage 746 Nennen Sie an der Replikation beteiligte Enzyme und ihre Funktion!

Frage 747 Wodurch zeichnet sich der Replikationsursprung aus?

Frage 748 Welche Eigenschaften der DNA-Polymerasen beeinflussen den Ablauf der DNA-Synthese?

Frage 749 Beschreiben Sie das Replikon-Modell!

Frage 750 Bei der Einleitung der Synthese eines Okazaki-Fragmentes wird gelegentlich von einer Initiation gesprochen. Was unterscheidet diesen Vorgang von der Initiation am Replikationsursprung?

Frage 751 Gilt das Replikon-Modell für Bacteria und Eukarya?

Frage 752 Welche Besonderheiten muss man bei der Replikation des Eukaryoten-Genoms berücksichtigen?

Frage 753 Warum bezeichnet man die homologe Rekombination in Bakterien als „parasexuell"?

Frage 754 Unterscheiden Sie zwischen „homologer", „ortsspezifischer" und „illegitimer Rekombination"!

Frage 755 Beschreiben Sie, inwieweit sich das Grundschema der Replikation aus dem Bau der DNA-Doppelhelix ableiten lässt!

Frage 756 Was sind „Onkogene", und wie funktionieren sie?

Frage 757 Welche Arten von Mutationen gibt es?

Frage 758 Erklären Sie im Zusammenhang mit Punktmutationen die Begriffe „Substitution", „Transversion" und „Transition"?

Frage 759 Nennen Sie Formen der Chromosomenmutation und geben Sie an, ob dabei Erbinformation verlorengeht oder nicht!

Frage 760 Welche Ursachen für Mutationen gibt es?

Frage 761 Worin liegt der Unterschied zwischen „Reversion" und „Suppression"?

Frage 762 Widerspricht die Existenz von *hot spots* dem ungerichteten Charakter von Mutationen?

Frage 763 Was versteht man unter „Epigenetik"?

Frage 764 Beschreiben Sie die Struktur eines Chromosoms!

Frage 765 Wie induziert die Ankerzelle bei *C. elegans* die Vulvavorläuferzellen, sich zu Vulvazellen zu differenzieren? Warum folgen die Vulvavorläuferzellen unterschiedlichen Differenzierungswegen, nachdem sie das Signal von der Ankerzelle erhalten haben?

Frage 766 Wie bildet sich der Konzentrationsgradient des Bicoid-Proteins im Syncytium des *Drosophila*-Embryos?

Frage 767 Wie konnten Forscher aus Mutationen im ANT-C-Genkomplex von *Drosophila* und in den Hox-Genen der Maus Informationen über die Funktion dieser Gene erhalten?

Frage 768 Was ist eine „homöotische Mutation"?

Frage 769 Wie beeinflusst Hitze die Struktur der DNA? Wie häufig kommt es zu einer hitzeinduzierten Schädigung der DNA, und welche Effekte haben diese Schäden?

Frage 770 Wie können Mutationen in nicht codierenden DNA-Sequenzen die Genomexpression beeinflussen?

Frage 771 Welche Reaktionsschritte gehören zur Basenexcisionsreparatur?

Frage 772 Was ist ein „Transposon"?

Frage 773 Welche Klassen von transponierbaren Elementen unterscheidet man bei Prokaryoten?

Frage 774 Über welchen Mechanismus verläuft die Transposition eukaryotischer Transposons?

Frage 775 Was versteht man unter „Supergenen"?

Frage 776 Worin besteht der Unterschied zwischen Endomitose und Polytänisierung?

Frage 777 Warum sind Plasmide nützliche Klonierungsvektoren?

Frage 778 Warum ist es relativ leicht, ORFs in prokaryotischen Genomen durch eine Computeranalyse zu bestimmen?

Frage 779 Nach welchem Hauptkriterium werden DNA-Fragmente bei der Gelelektrophorese getrennt?

Frage 780 Nennen Sie für molekularbiologische Versuche wichtige Enzymklassen und deren Funktionen!

Frage 781 Welche Eigenschaften müssen Klonierungsvektoren besitzen?

Frage 782 Warum wird bei der PCR genau der Sequenzabschnitt amplifiziert, der zwischen den beiden Primern liegt?

Frage 783 Aus welchen Gründen wird bei der Polymerasekettenreaktion die Taq-Polymerase eingesetzt?

Frage 784 Warum ist die PCR eine nützliche Methode zum Nachweis von Infektionskrankheiten?

Frage 785 Wie weist man nach, dass das Transgen exprimiert wird?

Olaf Werner

Frage 786 Die meisten Prokaryoten …

a. sind Krankheitserreger.
b. besitzen keine Ribosomen.
c. gingen aus den ältesten Eukaryoten hervor.
d. besitzen keine Zellwände.
e. sind Chemoheterotrophe.

Frage 787 Welches Verfahren wurde zunächst angewendet, um prokaryotische Organismen in Arten einzuteilen?

a. Färbung und biochemische Tests.
b. Genetische Tests.
c. Mikroskopische Untersuchungen.
d. DNA-Sequenzanalyse.

Frage 788 Welche der folgenden Behauptungen über das Archaea-Genom trifft zu?

a. Es ist dem Bacteria-Genom sehr viel ähnlicher als eukaryotischen Genomen.
b. Mehr als die Hälfte seiner Gene wurden bisher noch nie bei Bacteria oder Eukarya gefunden.
c. Es ist viel kleiner als das Bakteriengenom.
d. Es ist im Zellkern enthalten.
e. Bisher wurde noch kein Archaea-Genom sequenziert.

O. Werner (✉)
Las Torres de Cotillas, Murcia, Spanien
E-Mail: werner@um.es

O. Werner (Hrsg.), *1000 Fragen aus Genetik, Biochemie, Zellbiologie und Mikrobiologie*,
DOI 10.1007/978-3-642-54987-8_4, © Springer-Verlag Berlin Heidelberg 2014

Frage 789 Gramnegative Bakterien ...

a. erscheinen nach Gramfärbung blau bis purpurn.
b. sind die verbreitetste Bakteriengruppe.
c. sind alle stäbchenförmig (Bazillen) oder kugelförmig (Kokken).
d. enthalten kein Peptidoglykan in ihren Zellwänden.
e. betreiben alle Photosynthese.

Frage 790 Actinomyceten ...

a. sind wichtige Produzenten von Antibiotika.
b. gehören zum Reich der Chitinpilze (Mycobionta).
c. sind nie für den Menschen pathogen.
d. sind gramnegativ.
e. sind die kleinsten bekannten Bakterien.

Frage 791 Welche der folgenden Behauptungen über Mycoplasmen trifft *nicht* zu?

a. Sie besitzen keine Zellwände.
b. Sie sind die kleinsten bekannten zellulären Organismen.
c. Sie enthalten genauso viel DNA wie andere Prokaryoten.
d. Sie können durch Penicillin nicht abgetötet werden.
e. Einige von ihnen sind Pathogene.

Frage 792 Archaea ...

a. haben ein Cytoskelett.
b. haben charakteristische Lipide in ihrer Plasmamembran.
c. überleben nur bei mäßigen Temperaturen und nahezu neutralem pH-Wert.
d. produzieren alle Methan.
e. haben beträchtliche Mengen Peptidoglykan in ihren Zellwänden.

Frage 793 Protisten mit Geißeln ...

a. finden sich in mehreren protistischen Monophyla.
b. sind stets Algen.
c. besitzen alle Pseudopodien.
d. sind alle koloniebildend.
e. sind nie pathogen.

Frage 794 Welche der folgenden Behauptungen über Amöben trifft *nicht* zu?

a. Sie sind spezialisiert.
b. Sie bewegen sich amöboid fort.
c. Sie umfassen sowohl nackte als auch beschalte Formen.
d. Sie besitzen Pseudopodien.
e. Sie entstanden nur einmal in der Entwicklungsgeschichte.

Frage 795 Apicomplexa …

a. besitzen Geißeln.
b. besitzen Chloroplasten.
c. sind alle parasitisch.
d. sind Algen.
e. umfassen auch die Trypanosomen, die Erreger der Schlafkrankheit.

Frage 796 Ciliaten …

a. bewegen sich mithilfe von Geißeln fort.
b. bewegen sich amöboid fort.
c. umfassen auch Plasmodium, den Erreger der Malaria.
d. besitzen sowohl einen Makronucleus als auch einen Mikronucleus.
e. sind autotroph.

Frage 797 Die Echten Schleimpilze …

a. beinhalten die Gattung *Physarum*.
b. bilden keine Fruchtkörper aus.
c. bestehen aus einer großen Zahl von Myxamöben.
d. bilden von Zeit zu Zeit eine als „Pseudoplasmodium" bezeichnete Zellmasse.
e. besitzen Geißeln.

Frage 798 Die Zellulären Schleimpilze …

a. besitzen Apikalkomplexe.
b. bilden keine Fruchtkörper aus.
c. bilden ein coenocytisches Plasmodium aus.
d. verwenden cAMP als Botenstoff für die Aggregation.
e. besitzen Geißeln.

Frage 799 Die Chloroplasten photosynthetisch aktiver Protisten …

a. sind in ihrem Bau identisch.
b. bildeten den Ausgangspunkt für die Entstehung der Mitochondrien.
c. stammen alle von einem ehemals frei lebenden Cyanobakterium ab.
d. haben alle genau zwei Hüllmembranen.
e. stammen alle von einer ehemals frei lebenden Rotalge ab.

Frage 800 Welche der folgenden Behauptungen über die Chlorophyta trifft *nicht* zu?

a. Sie nutzen das gleiche Photosynthesepigment wie Landpflanzen.
b. Einige sind einzellig.
c. Einige sind vielzellig.
d. Alle sind nur mikroskopisch klein.
e. Sie zeichnen sich durch eine große Variabilität der Entwicklungszyklen aus.

Frage 801 Landpflanzen unterscheiden sich von Protisten insofern, als nur sie …

a. Photosynthese betreiben.
b. vielzellig sind.
c. Chloroplasten besitzen.
d. vielzellige Embryonen besitzen, die von ihrem Elter geschützt werden.
e. eukaryotisch sind.

Frage 802 Auf welche Weise erhalten Viren von Eukaryoten Lipidmembranen?

a. Die Lipide werden durch Proteine synthetisiert, die von viralen Genen codiert werden.
b. Das virale Capsid erhält die Membran, wenn es die Wirtszelle verlässt.
c. Das virale Capsid erhält die Membran, wenn es in der Wirtszelle zusammengebaut wird.
d. Das virale Capsid erhält die Membran, wenn es erstmals an die Wirtszelle bindet.

Frage 803 In welcher Art von Viren ist das Enzym Reverse Transkriptase enthalten?

a. Prionen.
b. Prophagen.
c. Retroviren.
d. Virusoide.

Frage 804 Bei welchem der folgenden Moleküle handelt es sich um RNA-Moleküle, die nicht für ihr eigenes Capsid codieren und sich stattdessen mithilfe eines Helfervirus von Zelle zu Zelle bewegen?

a. Prionen.
b. Prophagen.
c. Retroviren.
d. Virusoide.

Frage 805 Warum sind Viren bedeutsam für die Biotechnologie?

a. Sie sind in der Lage, ihr Genom in den Wirtsorganismus einzuschleusen. Dadurch können Gene in den Prozess eingebracht werden.
b. Viren kann man dazu benutzen, die Genome anderer Organismen zu verändern.
c. Reverse Transkriptase, ein Enzym, das in der Molekularbiologie verwendet wird, ist auf dem Genom eines Retrovirus codiert.
d. Viren spielen eine wichtige Rolle bei der Anwendung der Gentherapie auf den Menschen.
e. Alle genannten Aussagen beschreiben Gründe, warum Viren wichtig für die biotechnologische Forschung sind.

Frage 806 Welchen Mechanismus benutzt die Hefe, um den Kreuzungstyp in den Zellen zu kontrollieren?

a. Hefe kann sich ausschließlich durch Mitose fortpflanzen.
b. Der MAT-Locus im Hefegenom enthält zwei unterschiedliche Gene, die für die Pheromone a und α und die entsprechenden Pheromonrezeptoren codieren.
c. Der Kreuzungstyp der Hefe wird durch die Pheromone b und α bestimmt.
d. Es gibt keinen Mechanismus zur Festlegung des Kreuzungstyps in Hefen, denn alle Hefezellen sind strukturell gleich.
e. Die Kreuzungstypen von Hefen werden generell als männlich oder weiblich bezeichnet.

Frage 807 Welchen der folgenden Zellbestandteile von Hefen findet man typischerweise *nicht* in Bakterien?

a. Centromere.
b. Telomere.
c. Kernporen.
d. Kernhülle.
e. Alle oben genannten Komponenten kommen in Hefen, nicht aber in Bakterien vor.

Frage 808 Wodurch wird die absorptive Ernährung der Chitinpilze gefördert?

a. Durch die Bildung eines Dikaryons.
b. Durch die Bildung von Sporen.
c. Durch die Tatsache, dass alle Pilze Parasiten sind.
d. Durch das große Verhältnis von Oberfläche zu Volumen.
e. Durch den Besitz von Chloroplasten.

Frage 809 Welche der folgenden Behauptungen über die Ernährung von Chitinpilzen trifft *nicht* zu?

a. Manche Pilze sind aktive Räuber.
b. Manche Pilze bilden symbiontische Gemeinschaften mit anderen Organismen.
c. Alle Pilze benötigen mineralische Nährstoffe.
d. Pilze können einige der Verbindungen synthetisieren, die für Tiere Vitamine sind.
e. Fakultative Parasiten können ausschließlich auf ihren spezifischen Wirten wachsen.

Frage 810 Welche der folgenden Behauptungen über Chitinpilze trifft *nicht* zu?

a. Den Vegetationskörper eines vielzelligen Pilzes bezeichnet man als Mycel.
b. Hyphen bestehen aus einzelnen Mycelien.
c. Viele Pilze tolerieren stark hypertonische Umgebungen.
d. Viele Pilze tolerieren niedrige Temperaturen.
e. Manche Pilze sind über Rhizoide an ihrem Substrat verankert.

Frage 811 Welche der folgenden Behauptungen über die Dikaryophase trifft *nicht* zu?

a. Das Cytoplasma zweier Zellen verschmilzt vor der Fusion der Kerne.
b. Die beiden haploiden Zellkerne sind genetisch verschieden.
c. Die beiden Zellkerne gehören zum gleichen Paarungstyp.
d. Das dikaryotische Stadium endet, wenn die beiden Kerne verschmelzen.
e. Nicht bei allen Chitinpilzen gibt es eine Dikaryophase.

Frage 812 Fortpflanzungsstrukturen aus einer oder mehreren photosynthetisch aktiven Zellen, die von Pilzhyphen umgeben sind, bezeichnet man …

a. als Ascosporen.
b. als Basidiosporen.
c. als Konidien.
d. als Soredien.
e. als Gameten.

Frage 813 Die Jochpilze ...

a. besitzen Hyphen ohne regelmäßige Septierung.
b. bilden bewegliche Gameten.
c. bilden fleischige Fruchtkörper.
d. sind während ihres gesamten Entwicklungszyklus haploid.
e. haben ähnliche sexuelle Fortpflanzungsstrukturen wie die Schlauchpilze.

Frage 814 Welche der folgenden Behauptungen über Schlauchpilze trifft *nicht* zu?

a. Sie umfassen auch die Hefen.
b. Sie bilden als „Asci" bezeichnete Fortpflanzungsstrukturen.
c. Ihre Hyphen sind durch Septen segmentiert.
d. Viele ihrer Arten weisen ein dikaryotisches Stadium auf.
e. Alle bilden Ascocarpien als Fruchtkörper aus.

Frage 815 Die Ständerpilze ...

a. bilden oft fleischige Fruchtkörper.
b. haben unsegmentierte Hyphen.
c. bilden kein geschlechtliches Stadium aus.
d. bilden Basidien in Basidiosporen.
e. bilden diploide Basidiosporen.

Frage 816 Die Deuteromycota ...

a. haben ein charakteristisches geschlechtliches Stadium.
b. sind alle parasitisch.
c. haben einige Mitglieder an andere Pilzgruppen „verloren".
d. umfassen die Schlauchpilze.
e. sind nie Bestandteile von Flechten.

Frage 817 Welche der folgenden Behauptungen über Flechten trifft *nicht* zu?

a. Sie können sich durch Fragmentierung ihrer Vegetationskörper fortpflanzen.
b. Sie sind oft die ersten Besiedler eines neuen Gebiets.
c. Sie machen ihre Umgebung oft basischer (alkalischer).
d. Sie tragen zur Bodenbildung bei.
e. Sie können weniger als zehn Prozent Gewichtsanteile Wasser aufweisen.

Frage 818 Welche der folgenden Aussagen stimmt *nicht* in Bezug auf die Nützlichkeit von Pilzen in der biotechnologischen Forschung?

a. Pilze sorgen für die blauen Adern in manchen Käsesorten.
b. Hefe ist verantwortlich für den Alkohol in Bier und für das Aufgehen des Brotteigs.
c. Pilze werden als die „Arbeitspferde der Molekularbiologie" bezeichnet.
d. Der 2-μm-Ring ist ein nützliches extrachromosomales Element aus der Hefe, das in der molekularbiologischen Forschung genutzt werden kann.
e. Pilze produzieren viele industrielle Chemikalien und Pharmazeutika.

Frage 819 Wie wird die Sporulation bei *Bacillus* aktiviert?

a. Nährstoffmangel bewirkt die Aktivierung des Gens, welches für das SpoOA-Protein codiert.
b. Nährstoffmangel bewirkt die Aktivierung des SpoOA-Proteins durch proteolytische Spaltung.
c. Nährstoffmangel bewirkt die Aktivierung des SpoOA-Proteins durch Acetylierung.
d. Nährstoffmangel bewirkt die Aktivierung des SpoOA-Proteins durch Phosphorylierung.

Frage 820 Endosporen …

a. werden von Viren produziert.
b. sind Fortpflanzungsstrukturen.
c. sind sehr empfindlich und werden leicht abgetötet.
d. sind Dauerformen.
e. besitzen keine Zellwände.

Frage 821 Alle Photosynthese betreibenden Bakterien …

a. verwenden Chlorophyll *a* als Photosynthesepigment.
b. verwenden Bacteriochlorophyll als Photosynthesepigment.
c. setzen gasförmigen Sauerstoff frei.
d. produzieren Schwefelpartikel.
e. sind photoautotroph.

Frage 822 Welche der folgenden Behauptungen über den Stickstoffmetabolismus trifft *nicht* zu?

a. Bestimmte Prokaryoten reduzieren atmosphärischen Stickstoff (N_2) zu Ammoniak.
b. Nitrifizierer sind Bodenbakterien.
c. Denitrifizierer sind strikte Anaerobier.
d. Nitrifizierer erlangen ihre Energie durch die Oxidation von Ammoniak und Nitrit.
e. Ohne Nitrifizierer würde terrestrischen Organismen eine Stickstoffquelle fehlen.

Frage 823 Die Nitrifikation …

a. wird nur von Pflanzen durchgeführt.
b. ist die Reduktion von Ammoniumionen zu Nitrationen.
c. ist die Reduktion von Nitrationen zu molekularem Stickstoff.
d. wird durch das Enzym Nitrogenase katalysiert.
e. wird von bestimmten Bodenbakterien durchgeführt.

Frage 824 Welche der folgenden Aussagen über sexuell übertragbare Krankheiten trifft zu?

a. Sie werden stets von Viren oder Bakterien hervorgerufen.
b. Der Gebrauch von Verhütungsmitteln verhindert eine Ansteckung.
c. Die Organismen, die sie hervorrufen, haben sich im Laufe ihrer Evolution so entwickelt, dass sie auf intimen körperlichen Kontakt ihrer Wirte als Übertragungsweg angewiesen sind.
d. Ihre Übertragung schlägt mit hoher Wahrscheinlichkeit fehl.
e. Man kann sich nicht bei jemandem anstecken, den man liebt.

Frage 825 Welcher der folgenden Faktoren ist für die HIV-Reproduktion ohne Bedeutung?

a. Integrase.
b. Reverse Transkriptase.
c. gp120.
d. Interleukin-1.
e. Protease.

Frage 826 Welche Aussage beschreibt das F-Plasmid am besten?

a. F-Plasmide enthalten Gene für die Ausbildung eines speziellen Pilus, der eine Konjugationsbrücke zwischen zwei Zellen bildet, mit dem Ziel, genetisches Material zu transferieren.
b. Das F-Plasmid hat keinen Replikationsursprung und kann sich deshalb nicht selbst replizieren.
c. Der ursprüngliche Wirt des F-Plasmids ist *Saccharomyces cerevisiae*.
d. Das F-Plasmid ist nicht wichtig für die biotechnologische Forschung.
e. Alle genannten Aussagen beschreiben das F-Plasmid

Frage 827 Was ist Nanotechnologie?

a. Die individuelle Veränderung von Molekülen und Atomen mit dem Ziel, Materialien mit neuartigen Eigenschaften zu schaffen.
b. Die Schaffung neuer Begriffe in der Physik, um sehr kleine, fast unvorstellbare Teilchen zu beschreiben.

c. Der Begriff, der verwendet wird, um die Größe von Zellbestandteilen zu beschreiben.

d. Der Übergang von der Molekularbiologie zu den physikalischen Wissenschaften.

e. Nichts vom Genannten.

Frage 828 Was ist eine potenzielle Anwendung von Nanopartikeln im Bereich der Biologie?

a. Die Verabreichung von Pharmazeutika und genetischem Material.

b. Tumorzerstörung.

c. Fluoreszenzmarkierung.

d. Nachweis von Mikroorganismen oder Proteinen.

e. Alle Genannten sind mögliche Anwendungen.

Frage 829 Wie können Nanopartikel bei der Behandlung von Krebs eingesetzt werden?

a. Nanoröhrchen können Poren in den Krebszellen schaffen, wodurch die Zellbestandteile auslaufen und die Zelle getötet wird.

b. Manche Nanopartikel können an bestimmte Enzyme des Stoffwechsels in Krebszellen binden und somit Reaktionen blockieren.

c. Nanopartikel können so gestaltet sein, dass sie Strahlungsenergie im Infrarotspektrum absorbieren, welche Wärme erzeugt, durch die nur die Krebszellen zerstört werden, weil lebendes Gewebe keine Infrarotenergie absorbiert.

d. Nanopartikel können Immunsystemkomponenten direkt zu den Krebszellen locken.

e. Nanopartikel können auf alle genannten Art und Weisen eingesetzt werden.

Frage 830 Warum haben Nanoschichten eine antibakterielle Aktivität?

a. Die langkettigen Aminoverbindungen in der Nanoschicht wirken wie ein Detergens und zerreißen die Zellmembran.

b. Die Röhrchen der Nanoschichten verhalten sich wie Speere und schneiden die Bakterienzellen auf.

c. Die Nanoschicht bindet an Bakterienzellen und blockiert die Aufnahme von Nährstoffen.

d. Die Nanoschicht hält die Bakterienzellen fest, sodass diese für die Bestrahlung mit UV-Licht anvisiert werden können.

e. Nanoschichten können als Biosensoren fungieren, sodass man einen Bereich mit antibakteriellen Agenzien behandeln kann.

Frage 831 Was ist das gemeinsame Merkmal aller Mikroorganismen?

Frage 832 Warum wird trotz der großen Unterschiede zwischen Pro- und Eukaryoten angenommen, dass alle heute lebenden Organismen einen gemeinsamen Ursprung haben?

Frage 833 Wie groß sind die größten bzw. die kleinsten Mikroorganismen? Geben Sie die Größe, bzw. Dimensionen der folgenden Dinge an: Ribosomen, Viren, *E. coli*, Hefezelle.

Frage 834 Wie werden Mikroorganismen bezeichnet, die das Sonnenlicht als Energiequelle nutzen?

Frage 835 Nennen Sie den Größenbereich von bakteriellen Zellen!

Frage 836 Welche prokaryotischen Zellwände werden von Lysozym angegriffen, welche nicht? Warum?

Frage 837 Woraus bestehen Kapseln und Schleime bei Bakterien?

Frage 838 Was sind „Exotoxine", was „Endotoxine"?

Frage 839 Wie viele prokaryotische Reiche sind im „Fünf-Reiche-System" enthalten, wie viele im neueren System der „Drei Urreiche"?

Frage 840 Welche Methode liegt der Erstellung des Stammbaumes der „Drei Urreiche" zugrunde?

Frage 841 Inwiefern liefert der Stammbaum der „Drei Urreiche" Belege für die Richtigkeit der Endosymbiontenhypothese?

Frage 842 Wie ist die Zellwand der grampositiven und der gramnegativen Bacteria aufgebaut? Zeichnen Sie eine Skizze!

Frage 843 Welche prokaryotische Gruppe enthält in ihrer Zellwand Peptidoglykan?

Frage 844 Welche Gruppe der phototrophen Bakterien betreibt oxygene Photosynthese?

Frage 845 Welche Besonderheit kennzeichnet den Stoffwechsel der Pseudomonaden?

Frage 846 Wodurch sind die Mykobakterien gekennzeichnet?

Frage 847 Was unterscheidet die Mycoplasmen von anderen Bacteria?

Frage 848 Welche einzigartige Fähigkeit besitzen methanogene Archaea?

Frage 849 Was ist der Unterschied zwischen sexueller und parasexueller Reproduktion?

Frage 850 Welche Mechanismen der parasexuellen Reproduktion gibt es bei Prokaryoten?

Frage 851 Wie unterscheidet sich die aerobe Elektronentransportkette in *E. coli* von der in *Paracoccus denitrificans*? Wie ist die Energieausbeute pro Mol umgesetzten NADHs?

Frage 852 Erläutern Sie die Hypothesen über die molekulare Struktur des „Scrapie-verursachenden Agens"!

Frage 853 Inwiefern unterscheiden sich Viren von Zellen? Ist es angemessen, Viren als lebende Organismen zu betrachten?

Frage 854 Wie unterscheiden sich die Genome von Viren von zellulären Genomen?

Frage 855 Erörtern Sie die Unterschiede zwischen den Capsiden von Bakteriophagen und Viren von Eukaryoten!

Frage 856 Erörtern Sie den Lebenszyklus eines Retrovirus!

Frage 857 Wodurch grenzen sich Viren von anderen Mikroorganismen ab?

Frage 858 Wie groß sind die größten bzw. die kleinsten Viruspartikel?

Frage 859 Welche Infektionstypen bei der Phagenvermehrung werden unterschieden?

Frage 860 Welche Methoden gibt es, um Viren nachzuweisen, und welche Vor- und Nachteile bieten die jeweiligen Tests?

Frage 861 Sind Viren die Urformen des Lebens?

Frage 862 Wie ist eine Pilzzelle aufgebaut, und was unterscheidet sie von anderen Eukaryotenzellen?

Frage 863 Was haben Pilze mit Pflanzen und mit Insekten gemeinsam?

Frage 864 Was passiert bei der Schnallenbildung und wozu dient sie?

Frage 865 Was ist eine „Basidie" und was ein „Ascus"?

Frage 866 Wie werden Sporen in Basidio- und Ascomyceten gebildet?

Frage 867 Was unterscheidet eine Hefe von einer Hyphe?

Frage 868 Was ist ein „Mycel"?

Frage 869 Was versteht man unter „Dimorphismus"?

Frage 870 Wozu dient das Hymenium?

Frage 871 Wie werden bei Pilzen Sporen gebildet, und welche verschiedenen Formen gibt es?

Frage 872 Vergleichen Sie Pilzsporen mit Sporen, die von Prokaryoten gebildet werden?

Frage 873 Wozu dienen die Pilzsporen?

Frage 874 Was ist ein „Spitzenkörper" und welche Funktion erfüllt er?

Frage 875 Wozu werden Pilze in der Biotechnologie eingesetzt?

Frage 876 Nennen Sie fünf Beispiele für die Anwendung von Pilzen in der Lebensmittelherstellung!

Frage 877 Was passiert bei der Paarung zweier Hefezellen?

Frage 878 Was sind „Sekundärmetabolite"? Nennen Sie einige Beispiele!

Frage 879 Was versteht man unter „Mykorrhiza"? Welchen Vorteil hat die Pflanze, welchen Vorteil haben die Pilze aus der Symbiose?

Frage 880 Warum führen Veränderungen des Nährstoffangebots bei einzelligen Lebewesen wahrscheinlich zu größeren Veränderungen der Genomaktivität als bei vielzelligen Lebewesen?

Frage 881 Wie vermehren sich Bakterien in der Regel?

Frage 882 Was kennzeichnet Bakterien mit unsymmetrischer Zellteilung?

Frage 883 Welche Beispiele bakterieller Differenzierung können Sie nennen? Unterscheiden Sie die verschiedenen Formen in Stichworten.

Frage 884 Worin besteht der Unterschied zwischen methylotrophen und methanotrophen Bakterien?

Frage 885 Bei welchen Temperaturen wachsen hyperthermophile Archaea?

Frage 886 Warum benötigen extrem halophile Archaea hohe Natriumionenkonzentrationen?

Frage 887 Erläutern Sie die Klassifizierung von Organismen nach ihrer Energie- und Kohlenstoffquelle! In welche Kategorie fällt der Mensch?

Frage 888 Nennen Sie die für das Wachstum von Organismen notwendigen Makro- und Mikroelemente! Nennen Sie je ein Beispiel für die Funktion von Schwefel, Eisen, Magnesium und Molybdän!

Frage 889 In welcher Form werden die Makroelemente von Mikroorganismen aufgenommen?

Frage 890 Definieren Sie die verschiedenen Kategorien der Sauerstofftoleranz! In welche Kategorie fällt der Mensch?

Frage 891 In welcher Kategorie liegt das Temperaturoptimum von *E. coli*?

Frage 892 Unterscheiden Sie zwischen den Begriffen „halophil" und „osmotolerant".

Frage 893 Wie würden Sie 10 Liter Flüssigmedium aus Spurenelementen, Phosphatpuffer, Glucose und Vitaminen sterilisieren?

Frage 894 Welche im Haushalt üblichen Konservierungsmethoden werden durch Einschränkungen der Lebensbedingungen von Mikroorganismen erreicht?

Frage 895 Definieren Sie folgende Begriffe: „Wachtum", „Vermehrung", „Generationszeit", „Teilungsrate", „Wachstumsrate", „lag-Phase", „log-Phase", „stationäre Phase", „Absterbephase", „Diauxie", „synchrone Kultur", „Inokulum".

Frage 896 Wie bestimmt man aus einer Wachstumskurve die Generationszeit?

Frage 897 Warum sind beim Anlegen einer reinen Kultur auf Festmedium nicht ein, sondern mindestens zwei Verdünnungsausstriche notwendig?

Frage 898 Müssen die Kolonien einer reinen Kultur auf Festmedium immer ein einheitliches Aussehen aufweisen?

Frage 899 Schildern Sie das Experiment, mit dem Pasteur die Urzeugungstheorie widerlegte!

Frage 900 Erklären Sie den Prozess des Tyndallisierens!

Frage 901 Erklären Sie den Unterschied zwischen „Sterilisation" und „Desinfektion"!

Frage 902 Wie würden Sie folgende Materialien sterilisieren: Metallgegenstände, Luft, Vitaminlösung und mit menschlichem Blut kontaminiertes Einwegmaterial?

Frage 903 Wie würden Sie ein anaerobes Bakterium kultivieren?

Frage 904 Erklären Sie die Begriffe „Gesamtkeimzahl", „Lebendkeimzahl" und „Zellmasse" und nennen Sie je eine Methode zu deren Bestimmung!

Frage 905 Was versteht man unter „Selektivkultur", „Anreicherungskultur", „Mischkultur", „Reinkultur" und „Dauerkultur"?

Frage 906 Wie viele Zellen brauchen Sie im Idealfall für den Identitätsnachweis über die Polymerasekettenreaktion? Erklären Sie kurz das Prinzip!

Frage 907 Erklären Sie den Unterschied zwischen einer statischen und einer kontinuierlichen Kultur!

Frage 908 Welchen Temperaturbereich deckt mikrobielles Leben ab?

Frage 909 Sie bekommen eine aus einem Patienten isolierte Bakterienkultur zugesandt und sollen deren Identität bestimmen. Wie gehen Sie vor?

Frage 910 Welche Kohlenstoffquelle wird von heterotrophen Mikroorganismen verwendet?

Frage 911 Welche Gruppe der Milchsäurebakterien vergärt Zucker vollständig zu Milchsäure?

Frage 912 Wie reagieren aerob wachsende Enterobakterien auf eine Limitierung des Sauerstoffangebotes?

Frage 913 Was versteht man unter „primärer Gärung"?

Frage 914 Was geschieht in der Natur mit den organischen Produkten, die bei der primären Gärung freigesetzt werden?

Frage 915 Was versteht man unter „Gärungsstoffwechsel" und wo liegen die grundsätzlichen Unterschiede zur Atmung?

Frage 916 Welche Möglichkeiten der Pyruvat-Umsetzung haben gärende Mikroorganismen?

Frage 917 Wie unterscheidet sich die homofermentative von der heterofermentativen Milchsäuregärung?

Frage 918 Was versteht man unter der „gemischten Säuregärung"? Welche Produkte entstehen und für welche Organismengruppe ist dieser Gärungstyp charakteristisch?

Frage 919 Was versteht man unter der „Stickland-Reaktion"?

Frage 920 Wie erfolgt bei der Ethanolbildung (alkoholische Gärung) die Energiegewinnung?

Frage 921 Welche Energiequellen werden von Mikroorganismen genutzt und wie werden die Mikroorganismen nach der Verwendung der Energiequelle eingeteilt?

Frage 922 Wie ist eine typische Elektronentransportkette in einem chemoorganotrophen und wie in einem phototrophen Organismus aufgebaut?

Frage 923 Was ist „revertierter Elektronentransport"? Wozu dient er, und welche Organismen benötigen ihn?

Frage 924 Was ist der Unterschied zwischen anoxygener und oxygener Photosynthese?

Frage 925 Welche Bakteriengruppen betreiben anoxygene Photosynthese, und welche Unterschiede gibt es hinsichtlich der Photosysteme?

Frage 926 Welches Metall ist in der Hydrogenase der Wasserstoffoxidierer enthalten?

Frage 927 Warum ist der Nitrogenasekomplex bei vielen Stickstofffixierern in speziellen Kompartimenten, den Heterocysten, lokalisiert?

Frage 928 Was sind extrem halophile Organismen? Nennen Sie Beispiele!

Frage 929 Wie ist der Energiestoffwechsel mit dem Leistungsstoffwechsel verknüpft?

Frage 930 Wie werden die Elektronen für den Elektronentransport bei chemolithotrophen und wie bei den chemoorganotrophen Mikroorganismen bereitgestellt?

Frage 931 Welche Elektronenakzeptoren werden von chemolithotrophen Bakterien genutzt?

Frage 932 Welche Möglichkeiten zur Oxidation von C6-Zuckern bis zur Stufe des Pyruvats haben chemoorganotrophe Bakterien? Wie unterscheiden sich die Wege hinsichtlich der Energieausbeute?

Frage 933 Wie können Mikroorganismen prinzipiell ohne Sauerstoff leben?

Frage 934 Was versteht man unter „Sulfatatmung", und welche Organismen sind dazu in der Lage?

Frage 935 Was versteht man unter „Denitrifikation" und unter „Ammonifikation"?

Frage 936 Nennen Sie Beispiele, wie die moderne Industriegesellschaft die Ausbreitung von Infektionskrankheiten fördert!

Frage 937 Wie funktioniert die gerichtete Bewegung der bakteriellen Chemotaxis?

Frage 938 Erläutern Sie kurz die Methoden zur Isolierung von Antibiotika-Resistenzmutanten und auxotrophen Mutanten!

Frage 939 Was ist das Prinzip der Penicillinanreicherung?

Frage 940 Wodurch bildet sich eine Gürtelrose, und wie kann man sie behandeln?

Frage 941 Was ist eine „Wundrose", und wodurch entsteht sie?

Frage 942 Warum können Sulfatreduzierer Schäden im gesundheitlichen oder im sicherheitstechnischen Bereich verursachen?

Frage 943 Welche beiden Bacteria-Gruppen sind obligat parasitisch?

Frage 944 Ein Patient mit einer Salmonelleninfektion gibt zwei mögliche Infektionsquellen an. Wie entscheiden Sie, wo sich der Patient infiziert hat?

Frage 945 Welche Beziehungen können zwischen Mikroorganismen und ihrem Wirtsorganismus bestehen, und wie unterscheiden sie sich voneinander?

Frage 946 Was verhindert eine intensive mikrobielle Besiedelung des unteren Respirationstraktes?

Frage 947 Was versteht man unter „opportunistischen Krankheitserregern"?

Frage 948 Was versteht man unter „Pathogenitätsfaktoren"?

Frage 949 Wie schützt eine Schleimkapsel Bakterien vor phagocytierenden Zellen des Wirtsorganismus?

Frage 950 Auf welche Weise können Infektionskrankheiten übertragen werden?

Frage 951 Welche Probleme können bei der Anwendung von Antibiotika auftreten?

Frage 952 Wie unterscheiden sich Lebendimpfstoffe und Totimpfstoffe?

Frage 953 Was ist eine „Epidemie"?

Frage 954 Warum ist die Fixierung von elementarem Stickstoff durch Bakterien so wichtig?

Frage 955 In welchem traditionellen Bereich werden Mikroorganismen schon seit Langem genutzt?

Frage 956 Worin bestehen die Vorteile der Verwendung von Melasse oder Molke bei der industriellen Züchtung von Mikroorganismen?

Frage 957 Auf welche Weise wird erreicht, dass die Zellen von *Corynebacterium glutamicum* die gebildete Glutaminsäure ins Medium abgeben?

Frage 958 Welcher Aspekt der Wachstumsbedingungen in einem Fermenter ist beim Scaling up besonders problematisch?

Frage 959 Wann werden in einem Mikroorganismus Primärmetaboliten gebildet, wann Sekundärmetaboliten?

Frage 960 Warum kann bei der Produktion eines Sekundärmetaboliten eine sehr viel höhere Syntheserate erreicht werden als bei einem Primärmetaboliten?

Frage 961 Warum ist die Aktivität der hydrolytischen Enzyme des Getreideembryos notwendig für die alkoholische Gärung bei der Bierherstellung?

Frage 962 Warum wird bei der Weinherstellung dem Most oft SO_2 zugesetzt?

Frage 963 Warum ist es nicht korrekt, von einer Essigsäuregärung zu sprechen?

Frage 964 Warum sind Käsesorten, die nur durch Zusatz von Chymosin (Labferment) hergestellt wurden, begrenzt lagerfähig?

Frage 965 Wie fördert der Mangel an Metallionen im Medium die Überproduktion von Citronensäure durch *Aspergillus niger*?

Frage 966 Warum werden bei der mikrobiologischen Produktion von Aminosäuren oft Mutanten eingesetzt, bei denen keine Feedback-Hemmung mehr stattfindet?

Frage 967 Worin besteht der Unterschied zwischen einem natürlichen und einem halbsynthetischen Antibiotikum?

Frage 968 Worin liegt die Bedeutung des Antibiotikums Clavulansäure bei der Bekämpfung von Penicillin-Resistenzen bei Bakterien?

Frage 969 Welche Vorteile bietet der Einsatz von immobilisierten Enzymen bei industriellen Umsetzungsprozessen?

Frage 970 Warum können industrielle Abwässer eine Gefahr für die Wirksamkeit einer Kläranlage darstellen?

Frage 971 Warum sind die acetogenen Bakterien im Faulturm wichtig für den vollständigen Abbau der organischen Substanz zu Biogas?

Frage 972 Warum ist die Produktion von rekombinanten Proteinen nicht in allen Fällen in gentechnisch veränderten Bakterien möglich?

Frage 973 Worin besteht ein entscheidender Vorteil des gentechnisch hergestellten Hepatitis-B-Impfstoffes gegenüber dem herkömmlichen?

Frage 974 Worin liegt der Vorteil der Produktion von Extremozymen in rekombinanten *E.-coli*-Zellen?

Frage 975 Was versteht man unter „Biopestiziden"?

Frage 976 Wie wird das Gegenteil der Sedimentation genannt? Wo und wieso findet dies statt? Welche wichtige Methode macht sich dieses Verhalten zunutze?

Frage 977 Was ist die Aufgabe von Mikroorganismen bei der Bodensanierung?

Frage 978 Was ist ein „kompatibles Solut", und welche Funktion hat es?

Frage 979 Wo wird ein Umweltreiz von einer bakteriellen Zelle wahrgenommen?

Frage 980 Wie erfolgt die Depolymerisierung von Biomasse, welche Produkte entstehen primär?

Frage 981 Welche beiden Bakteriengruppen sind neben den Pflanzen, Algen und Cyanobakterien zur Kohlendioxidfixierung fähig, und welche Rolle spielen sie bei der Biomassebildung?

Frage 982 Welche Rolle spielen die methanogenen Bakterien im Kohlenstoffkreislauf?

Frage 983 Über welche mikrobiologischen Prozesse kann Ammonium in der Natur gebildet werden?

Frage 984 Warum läuft der Prozess der Stickstofffixierung nur unter anaeroben Bedingungen ab?

Frage 985 Welche Mechanismen haben die stickstofffixierenden Bakterien zum Schutz gegen Sauerstoff entwickelt?

Frage 986 Was versteht man unter „Nitrifikation"?

Frage 987 Was versteht man unter „Denitrifikation"?

Frage 988 Was versteht man unter „assimilatorischer Sulfatreduktion", und welche Organismengruppen sind dazu in der Lage?

Frage 989 Wie setzen die farblosen schwefeloxidierenden Bakterien Sulfid und Schwefel um? Handelt es sich dabei um einen aeroben oder um einen anaeroben Prozess?

Frage 990 Welche CO_2-Fixierungswege besitzen Grüne Bakterien?

Frage 991 Worin unterscheiden sich die Lipide der Bacteria von denen der Archaea?

Frage 992 Warum sind grampositive Bakterien gegen β-Lactam-Antibiotika empfindlicher als gramnegative Bakterien?

Frage 993 Mit welchen Antibiotika kann man zwischen wachsenden und nicht wachsenden Bakterien unterscheiden?

Frage 994 Warum ist die fünfte Aminosäure D-Alanin notwendig für die Peptidoglykansynthese?

Frage 995 Woraus besteht LPS?

Frage 996 Woher stammt das Phosphat, das im Phosphotransferase-System auf Glucose übertragen wird?

Frage 997 Nennen Sie die Alarmone der stringenten Kontrolle und der Katabolitregulation in *E. coli*! Erklären Sie kurz deren Bildung und Funktion!

Frage 998 Wie konservieren acetogene Bakterien bei Wachstum auf H_2 und CO_2 Energie?

Frage 999 Wie konservieren methanogene Bakterien bei Wachstum auf H_2 und CO_2 Energie?

Frage 1000 Was versteht man unter „Decarboxylierungsphosphorylierung" und bei welchem Stoffwechselweg ist diese Art der Energiekonservierung am besten untersucht?

Teil II
Antworten

Olaf Werner

Richtige Antwort zu Frage 1 b. Die Ordnungszahl eines chemischen Elements ist gleich der Anzahl seiner Protonen. Helium besitzt zum Beispiel zwei Protonen, seine Ordnungszahl ist demnach zwei. Chemische Elemente unterscheiden sich voneinander durch die Anzahl der Protonen im Atomkern. Zu e) Isotope desselben Elements haben dieselbe Protonenzahl, aber eine unterschiedliche Zahl von Neutronen. Die Ordnungszahl ist also die gleiche.

Richtige Antwort zu Frage 2 d. Das Atomgewicht ist gleich der Anzahl der Neutronen + der Anzahl der Protonen. Die Masse des Elektrons wird vernachlässigt, da sie im Vergleich zu der Masse des Protons und des Neutrons extrem klein ist. Die Masse eines Elektrons beträgt 0,0005 Dalton (Da), die von Proton und Neutrons jeweils 1 Da.

Richtige Antwort zu Frage 3 c. Isotope unterscheiden sich in der Zahl ihrer Neutronen bei gleicher Protonenzahl. Die unterschiedlichen Neutronenzahlen führen auch zu unterschiedlichen Atommassenzahlen.

Richtige Antwort zu Frage 4 c. Eine kovalente Bindung ist eine vergleichsweise starke Bindung, die auf dem Besitz gemeinsamer Elektronenpaare beruht. Die Ausbildung kovalenter Mehrfachbindungen ist ohne Weiteres möglich. Ein Beispiel ist die Doppelbindung zwischen zwei Kohlenstoffatomen oder die Dreifachbindung zwischen den Stickstoffatomen beim Stickstoffgas.

Richtige Antwort zu Frage 5 d. Hydrophobe Wechselwirkungen können zwei unpolare Moleküle zusammenhalten. Es handelt sich um eine Wechselwirkung von unpolaren Subs-

O. Werner (✉)
Las Torres de Cotillas, Murcia, Spanien
E-Mail: werner@um.es

O. Werner (Hrsg.), *1000 Fragen aus Genetik, Biochemie, Zellbiologie und Mikrobiologie*,
DOI 10.1007/978-3-642-54987-8_5, © Springer-Verlag Berlin Heidelberg 2014

tanzen in Gegenwart von polaren Substanzen. Zu a.) und b.) Hydrophobe Wechselwirkungen haben eine Bindungsenergie von 1–2 kcal/mol und sind damit schwächer als die Bindungsenergie von Wasserstoffbindungen (3–7 kcal/mol) und sehr viel schwächer als die einer kovalenten Bindung mit 50–110 kcal/mol.

Richtige Antwort zu Frage 6 a. Um Wasser vom flüssigen in den gasförmigen Zustand zu überführen, wird viel Wärme benötigt. Der Vorgang wird auch als Verdunstung oder Evaporation bezeichnet. Wasser besitzt eine hohe Verdampfungswärme. Zur Lösung der Wasserstoffbindungen wird Wärmeenergie benötigt. Alle übrigen Aussagen zum Wasser treffen aber zu.

Richtige Antwort zu Frage 7 d. Wenn Salzsäure (HCl) zu Wasser zugegeben wird, löst sie sich und dissoziiert. Dabei werden H^+ und Cl^- freigesetzt. Säuren sind Protonenspender.

Richtige Antwort zu Frage 8 a. Die Wasserstoffbindung entsteht, weil Wasser polare kovalente Bindungen besitzt. Wenn Wasserstoff sich mit Sauerstoff zu Wasser verbindet, kommt es zu einer ungleichmäßigen Verteilung der beteiligten Elektronen. Die Elektronen neigen dazu, sich näher beim Sauerstoff aufzuhalten, da er mit einer Elektronegativiät von 3,5 gegenüber Wasserstoff mit 2,1 der stärkere Partner ist. Das Ergebnis dieser ungleichen Verteilung ist eine polare Bindung. Außerdem treten Partialladungen auf.

Richtige Antwort zu Frage 9 e. Die Entropie tendiert immer zu einem Maximum. Die Entropie ist ein Maß für die molekulare Unordnung eines Systems. Sie hängt eng zusammen mit der Wärme. In einem geschlossenen System strebt diese Unordnung als Folge der Energieumwandlung einem Maximum zu. Biologische Prozesse tendieren daher ebenso wie chemische oder physikalische Veränderungen zu einer Entropiezunahme.

Richtige Antwort zu Frage 10 b. In einer chemischen Reaktion hängt die Rate von der Aktivierungsenergie ab. Exergonische Reaktionen (Reaktionen, die Freie Energie abgeben) benötigen eine geringe Menge zusätzlicher Energie, um starten zu können. Diese Energie ist nötig, damit ein stabiler Ausgangszustand überwunden werden kann. Die Aktivierungsenergie E_a ist daher zum Beginn der Reaktion nötig.

Richtige Antwort zu Frage 11 d. Kondensationsreaktionen werden auch als Dehydratisierungsreaktionen bezeichnet. Damit ist klar, dass Aussage d falsch ist. Bei der Reaktion kommt es nämlich zu einem Verlust von Wasser. Die übrigen Antworten treffen zu, Polymere werden aus Monomeren durch eine Serie von Kondensationsreaktionen gebildet.

Richtige Antwort zu Frage 12 e. Alle Aussagen außer e.) treffen auf die Carboxylgruppe zu. Das Atomgewicht beträgt 45, nicht 75 ($12 + 2 \times 16 + 1$).

Richtige Antwort zu Frage 13 e. Wasser hat den mit Abstand größten Anteil an den Bestandteilen einer Zelle.

Richtige Antwort zu Frage 14 c. Bereits 1904 wurden von Nuttall immunologische Tests verwendet, um die Beziehungen zwischen einer Reihe verschiedener Tiere zu bestimmen.

Richtige Antwort zu Frage 15 e. Rastersondenmikroskope besitzen eine Sonde in Form einer sehr feinen Spitze, mit der sie das zu untersuchende Material abtasten und Eigenschaften wie Temperatur, Magnetismus, elektrischen Widerstand oder Lichtabsorption messen.

Richtige Antwort zu Frage 16 c. Wird eine Metallspitze wie bei einem Rastertunnelmikroskop über eine leitende Oberfläche geführt, fließen Elektronen zwischen der Spitze und der Oberfläche. Wird dieser Tunnelstrom durch Heben und Senken der Spitze konstant gehalten, kann man anhand der Auslenkung der Nadel ein Profil der Oberfläche erstellen.

Richtige Antwort zu Frage 17 b. Ein RKM bestimmt die Struktur einer Oberfläche anhand mechanischer Wechselwirkungen, indem eine feine Spitze über die Oberfläche gleitet und durch die dabei herrschenden atomaren Kräfte ausgelenkt wird. Ein auf die Rückseite der Spitze projizierter Laserstrahl wird dabei in einem veränderlichen Winkel reflektiert und trifft an unterschiedlichen Stellen auf einem Detektor auf.

Richtige Antwort zu Frage 18 d. Mit der matrixunterstützten Laserdesorption/Ionisation (engl. *matrix-assisted laser desorption-ionization*, MALDI) kann man Ionen von bis zu 100.000 Da analysieren, während bei der Elektrosprayionisation (ESI) nur Ionen mit einer Masse bis 5000 Da untersucht werden können.

Richtige Antwort zu Frage 19 c. Als stationäre Phase bei der HPLC können unterschiedliche Materialien verwendet werden, je nachdem, welche Art von Molekülen aufgetrennt werden sollen. Die stationäre Phase kann aus porösen Kügelchen oder Silicapartikeln, die mit hydrophoben Alkylketten, funktionellen Gruppen oder spezifischen Antikörper versehen sind, bestehen.

Richtige Antwort zu Frage 20 c. Kohlenhydrate bestehen aus einem oder mehreren einfachen Zuckern. Ihre allgemeine Formel lautet $(CH_2O)_n$. Man kann grob vier Kategorien unterscheiden: Monosaccharide (Glucose, Ribose), Disaccharide, Oligosaccharide und Polysaccharide (Stärke, Glykogen, Cellulose).

Richtige Antwort zu Frage 21 d. Kein Kohlenhydrat in dieser Aufzählung ist das Hämoglobin. Es zählt nämlich in die Gruppe der Proteine. Glucose, Stärke, Cellulose und Desoxyribose sind aber allesamt Kohlenhydrate.

Richtige Antwort zu Frage 22 a. Zwischen Cystein-Aminosäureresten bilden sich Disulfidbrücken. Diese tragen zur Stabilisierung der Tertiärstruktur bei.

Richtige Antwort zu Frage 23 d. Die Haushaltsproteine sind für die Aufrechterhaltung der allgemeinen biochemischen Aktivität verantwortlich.

Richtige Antwort zu Frage 24 c. Proteine haben eine Vielzahl von Funktionen, genetische Informationen können sie jedoch (entgegen früherer Theorien) nicht tragen.

Richtige Antwort zu Frage 25 a. Da Proteine, anders als Nucleinsäuren, nicht negativ geladen sind, wandern sie bei der Gelelektrophorese nicht von allein zum Pluspol des elektrischen Feldes. Durch die Behandlung mit Natriumdodecylsulfat (engl. *sodium dodecyl sulfate*, SDS) werden die Polypeptidketten aufgefaltet und von dem negativ geladenen SDS umhüllt. Die Färbung mit Coomassie-Blau zur Sichtbarmachung der aufgetrennten Proteine geschieht ganz am Ende.

Richtige Antwort zu Frage 26 e. Bei der 2-D-PAGE werden die Proteine zuerst nach ihrer Ladung und anschließend nach der Größe aufgetrennt. Dabei besteht das Problem, dass zu große Proteine nicht durch die Polyacrylamidmatrix wandern können, während sehr kleine zu schnell sind und aus dem Gel hinauswandern. Außerdem wird das Verhalten von hydrophoben Proteinen durch deren Oberfläche verändert, sodass sie an anderen Stellen, als anhand ihrer Masse erwartet, auftauchen. Seltene Proteine sind nur schwer sichtbar zu machen und werden von anderen, häufigeren Proteinen oft überdeckt.

Richtige Antwort zu Frage 27 e. Durch das Detergens SDS werden die Proteine denaturiert und erhalten eine negative Ladung. Unter diesen Bedingungen trennen sie sich entsprechend ihrer molekularen Masse.

Richtige Antwort zu Frage 28 a. Bei der isoelektrischen Fokussierung werden Proteine in einem Gel getrennt, das Chemikalien enthält, die einen pH-Gradienten aufbauen. In diesem Gel entspricht der isoelektrische Punkt der Position, an der die Nettoladung des Proteins gleich null ist.

Richtige Antwort zu Frage 29 e. Bei der Identifizierung von Proteininteraktionen mit dem yeast two *hybrid-system* wird als Folge der Bindung zweier Proteine durch das Aktivatorprotein GAL4 ein Reportergen aktiviert. Die auf GAL4 enthaltene DNA-bindende Domäne und die Aktivierungsdomäne werden jeweils mit einem der beiden zu untersuchenden Proteine fusioniert. Nur wenn Köder- und Beuteprotein aneinander binden, sind die beiden GAL4-Domänen in räumlicher Nähe, sodass das Reportergen aktiviert wird. Zur Expression der Fusionsproteine benötigt man zwei Klonierungsvektoren, die in derselben Hefezelle exprimiert werden müssen.

Richtige Antwort zu Frage 30 c. Bei der Affinitätschromatographie wird das Testprotein an ein Trägermaterial gebunden und in die Säule gegeben. Der Zellextrakt wird in einen Niedrigsalzpuffer gegeben und passiert die Säule. Die mit dem Testprotein interagierenden

Proteine werden in der Säule zurückgehalten, da sie unter Ausbildung von Wasserstoffbrücken einen Komplex bilden. Mit einem Hochsalzpuffer werden die interagierenden Proteine zum Schluss von der Säule gewaschen.

Richtige Antwort zu Frage 31 c. Bei Proteininteraktionskarten bezeichnen *hubs* die Knotenpunkte von Proteinen, die viele Interaktionen eingehen.

Richtige Antwort zu Frage 32 a. Zur Bestimmung der Sequenz wird ein Protein zuerst mit einer Protease in kleinere Fragmente zerlegt, um unerwünschte Eigenschaften zu verringern. Diese werden durch HPLC aufgetrennt und massenspektrometrisch analysiert. Zur Bestimmung der Peptidsequenz wird die Tandem-Massenspektroskopie angewandt, bei der zuerst ein Ion erzeugt wird, das anschließend durch Kollision mit einem Gasmolekül fragmentiert wird. Zur eindeutigen Bestimmung der Sequenz werden Datenbanken herangezogen.

Richtige Antwort zu Frage 33 b. Durch die Fusionierung des Gens eines bestimmten Proteins mit einem DNA-Abschnitt, der für einen Tag codiert, z. B. einen Polyhistidin-Tag, entsteht ein Fusionsprotein mit diesem Tag an einem Ende. Im Falle des His-Tags, dessen Histidinreste stark mit Nickelionen komplexieren, kann das Protein durch Chromatographie in einer Säule, deren festes Material Ni^{2+}-Ionen enthält, von anderen Proteinen getrennt werden.

Richtige Antwort zu Frage 34 d. Beim Biopanning wird eine Bibliothek von Phagen, die ein bestimmtes Peptid an ihrer Oberfläche tragen, mit dem dafür spezifischen Zielpeptid – z. B. einem Antikörper –, das an eine feste Phase gekoppelt ist, vermischt. Die Phagen mit dem gewünschten Peptid bleiben hängen und können anschließend eluiert werden.

Richtige Antwort zu Frage 35 c. Die inneren Abschnitte von Proteinen werden als Inteine bezeichnet. Nach der Translation werden sie entfernt, sodass es zu einer Verknüpfung der äußeren Abschnitte, den Exteinen, kommen kann.

Richtige Antwort zu Frage 36 b. Beim Western-Blot werden durch Polyacrylamid-Gelelektrophorese aufgetrennte Proteine auf eine Nitrocellulosemembran übertragen, wo sie durch einen spezifischen Antikörper erkannt werden. Vor der Bindung dieses primären Antikörpers werden die unbesetzten Stellen der Membran mit Milchproteinen gesättigt. Die Stellen, an denen der primäre Antikörper gebunden hat, werden von einem zweiten Antikörper erkannt und durch ein daran gekoppeltes Visualisierungssystem sichtbar gemacht.

Richtige Antwort zu Frage 37 a. Proteasen spalten die Peptidbindungen zwischen Aminosäuren. Endopeptidasen spalten an bestimmten Stellen in einem Protein, Exopeptidasen entfernen endständige Aminosäurereste. Die Spaltung der Peptidbindungen wird durch unterschiedliche Aminosäurereste in den aktiven Zentren der Proteasen katalysiert. Manche Proteasen benutzen auch Metallionen als Cofaktoren. Nucleinsäuren werden dagegen von Nucleasen gespalten.

Richtige Antwort zu Frage 38 a. Mit einem ELISA (engl. *enzyme-linked immunosorbent assay*) kann durch die Bindung eines spezifischen Antikörpers die Menge eines Proteins in einer Probe bestimmt werden. An den Antikörper ist ein Nachweissystem gekoppelt, das z. B. zu einer Farbänderung aufgrund einer Enzymreaktion führt. Je mehr Antigenproteine vorhanden sind, desto mehr Antikörper binden und desto stärker ist die Enzymreaktion.

Richtige Antwort zu Frage 39 e. Bei Immunoassays kommt es durch Kreuzreaktionen des Antikörpers oft zu falschpositiven Ergebnissen. Außerdem sind die Bedingungen auf einem festen Träger nicht immer repräsentativ für die Gegebenheiten im Zellinneren. Weitere Probleme sind die, dass manche Proteine wegen ihrer zu geringen Konzentration nicht um Bindungsstellen konkurrieren und dass Proteine in Komplexen oft keine Antikörper binden, da ihre Bindungsstellen von anderen Proteinen verdeckt sind.

Richtige Antwort zu Frage 40 b. Proteine sind Polymere aus Aminosäuren. Es handelt sich um langkettige Polymere (Polypeptide) aus Aminosäuren mit unterschiedlichen Seitenketten. Zu d.) Proteine müssen nicht zwangsläufig eine Quartärstruktur haben. Sie liegt nur dann vor, wenn ein Protein aus mehreren Untereinheiten besteht. Zu a.) Enzyme sind zwar in aller Regel spezielle Proteine, aber ein Protein ist nicht zwangsläufig ein Enzym.

Richtige Antwort zu Frage 41 a. Die Primärstruktur eines Proteins ist seine Aminosäuresequenz. Sie wird durch kovalente Bindungen festgelegt. Die Polypeptidkette ist im Stadium der Primärstruktur nicht verzweigt, womit Aussage a falsch ist.

Richtige Antwort zu Frage 42 c. Leucin ist eine Aminosäure mit einer unpolaren hydrophoben Seitenkette. Aus diesem Grund kommt sie wahrscheinlich in dem Teil eines Membranproteins vor, der sich außerhalb der Phospholipid-Doppelschicht befindet. Zu e.) Lysin hat eine positiv geladene hydrophile Seitenkette und ist keineswegs identisch mit Leucin.

Richtige Antwort zu Frage 43 e. Die Quartärstruktur eines Proteins resultiert aus der Art und Weise, wie die Untereinheiten, die daran beteiligt sind, miteinander wechselwirken. Und diese Wechselwirkung wiederum hängt von der Primärstruktur ab. Zu a.) Die Quartärstruktur kann aus unterschiedlich vielen Untereinheiten bestehen, es müssen nicht zwangsläufig vier sein.

Richtige Antwort zu Frage 44 e. Allen Lipiden ist gemeinsam, dass sie sich in unpolaren Lösungsmitteln besser lösen als in Wasser. Grund dafür sind die zahlreichen unpolaren kovalenten Bindungen. Die unpolaren Kohlenwasserstoffmoleküle sind hydrophob.

Richtige Antwort zu Frage 45 c. Die Nucleotide sind über Phosphodiesterbindungen zwischen ihrem 5′- und 3′-Kohlenstoffatom miteinander verknüpft.

Richtige Antwort zu Frage 46 b. Ribozyme sind RNA-Moleküle, die wie Enzyme an Zielmoleküle binden und als Katalysator für zelluläre Reaktionen dienen. Manchmal sind sie mit Proteinen assoziiert, wobei der eigentliche Katalysator immer die RNA ist.

Richtige Antwort zu Frage 47 e. Medizinisch angewandte Ribozyme müssen sehr stabil und schwer abbaubar sein. Außerdem müssen sie in den erkrankten Zellen exprimiert werden und an den Ort ihrer Wirkung gelangen. Dabei dürfen sie keine schwer wiegenden Nebenwirkungen aufweisen.

Richtige Antwort zu Frage 48 a. Bei Nucleinsäuren handelt es sich um Polymere, die aus bestimmten Monomeren, den Nucleotiden, aufgebaut sind. Jedes dieser Nucleotide hat einen spezifischen Aufbau aus einer Pentose, einer Phosphatgruppe und einer stickstoffhaltigen Base. Zu e.) Der Pentosezucker kann neben Desoxyribose auch Ribose sein.

Richtige Antwort zu Frage 49 c. Coenzyme sind verglichen mit einem Enzym relativ klein. Es sind molekulare Partner, die von einer Reihe von Enzymen für ihre Aktivität benötigt werden. Beispiele für Coenzyme sind: Biotin, NAD^+ und $FAD/FADH_2$. Zu b.) Coenzyme sind in aller Regel nicht-proteinartige organische Moleküle.

Richtige Antwort zu Frage 50 c. Vitamine sind Kohlenstoffverbindungen, die ein Tier für sein normales Wachsen und Gedeihen benötigt, aber nicht selbst synthetisieren kann. Die meisten Vitamine fungieren als Coenzyme oder als Teil von Coenzymen. Vitamine werden nur in sehr geringen Mengen benötigt. Antwort c ist richtig. Zu e.): Vitamin C ist ein wasserlösliches Vitamin und wird einfach ausgeschieden. Die fettlöslichen Vitamine (A, D, E und K) können aber im Körperfett akkumulieren. Im Überschuss aufgenommen, können sie sich aber auch zu toxischen Konzentrationen anreichern.

Richtige Antwort zu Frage 51 c. Das Metabolom ist die vollständige Sammlung von Metaboliten in einer Zelle oder einem Gewebe unter bestimmten Bedingungen.

Richtige Antwort zu Frage 52 a. Der Citratzyklus, der früher auch als Krebs-Zyklus bezeichnet wurde, ist ein Zyklus der Zellatmung, bei dem Acetyl-CoA zu Kohlendioxid oxidiert wird und Wasserstoff in Form von NADH und $FADH_2$ gespeichert werden. Das Ganze findet im Mitochondrium statt.

Richtige Antwort zu Frage 53 c. Für die Gärung wird kein Sauerstoff benötigt, da sie per Definition anaerob abläuft. Bei der Gärung wird weniger Energie freigesetzt als bei der Zellatmung. Zu a.) Die Gärung findet wie die Glykolyse im Cytosol statt. Zu d.) Es gibt zwar eine Milchsäuregärung, dabei entsteht Lactat, es wird aber nicht benötigt, damit die Reaktion stattfindet.

Richtige Antwort zu Frage 54 d. Pyruvat ist eine ionische Form der Brenztraubensäure, ein Protein ist es damit aber nicht. Pyruvat ist das Endprodukt der Glykolyse und gleichzeitig das Ausgangsmaterial für den Citratzyklus. Zu e.) Ja, Pyruvat ist eine C_3-Verbindung.

Richtige Antwort zu Frage 55 a. Der aerobe Gucoseabbau liefert mehr ATP. Die Gärung ist eine unvollständige Oxidation, es entstehen energiereiche Produkte wie Milchsäure oder Ethanol. Bei der Gärung werden pro abgebautem Glucosemolekül 2 Moleküle ATP gebildet. Der aerobe Glucoseabbau (Glykolyse, Citratzyklus und Atmungskette) liefert dagegen 38 Moleküle ATP.

Richtige Antwort zu Frage 56 b. Bei der Elektronentransportkette werden verschiedene Proteine genutzt, die in eine Membran eingebettet sind. Beispiele sind NADH-Q-Oxidoreduktase oder Ubichinon.

Richtige Antwort zu Frage 57 e. Die Funktionen der oxidativen Phosporylierung können nicht durch die Gärung erfüllt werden. Der Begriff „oxidative Phosphorylierung" beschreibt den Gesamtprozess der ATP-Synthese, der in den Mitochondrien abläuft. Zu b.) Chemiosmose ist hierbei beteiligt. Der Begriff ist definiert als die Bildung von ATP in Mitochondrien und Chloroplasten, wobei gegen einen Ladungs- und pH-Gradienten Protonen durch eine Membran gepumpt werden. Anschließend werden die Protonen durch ATPase-Aktivität über Ionenkanäle wieder nach außen geschleust.

Richtige Antwort zu Frage 58 c. Delta G (ΔG) ist die Freie Energie. Dieser Wert wird durch die Beteiligung eines Enzyms an einer Reaktion nicht verändert. Enzyme sind lediglich Biokatalysatoren. Sie beschleunigen eine Reaktion, indem sie die Energieschwelle erniedrigen. Die übrigen Aussagen über die Enzyme treffen uneingeschränkt zu.

Richtige Antwort zu Frage 59 c. Die Spezifität eines Enzyms ist eine Folge der genauen dreidimensionalen Struktur seines aktiven Zentrums. In dieses aktive Zentrum passt nämlich nur eine eingeschränkte Auswahl an Substraten. Der deutsche Chemiker Emil Fischer prägte in diesem Zusammenhang den Begriff des Schlüssel-Schloss-Prinzips. Zu a.) Wenn ein Enzym ein Substrat bindet, ändert es seine Konformation. Man spricht hier auch vom *induced fit* oder der induzierten Passform.

Richtige Antwort zu Frage 60 e. Bei der Hydrolyse von ATP wird Energie freigesetzt, es handelt sich um eine exergonische Reaktion. Aus ATP entsteht bei der Hydrolyse ADP, ein anorganisches Phosphation und Freie Energie. Der ATP-Zyklus koppelt exergonische und endergonische Prozesse und überträgt Freie Energie von der exergonischen Reaktion auf den endergonischen Prozess. Zu b.) Es sind die Phosphatgruppen, die dafür sorgen, dass ATP energiereich ist.

Richtige Antwort zu Frage 61 d. In einer enzymkatalysierten Reaktion kann ein Substrat auch zusätzlichen Streckungen ausgesetzt sein. Im aktiven Zentrum des Enzyms kann das Substrat korrekt angeordnet, chemisch modifiziert oder auch gestreckt werden.

Richtige Antwort zu Frage 62 b. Bei der allosterischen Regulation werden aktive und inaktive Formen eines Enzyms ineinander überführt. Ein allosterischer Effektor bindet an einen Ort des Enzyms, der nicht mit dem aktiven Zentrum identisch ist. Enzyme, die allosterisch reguliert werden, besitzen meist eine Quartärstruktur.

Richtige Antwort zu Frage 63 a. Die Feedback-Hemmung wird manchmal auch als Endprodukthemmung bezeichnet. Diese Hemmung wird bei einigen Stoffwechselwegen eingesetzt. Das produzierte Endprodukt hemmt dabei ein am Anfang der Stoffwechselkette agierendes Enzym. Allosterische Effekte sind daran aber nicht beteiligt.

Richtige Antwort zu Frage 64 e. Verschiedene Enzyme haben ganz unterschiedliche Temperaturoptima. Während einige Enzyme schon bei Temperaturen knapp oberhalb der Körpertemperatur denaturieren, können andere auch bei 100 °C ohne Probleme funktionieren. Allen Enzymen gemeinsam ist jedoch, dass sie ein ganz bestimmtes Temperaturoptimum für ihre Aktivität haben.

Richtige Antwort zu Frage 65 d. Oxidation und Reduktion kommen immer gemeinsam vor, sie bilden ein Redoxpaar. Aus diesem Grund spricht man auch vereinfacht von einer Redoxreaktion. Während eine Substanz oxidiert wird, wird eine andere reduziert. Zu a.) Die Reaktionen ziehen einen Erwerb oder Verlust von Elektronen nach sich, bestimmt aber nicht von Proteinen. Zu e.) Diese Reaktionen können problemlos sowohl bei Anwesenheit als auch bei Abwesenheit von Sauerstoff stattfinden.

Richtige Antwort zu Frage 66 e. NAD steht für Nicotinamidadenindinucleotid. Es handelt sich dabei um ein Coenzym, das eine entscheidende Rolle bei der Wasserstoffübertragung in Redoxreaktionen spielt. Gleichzeitig ist es auch eines der Produkte, in der Reaktion, in der Ethanol gebildet wird.

Richtige Antwort zu Frage 67 e. Bei der Glykolyse wird Glucose in Pyruvat umgewandelt. Dabei wird ATP gebildet und zwei Moleküle NAD^+ werden zu zwei Molekülen NADH + H^+ reduziert. Zu a.) Die Glykolyse läuft im Cytoplasma der Zelle ab. Zu d.) Gärung ist der anaerobe Abbau einer Substanz wie Glucose in kleinere Moleküle unter Energiegewinn.

Richtige Antwort zu Frage 68 b. Die Wasserbewegung durch Aquaporine ist nicht immer aktiv, da die Permeabilität der Regulation unterliegt. Dazu wird entweder die Transportermenge verändert oder das Kanalprotein reversibel modifiziert (Phosphorylierung, Protonierung). Dadurch wird die Osmoserate durch die Membran verändert. Aquaporine sind Kanalproteine, mit deren Hilfe Wasser die Phospholipid-Doppelschicht durchqueren kann, ohne mit einer hydrophoben Umgebung in Berührung zu kommen. Als Membrantransportproteine ermöglichen sie eine rasche Umverteilung von Wasser innerhalb eines Zellverbandes bei Tieren und Pflanzen.

Richtige Antwort zu Frage 69 b. Antwort b ist die gesuchte Falschaussage. Die Protonen-pumpe in der Plasmamembran verwendet aus ATP gewonnene Energie dazu, Protonen gegen einen Protonen-Konzentrationsgradienten aus der Zelle hinaus zu transportie-ren. Akkumulieren nun positiv geladene Protonen (H^+) außerhalb der Zelle, so ist der Außenbereich der Membran im Verhältnis zum Zellinneren positiv geladen. Durch diese Ladungsdifferenz über die Membran kommt es zum verstärkten Einstrom von Kationen (z. B. Kaliumionen, K^+) ins Zellinnere. Die Protonen können zusätzlich den sekundär akti-ven Transport von negativ geladenen Ionen antreiben: Symporter ermöglichen hierbei den Transport gegen das Ladungsgefälle in die Zelle hinein.

Richtige Antwort zu Frage 70 c. Antwort c ist richtig. Die Stickstofffixierung wird durch das Enzym Nitrogenase katalysiert. Einige Bakterienarten der Rhizosphäre können mole-kularen Stickstoff aus der Atmosphäre aufnehmen und den Pflanzen in reduzierter Form zur Verfügung stellen. Molekularer Stickstoff bindet an das Enzym Nitrogenase, und in drei Reduktionsschritten werden Wasserstoffatome addiert. Aus dem reaktionsträgen Stickstoff wird schließlich Ammoniak mit höherer biologischer Nutzbarkeit.

Richtige Antwort zu Frage 71 Die Entropie ist eine thermodynamische Zustandsfunk-tion, die den Ordnungszustand eines betrachteten Systems beschreibt. Sie ist ein Maß für die Irreversibilität (Nicht-Umkehrbarkeit) eines geschlossenen Systems. Betrachtet man ein geschlossenes System zu zwei verschiedenen Zeitpunkten, so ist die Entropie zum letz-ten Zeitpunkt größer.

Richtige Antwort zu Frage 72 Die Begriffe „endotherm" und „exotherm" beschreiben den Wärmeumsatz bei chemischen Reaktionen. Exotherme Reaktionen geben Wärme an die Umgebung ab, endotherme Reaktionen nehmen Wärme von der Umgebung (die hier-bei abgekühlt wird) auf. Die Begriffe „exergon" und „endergon" beschreiben die Spon-tanität einer chemischen Reaktion. Exergone Reaktionen sind spontane Reaktionen, der Ablauf der Reaktion widerspricht nicht den Hauptsätzen der Thermodynamik. Endergone Reaktionen sind nicht-spontane Reaktionen und müssen, um ablaufen zu können, mit exergonen Reaktionen gekoppelt werden. Die Begriffe sagen aber nichts über die tatsäch-liche Reaktionsgeschwindigkeit aus.

Richtige Antwort zu Frage 73 Das chemische Potenzial einer Substanz ist die auf ein Mol bezogene Freie Enthalpie eines Systems. Sie ist ein Maß für die Arbeitsleistung dieser Substanz.

Richtige Antwort zu Frage 74 1/12 der Masse eines ^{12}C-Atoms, die Grundeinheit für molekulare Massen.

Richtige Antwort zu Frage 75 Große Moleküle mit Massen > 4 kDa, die durch Verknüpfung von Monomeren unter Wasseraustritt (Kondensation) entstehen.

Richtige Antwort zu Frage 76 Homopolymere bestehen aus nur einer Sorte von Monomeren (Beispiel: Cellulose), Heteropolymere enthalten verschiedene Monomere (Beispiel: Nucleinsäuren, Proteine).

Richtige Antwort zu Frage 77 Wasser ist ein polares Medium, seine Moleküle stellen starke elektrische Dipole dar, die Wasserstoffbrücken untereinander ausbilden. Polare Substanzen sind hydrophil, sie fügen sich in das Maschenwerk der Wasserstoffbrücken ein, geladene Gruppen bilden zudem starke Hydrathüllen aus.

Richtige Antwort zu Frage 78 Hohe Schmelz- und Siedepunkte, hohe Wärmekapazität und Verdampfungsenthalpie, hohe Dielektrizitätskonstante, hohe Oberflächenspannung, Volumenkontraktion beim Schmelzen (Dichtemaximum bei $+4\,°C$), hohe Beweglichkeit für Wasserstoff- und Hydroxidionen. Wasser ist über einen großen Temperaturbereich ($100\,°C$) flüssig. Die besonderen Eigenschaften beruhen auf der Struktur des Wassermoleküls, vier Wasserstoffbrückenbindungen (zwei als Akzeptor, zwei als Donator) ausbilden zu können.

Richtige Antwort zu Frage 79 Zusammenlagerung hydrophober Moleküle bzw. hydrophober Molekülbereiche durch Minimierung der hydrophoben Oberfläche und damit Minimierung einer geordneten Wasserstruktur. Die hydrophoben Wechselwirkungen sind entropiegetrieben, da sich die Beweglichkeit der Wassermoleküle bei der Zusammenlagerung hydrophober Moleküle vergrößert.

Richtige Antwort zu Frage 80 Die Henderson-Hasselbalch-Gleichung beschreibt den Verlauf der Titrationskurven schwacher Säuren bzw. Basen. Sie erlaubt die Berechnung des Verhältnisses undissoziierter Säure (HA) zu dissoziierter Säure (A^-) bei bekanntem pH- und pK_S-Wert.

Richtige Antwort zu Frage 81 Am Mittelpunkt der Titration ist $pH = pK_s$ und $[HA] = [A^-]$.

Richtige Antwort zu Frage 82 Puffersysteme sorgen für einen konstanten pH-Wert, der für die Struktur und Funktion von Proteinen, vor allem Enzyme, entscheidend ist. Ferner gibt es viele pH-abhängige Löslichkeitsverhältnisse, bei denen durch Regulation des pH-Wertes ein Überschreiten des Löslichkeitsproduktes vermieden wird. Puffersystem im Blut: Hämoglobin, Serumproteine, Hydrogencarbonat, Phosphate. Puffersystem in den Zellen: Proteine, Phosphate. Zellen regulieren ihren pH-Wert durch Na^+-getriebene Ionenpumpen (z. B. Na^+/H^+-Austauscher, Na^+-getriebener Cl^-/HCO_3^- Austauscher, Na^+/HCO_3^- Symport-System). Zur Ansäuerung bestimmter Kompartimente (z. B. Lysosomen) existieren H^+-ATPasen.

Richtige Antwort zu Frage 83 Interne Konversion (Umwandlung der absorbierten Energie in Wärme), Fluoreszenz (Abstrahlung eines Photons größerer Wellenlänge), Systemübergang (Änderung des elektronischen Zustandes), Phosphoreszenz (Abstrahlung eines Photons größerer Wellenlänge; im Gegensatz zur Fluoreszenz zeitlich verzögert), Resonanzenergietransfer (Übertragung der Anregung auf ein benachbartes Molekül) und photochemische Reaktion (z. B. Isomerisierung). In der Regel sind beim Übergang vom angeregten Zustand in den Grundzustand mehrere Vorgänge beteiligt.

Richtige Antwort zu Frage 84 Proteine, Nucleinsäuren, Kohlenhydrate. Sie bestehen aus einigen 1000 Monomeren, die durch Kondensationsreaktionen zu Polymeren verknüpft werden. Lipide werden nicht zu den Makromolekülen gezählt. Sie können sich aber über nichtkovalente Bindungen zu übergeordneten Strukturen zusammenlagern.

Richtige Antwort zu Frage 85 Zu unterscheiden sind kovalente und nichtkovalente Bindungen. Kovalente Bindungen sind stabile Bindungen zwischen zwei Atomen durch Ausbildung eines gemeinsamen Molekülorbitals. Während die kovalenten Bindungen für die Bindungen innerhalb der Makromolekülketten verantwortlich sind, spielen die nichtkovalenten Bindungen eine entscheidende Rolle bei der Stabilisierung der Raumstrukturen von Makromolekülen. Zu ionischen Wechselwirkungen kommt es zwischen zwei Atomen mit stark unterschiedlicher Elektronegativität, bei der es zur Übertragung eines oder mehrerer Elektronen kommt. Als Van-der-Waals-Kräfte werden Wechselwirkungen zwischen ungeladenen Molekülen bezeichnet. Wasserstoffbrückenbindungen siehe Frage 86.

Richtige Antwort zu Frage 86 Zu Wasserstoffbrückenbindungen kann es sowohl innerhalb eines Moleküls als auch zwischen zwei Molekülen kommen. Ausgebildet werden sie zwischen einem Atom mit einem freien Elektronenpaar und einem H-Atom, das durch kovalente Bindung an ein elektronegatives Atom polarisiert ist. Als Donator kann z. B. eine Hydroxyl-, eine Amino- oder eine Thiolgruppe wirken.

Richtige Antwort zu Frage 87 Das Redoxpotenzial ist ein in Volt angegebenes Maß für eine Substanz, Elektronen gegenüber der Normal-Wasserstoffelektrode abzugeben (negatives Redoxpotenzial) oder aufzunehmen (positives Redoxpotenzial). Es kann in einer elektrischen Zelle gegenüber einer Halbzelle eines Redoxpaares mit bekanntem Redoxpotenzial (dies muss nicht die Normal-Wasserstoffelektrode sein!) gemessen werden.

Richtige Antwort zu Frage 88 Die Nernst-Gleichung erlaubt die Berechnung des Verhältnisses oxidierter Substanz zu reduzierter Substanz bei bekanntem Standard-Redoxpotenzial des betrachteten Redoxpaares und der EMK. Sie beschreibt den Spannungsverlauf einer Redoxreaktion.

Richtige Antwort zu Frage 89 Das Lambert-Beer'sche Gesetz beschreibt die Lichtabsorption einer Substanz in Abhängigkeit von deren Konzentration c und der Schichtdicke d der

Messküvette. Die Lichtabsorption ist der Konzentration und Schichtdicke direkt proportional; die Proportionalitätskonstante ist der molare Extinktionskoeffizient ε.

Richtige Antwort zu Frage 90 Hemiacetale sind allgemein Moleküle, die durch Reaktion (nucleophile Addition) einer Aldehydgruppe mit einer Hydroxylgruppe entstehen. Reagiert die C_1-Aldehydgruppe einer höheren Aldose mit der Hydroxylgruppe am C_5, entsteht ein intramolekulares Halbacetal. Der entstehende 6er-Ring wird als Pyranose bezeichnet.

Richtige Antwort zu Frage 91 Sie sind Polyhydroxycarbonyle. Die Carbonylgruppe (Aldehydgruppe oder Ketofunktion) kann intramolekular an Hydroxylgruppen unter Bildung von Halbacetalen addieren.

Richtige Antwort zu Frage 92 Mithilfe der Fehling'schen Probe kann geprüft werden, ob reduzierende Zucker in einer Lösung vorliegen. Bei den zu analysierenden Substanzen handelt es sich um Disaccharide ohne (Saccharose) bzw. mit (Maltose) freier Halbacetalfunktion. Da Halbacetale milde Reduktionsmittel sind, ist demnach nur Maltose in der Lage, das Cu^{2+} in der Fehling-Lösung zu reduzieren. Dieses fällt als Cu_2O aus.

Richtige Antwort zu Frage 93 Eine lineare Kette aus *N*-Acetylglucosamin, das bei Arthropoden, vielen Pilzen und manchen Algen vorkommt.

Richtige Antwort zu Frage 94 Die höhere mechanische Stabilität. Die Synthese von Chitin benötigt Stickstoff, der für die meisten Pflanzen ein Mangelfaktor ist.

Richtige Antwort zu Frage 95 Ein Homopolymer aus α-Glucoseeinheiten.

Richtige Antwort zu Frage 96 Saccharose ist kein reduzierender Zucker, weil sowohl das anomere C-Atom der Glucose als auch das anomere C-Atom der Fructose an der Bindung beteiligt sind. Daher besitzt Saccharose keine freie reduzierende Gruppe.

Richtige Antwort zu Frage 97 In dem großen, verzweigten Polymer Glykogen sind die meisten der Glucoseeinheiten über α-1,4-glykosidische Bindungen verknüpft, die Seitenketten α-1,6-glykosidisch. Amylose ist der unverzweigte Bestandteil der pflanzlichen Stärke und besteht aus Glucoseeinheiten in α-1,4-Bindung. In Cellulose sind die Glucosemoleküle über β-1,4-Bindungen miteinander verknüpft.

Richtige Antwort zu Frage 98 β-D-Glucanketten, die gerade und unverzweigt sind, weil die Glucoseeinheiten jeweils um 180° verdreht sind.

Richtige Antwort zu Frage 99 Phenylpropanreste, die über Ether- und Kohlenstoff-Kohlenstoff-Bindungen miteinander verknüpft sind. Am Abbau beteiligte Enzyme: Lignin-Peroxidase, Mangan-Peroxidase und Laccase.

Richtige Antwort zu Frage 100 Sie fungieren als Enzyme, Strukturproteine, Speicherproteine, Rezeptorproteine, Translokatorproteine oder Motorproteine.

Richtige Antwort zu Frage 101 Über eine Peptidbindung werden zwei Aminosäuren linear miteinander verknüpft. Dabei kommt es zu einer formal (!) als Kondensationsreaktion unter Wasseraustritt aufzufassenden Verknüpfung der Carboxylgruppe der einen mit der Aminogruppe der nächsten Aminosäure. Die Peptidbindung ist aufgrund ihres partiellen Doppelbindungscharakters planar und starr.

Richtige Antwort zu Frage 102 Falls der pH-Wert der Lösung dem isoelektrischen Punkt des Proteins entspricht. Das Protein weist bei diesem pH-Wert keine Nettoladung auf und besitzt daher nur schwache Hydrathüllen.

Richtige Antwort zu Frage 103 Die Aminosäuren weisen alle eine gemeinsame Grundstruktur mit einem variablen Rest auf. In dieser Grundstruktur gibt es ein zentrales Kohlenstoffatom, welches vier freie Bindungsstellen aufweist. Eine dieser Stellen ist grundsätzlich mit einer Aminogruppe (NH_2) besetzt, eine weitere mit einer Carboxylgruppe (COOH). An einer Stelle sitzt der variable Rest, welcher den Aminosäuren die Eigenschaften verleiht, z. B. basisch oder sauer zu sein. Der einfachste Rest ist bei Glycin zu finden, -H. Bei Alanin ist der Rest eine Methylgruppe (CH_3), bei Serin ist es $-HOCH_2$. Die Aminosäuren (AS), durch eine Peptidbindung miteinander verbunden, ergeben ein Di-, Tri-, Oligo- oder Polypeptid, je nach Anzahl der AS. Eine Peptidbindung entsteht durch Verknüpfung der Aminogruppe eines Peptids mit der Carboxylgruppe des anderen Peptids unter Wasserabspaltung. Die Reihenfolge dieser linear miteinander verknüpften AS nennt man Primärstruktur. Durch Wasserstoff- und Disulfidbrücken entsteht über eine zweidimensionale Sekundärstruktur letztlich eine dreidimensionale Tertiärstruktur. Wenn sich mehrere Tertiärstrukturen zusammenlagern, entsteht eine Quartärstruktur, z. B. wie beim Hämoglobin.

Richtige Antwort zu Frage 104 Glycin besitzt von allen Aminosäuren die kleinste Seitenkette. Das kleine Wasserstoffatom ist in vielen Fällen die einzige Seitenkette, die klein genug ist, um enge Windungen im Proteinrückgratverlauf räumlich nicht zu behindern.

Richtige Antwort zu Frage 105 Die Seitenkette des Prolins vollzieht einen Ringschluss mit dem Stickstoffatom der Aminogruppe und bildet einen Fünferring. Somit besitzt Prolin eine sekundäre Aminogruppe und ist demnach keine Amino-, sondern eine Iminosäure. An diesem Fünferring wird das Proteinrückgrat leicht abgeknickt. Dieser Knick passt nicht in die enge Windung einer α-Helix. Prolin gilt als regelrechter α-Helix-Terminierer, d. h. häufig wird eine α-Helix durch ein Prolin gezielt beendet.

Richtige Antwort zu Frage 106 Das freie Histidin besitzt drei pK_s-Werte: je einen für die Carboxylgruppe, für die Aminogruppe und für den Imidazolring. Als Proteinbestandteil fallen die Ladungen der Carboxylgruppe und Aminogruppe weg (vorausgesetzt, das Histidin sitzt nicht an einem der beiden Proteinenden), d. h. Histidin besitzt dann nur noch einen pK_s-Wert, den des Imidazolrings. Dieser liegt mit pH 6,5 nahe am neutralen pH 7,0. Bereits leichte Veränderungen in der unmittelbaren Proteinumgebung können zu einer Protonierung bzw. Deprotonierung und damit zu einer Änderung der Ladung führen. Dies ist für manche Proteinfunktionen von essenzieller Bedeutung.

Richtige Antwort zu Frage 107 Eine α-Helix. Durch gleichmäßige Anordnung hydrophiler, nach außen ragender Aminosäurereste kann ein Protein sehr effektiv über hydrophobe Wechselwirkungen in der hydrophoben Zellmembran verankert werden. Eine solche gleichmäßig hydrophobe Oberflächengestaltung rundherum ist mit einer anderen bekannten Struktur kaum zu erreichen.

Richtige Antwort zu Frage 108 In einer Polyacrylamidgelmatrix bildet sich in einem elektrischen Feld zunächst ein kontinuierlicher pH-Gradient aus. Werden Proteine aufgetragen und wird erneut ein elektrisches Feld angelegt, wandern Proteine entsprechend ihrer Ladung solange in der Gelmatrix, bis sie den pH-Wert erreichen, an dem ihre Nettoladung 0 ist. Hier bleiben die Proteine liegen und werden fixiert. Durch Messen des pH-Wertes an der entsprechenden Stelle im Gel erhält man den isoelektrischen Punkt des betreffenden Proteins.

Richtige Antwort zu Frage 109 Bei der Gelfiltration werden große Moleküle aus den Matrixpartikeln ausgeschlossen. Sie können nicht in diese eindringen. Folglich steht ihnen ein geringeres Volumen zur Verfügung und sie passieren die Säule schneller als kleine Moleküle, die in die Partikel eindringen können und demnach später eluieren. Im Gegensatz dazu müssen sich große Moleküle bei der SDS-PAGE durch das enge Maschennetzwerk des Gels zwängen. Dadurch wird ihre Wanderung verzögert, während kleine Moleküle während ihrer Passage durch das Gelnetzwerk weniger stark behindert werden.

Richtige Antwort zu Frage 110 Als essenziell werden die Aminosäuren bezeichnet, die ein Organismus nicht selbst synthetisieren kann, sondern mit der Nahrung oder über die Darmflora aufnehmen muss.

Richtige Antwort zu Frage 111 α-Helix und β-Faltblatt.

Richtige Antwort zu Frage 112 Durch Wasserstoffbrücken zwischen den C=O- und den N–H-Gruppen der Peptidbindungen von Aminosäuren, die in der Primärsequenz voneinander entfernt sind.

Richtige Antwort zu Frage 113 Primärstruktur: lineare Abfolge der Aminosäuren; Sekundärstruktur: Ausbildung von Wasserstoffbrücken zwischen den C=O- und den N–H-Gruppen der Peptidbindungen voneinander in der Primärsequenz entfernter Aminosäuren (z. B. α-Helix, β-Faltblatt); Tertiärstruktur: die kompakte, dreidimensionale Struktur der Polypeptidkette; Quartärstruktur: Ausbildung eines supramolekularen Verbundes mehrerer Polypeptidketten.

Richtige Antwort zu Frage 114 Durch Auffaltung während der Translation, oft unter Beteiligung von Hilfsproteinen (Chaperonen). Stabilisiert wird die Struktur durch Wasserstoff- und Disulfidbrücken, apolare Wechselwirkungen, Isomerisierung von Prolin-Peptidbindungen und gelegentlich durch Modifikationen (z. B. Glykosylierung).

Richtige Antwort zu Frage 115 Die terminalen SH-Gruppen zweier Cysteine können oxidiert werden und damit eine kovalente Disulfidbrücke ausbilden. Diese energetisch stabile kovalente Querbrücke kommt fast ausnahmslos in extrazellulären Proteinen vor. Methionin kann diese Funktion nicht wahrnehmen, da es keine terminale Sulfhydrylgruppe besitzt. Vielmehr ist ihr Schwefelatom terminal mit einer Methylgruppe besetzt.

Richtige Antwort zu Frage 116 Ein Ester ist ein Molekül, das durch Kondensation zwischen einer Säure- und einer Alkoholgruppe gebildet wurde.

Richtige Antwort zu Frage 117 Fettsäuren besitzen sowohl ein hydrophobes (Kohlenwasserstoffkette) als auch ein hydrophiles Ende (Carboxylgruppe). Dadurch erhalten sie amphipathischen Charakter.

Richtige Antwort zu Frage 118 Neutralfette bestehen aus Glycerin, welches mit drei langkettigen Fettsäuren verestert ist. Sie werden mit Lipasen zu Glycerin und den Fettsäuren gespalten, die Fettsäuren werden über die β-Oxidation weiter verstoffwechselt, Glycerin wird phosphoryliert und oxidiert als Dihydroxyacetonphosphat in die Glykolyse eingespeist.

Richtige Antwort zu Frage 119 Speicherlipide sind Triacylglycerine, d. h. die drei Hydroxylgruppen des Glycerins liegen jeweils verestert mit Fettsäuren vor. Diese Lipidform ist hydrophob und aggregiert in wässrigem Milieu unter Ausbildung von Oleosomen. Membranlipide sind dagegen amphiphile Moleküle, nur zwei Hydroxylgruppen des Glycerins liegen verestert mit Fettsäuren vor (hydrophober Teil), die dritte Hydroxylgruppe trägt eine polare Kopfgruppe (hydrophiler Teil). Daher bilden sie im wässrigen Milieu flächige Strukturen aus, wobei die hydrophilen Bereiche in die Wasserphase eintauchen, wohingegen die unpolaren Reste keinen Kontakt mit dem wässrigen Milieu aufnehmen. Dabei kommt es zur Ausbildung von monomolekularen Lipidfilmen (Monolayer) an der wässrigen Oberfläche oder von Lipiddoppelschichten (Bilayer) im Innern einer Wasserphase.

Richtige Antwort zu Frage 120 Ohne Membranhülle würden sie aufgrund des hydrophoben Effekts zu einem großen Tropfen zusammenfließen, wodurch ein ungünstiges Verhältnis zwischen Oberfläche zu Volumen entstünde.

Richtige Antwort zu Frage 121 Glykolipide: Die polare Kopfgruppe besteht aus einem Zucker, der glykosidisch an die C3-Hydroxylgruppe des Glycerins gebunden ist. Als Zucker kommen Galactose (Galactolipide) oder Sulfochinovose (Sulfolipide) vor.

Richtige Antwort zu Frage 122 Die monomeren Bausteine sind Nucleotide, welche sich aus einem Nucleosid (heterocyclische Purin- oder Pyrimidinbase mit *N*-glykosidisch gebundenem Zucker) und einem an den Zucker gebundenen Phosphorsäurerest zusammensetzen.

Richtige Antwort zu Frage 123 Purinbasen: Adenin, Guanin; Pyrimidinbasen: Cytosin, Thymin, Uracil.

Richtige Antwort zu Frage 124 Nucleosidtriphosphate.

Richtige Antwort zu Frage 125 Die Sequenz der Basen in einem DNA-Strang.

Richtige Antwort zu Frage 126 Die Basenabfolge der Nucleinsäuren wird stets in 5'-3'-Richtung gelesen. Der komplementäre Strang hat folgende Sequenz: 5'-GAATTC-3'.

Richtige Antwort zu Frage 127 DNA dient der Speicherung von Information, liegt im Allgemeinen doppelsträngig vor (Ausnahmen: einige Phagen und Viren), enthält 2-Desoxyribose als Zuckerkomponente der Nucleotide, Thymin dient neben Adenin, Guanin und Cytosin als Base. RNA dient der Umsetzung von Information, liegt als Einzelstrang vor, enthält Ribose als Zuckerkomponente der Nucleotide, Thymin ist durch Uracil ersetzt.

Richtige Antwort zu Frage 128 DNA: zwei antiparallel und helikal angeordnete Moleküle (DNA-Doppelhelix). Die Helix wird durch intermolekulare Basenpaarung (Wasserstoffbrücken) stabilisiert. RNA: einzelsträngig, stabilisierende Sekundärstrukturen bilden sich ebenfalls durch intramolekulare Basenpaarung (Wasserstoffbrücken) aus.

Richtige Antwort zu Frage 129 Zellkern: DNA liegt linear vor und ist polyreplikonisch. Organellen: DNA liegt zirkulär vor und ist monoreplikonisch.

Richtige Antwort zu Frage 130 mRNA, Messenger-RNA, Abschrift eines für die Proteinsynthese relevanten Abschnittes eines Gens, während der Translation dient sie als Matrize für die sequenzielle Anheftung der tRNA (s. u.) und legt damit die Abfolge der Aminosäuren im Protein fest. Jeweils drei Basen (ein Codon, Basentriplett) dienen als Anheftungsstelle für eine bestimmte tRNA. tRNA, Transfer-RNA, ist an der Translation beteiligt, verfügt über ein Anticodon und trägt eine spezifische Aminosäure. rRNA, ribosomale RNA, ist am Aufbau der Ribosomen beteiligt.

Richtige Antwort zu Frage 131 Durch Basenpaarung über Wasserstoffbrücken in bestimmten Bereichen des Moleküls.

Richtige Antwort zu Frage 132 Verbindet sich eine Nucleobase mit einem Zuckermolekül, entsteht ein Nucleosid. Ist an das Zuckermolekül dieser Einheit eine Phosphatgruppe gebunden, so spricht man von einem Nucleotid. Lange Ketten solcher Nucleotide bilden das Biopolymer Nucleinsäure.

Richtige Antwort zu Frage 133 Die Einschränkung, dass A nur mit T paaren kann und G nur mit C, bedeutet, dass während der DNA-Replikation perfekte Kopien der Elternmoleküle entstehen, indem die Sequenzen der bereits existierenden Stränge die Sequenzen der neu synthetisierten Stränge vorgeben. Durch Basenpaarung werden DNA-Moleküle zu perfekten Kopien repliziert.

Richtige Antwort zu Frage 134 Nicotinamidadenindinucleotidphosphat (NADP) unterscheidet sich von Nicotinamidadenindinucleotid (NAD) nur durch eine zusätzliche Phosphorylgruppe an der C2-Stelle des Adenins. Diese zusätzliche Phosphorylgruppe dient den Proteinen dazu, zwischen dem bei Reduktionen verwendeten Coenzym NADP (dieses dient hier als Donator von Reduktionsäquivalenten) und dem bei Oxidationen verwendeten NAD (Akzeptor von Reduktionsäquivalenten) zu unterscheiden.

Richtige Antwort zu Frage 135 FAD bzw. FMN wird meist bei Redoxreaktionen als Akzeptor von Reduktionsäquivalenten verwendet, wenn von zwei benachbarten Atomen jeweils ein Wasserstoffatom unter Ausbildung einer Doppelbindung abgezogen wird. NAD wird hingegen meist bei der Oxidation von Alkoholen zu den entsprechenden Aldehyden verwendet.

Richtige Antwort zu Frage 136 Die Pyrimidin-Grundstruktur innerhalb des dreigliedrigen Isoalloxazin-Gerüsts ist im oxidierten Zustand elektronendefizient. Wird hier die Elektronendichte weiter verringert (z. B. durch benachbarte, positiv geladene Aminosäurereste), erhöht sich gleichzeitig das Redoxpotenzial (höhere Elektronenaffinität). Im reduzierten Zustand ist die negative Ladung (Flavin kann im reduzierten Zustand an N1 bzw. N5 deprotoniert vorliegen) auf den Bereich des Pyrimidinrings mit den angrenzenden N5 und N10 verteilt. Positive Ladungen im Bereich des Pyrimidinrings stabilisieren die reduzierte Form. Umgekehrt bewirken negative Ladungen oder ein hydrophober Abschnitt eine Erniedrigung des Redoxpotenzials. Die „Steuerbarkeit" des Redoxpotenzials durch das Protein und die Fähigkeit, zwischen Ein- und Zwei-Elektronen-Übergängen vermitteln zu können (vergleiche: Chinone), machen Flavoproteine zu den idealen Elektronenüberträgern zwischen Elektronen aus dem NAD(P)H-Pool und anderen Redoxsystemen (Fe–S-Proteine, Cytochrome etc.).

Richtige Antwort zu Frage 137 Glutathion dient als Donator freier SH-Gruppen vor allem dazu, cytosolische Proteine im reduzierten Zustand zu halten (SH-Gruppen des Cysteins). Des Weiteren dient Glutathion zum Abfangen freier Radikale oder zusammen mit Glutathion-Peroxidase zur Inaktivierung von Peroxiden. Durch Konjugation verschiedener Substanzen an die freie SH-Gruppe kann das Konjugat durch spezifische Transporter aus der Zelle geschleust werden.

Richtige Antwort zu Frage 138 Eisen-Schwefel-Proteine sind Proteine mit Eisen-Schwefel-Cluster. Die Eisen-Schwefel-Cluster bestehen aus Eisenionen, welche käfigartig mit anorganischem (Sulfid-)Schwefel (S^{2-}) komplexiert sind. Meistens dienen die Fe-S-Cluster dem Elektronentransport. Die Fe–S-Cluster sind bei Weitem keine starren Strukturen, durch Assoziation weiterer Metallionen kann es zu weitreichenden Strukturänderungen kommen („Sensor-Eigenschaften", z. B. bei der intrazellulären Eisenspeicherung, außerdem vermutlich auch für NO, O_2 und O_2^-). Weitere Funktionen: Bindung und Aktivierung von Substraten (Beispiel: Aconitase), strukturgebendes bzw. stabilisierendes Motiv.

Richtige Antwort zu Frage 139 Häm, Sirohäm, Chlorophylle, Bakterienchlorophylle, Faktor 430. Den Cobalaminen liegt das Corrin-Ring-System zugrunde, welches ebenfalls ein zyklisches Tetrapyrrol, jedoch kein Porphyrin ist.

Richtige Antwort zu Frage 140 Übertragungen der endständigen Phosphorylgruppe auf Hydroxyl-, Carboxy- oder Amidino bzw. Guanidinogruppen. Übertragung von Adenylresten (AMP) bei der Aktivierung von Carbonsäuren bzw. Übertragung von Desoxyribonucleotiden oder Nucleotiden bei der DNA- respektive RNA-Synthese unter Freisetzung von Pyrophosphat. Übertragung von Pyrophosphat z. B. auf Ribose-5-phosphat oder auf Thiamin. Übertragung des Adenosylrestes auf Methionin.

Richtige Antwort zu Frage 141 Tetrahydrofolat (THF), *S*-Adenosylmethionin (SAM), Cobalamin. Methanogene Bakterien verwenden außerdem Coenzym M (CoM), Coenzym B (CoB, HS-HPT) und Tetrahydromethanopterin (H4MTP).

Richtige Antwort zu Frage 142 Acetyl-CoA stellt im Stoffwechsel einen „Pool" für Acetyl-CoA dar. Dieser Pool wird aus zahlreichen katabolen Stoffwechselwegen gespeist, etwa aus beim Abbau von Kohlenhydraten, einigen Aminosäuren und Fettsäuren. Ebenso wird zur Synthese zahlreicher Verbindungen Acetyl-CoA benötigt (z. B. Cholesterin, Fettsäuren). Aber auch für andere Carbonsäurereste dient CoA als Überträger, z. B. beim Aminosäureabbau nach der oxidativen Decarboxylierung.

Richtige Antwort zu Frage 143 Die Decarboxylierung ist mit einer Oxidation (Dehydrogenierung) verbunden.

Richtige Antwort zu Frage 144 Die für den Leistungsstoffwechsel benötigte Energie stammt aus den exergonischen Reaktionen des Energiestoffwechsels.

Richtige Antwort zu Frage 145 Die beiden Bindungen zwischen den Phosphatresten sind Phosphorsäureanhydridbindungen, während der innerste Phosphatrest über eine Esterbindung mit der Ribose verknüpft ist.

Richtige Antwort zu Frage 146 Phosphoenolpyruvat, Acetylphosphat, 1,3-Bisphosphoglycerat, Thioester, z. B. Acetyl-CoA, Phosphokreatin, Argininphosphat.

Richtige Antwort zu Frage 147 Sie dienen der Auffüllung von Stoffwechselzwischenprodukten, die als Bausteine für Biosynthesen verbraucht werden.

Richtige Antwort zu Frage 148 Phosphofructokinase, Kinasen verwenden ATP als Phosphorylgruppendonator, die Regulation des Enzyms erfolgt allosterisch und durch kompetitive Hemmung.

Richtige Antwort zu Frage 149 Glykolyse, Glykogensynthese und Pentosephosphatzyklus.

Richtige Antwort zu Frage 150 Bei der Phosphorolyse entsteht als Produkt Glucose-1-phosphat, sodass ein Teil der Energie der glykosidischen Bindung erhalten bleibt, während bei der Hydrolyse Glucose entsteht, die für eine Weiterverarbeitung unter ATP-Verbrauch aktiviert werden muss.

Richtige Antwort zu Frage 151 Mithilfe der Enzyme Glutamat-Dehydrogenase und Glutamin-Synthetase, die NH_4^+ auf α-Ketoglutarat bzw. auf Glutamat übertragen.

Richtige Antwort zu Frage 152 Transaminasen (Aminotransferasen).

Richtige Antwort zu Frage 153 Startpunkte für die Synthesen der Aminosäuren sind Glucose-6-phosphat, 3-Phosphoglycerat, Phosphoenolpyruvat, Pyruvat, Oxalacetat und α-Ketoglutarat.

Richtige Antwort zu Frage 154 Die Cyanobakterien; weil Sauerstoff als Produkt entsteht.

Richtige Antwort zu Frage 155 Der Calvin-Zyklus. Nein, es existieren auch mehrere alternative Wege in Prokaryoten.

Richtige Antwort zu Frage 156 Der CO_2-Akzeptor des Calvin-Zyklus ist Ribulose-1,5-bisphosphat, das Enzym die Ribulosebisphosphat-Carboxylase (Rubisco).

Richtige Antwort zu Frage 157 Man hofft, dass die Informationen aus einer etwas weiter fortgeschrittenen Metabolomik für die Herstellung von Arzneistoffen verwendet werden können. Diese Arzneistoffe sollen gegen Krankheiten wirken, indem sie bestimmte krankheitsbedingte Anomalitäten des Stoffflusses umkehren oder abschwächen. Das metabolische Profiling könnte auch Hinweise auf unerwünschte Nebenwirkungen von Medikamenten geben. Mit dieser Information könnte man auch die chemische Struktur des Wirkstoffes gezielt verändern oder die Art der Anwendung abwandeln, um die Nebenwirkungen zu minimieren.

Richtige Antwort zu Frage 158 Die Hydrolyse des Phosphorsäureanhydrids ATP ist kinetisch gehemmt, d. h. sie findet erst in Anwesenheit eines katalysierenden Enzyms statt, während Essigsäureanhydrid unkontrolliert hydrolysiert, wobei die enthaltene Energie verloren geht.

Richtige Antwort zu Frage 159 Die Änderung der Freien Enthalpie dieser Reaktion ist nicht ausreichend für die Reduktion von NAD^+, stattdessen werden die Elektronen auf den enzymgebundenen Cofaktor FAD übertragen.

Richtige Antwort zu Frage 160 Über den Harnstoffzyklus.

Richtige Antwort zu Frage 161 Chemolithoautotroph: Der Energiedonator ist eine chemische Verbindung, der Elektronendonator ist anorganisch, die Kohlenstoffquelle CO_2.

Richtige Antwort zu Frage 162 Die Reduktion von molekularem Stickstoff (N_2) auf die Stufe von NH_4^+ durch Mikroorganismen mithilfe eines speziellen Enzymkomplexes, der Nitrogenase.

Richtige Antwort zu Frage 163 Sie besitzen keine Cellulase zur Spaltung der β-1,4-glykosidischen Bindungen in Cellulose. Nur Tiere mit symbiontischen Mikroorganismen, die dieses Enzym ausscheiden, können Cellulose abbauen, z. B. Termiten oder Rinder.

Richtige Antwort zu Frage 164 NAD^+, Coenzym A, außerdem TPP, Liponamid und FAD als prosthetische Gruppen der drei Enzymkomponenten des Multienzymkomplexes.

Richtige Antwort zu Frage 165 Er stellt eine Verbindung zwischen anabolischen und katabolischen Stoffwechselwegen dar, zahlreiche seiner Zwischenprodukte sind zugleich Ausgangspunkte von Biosynthesen.

Richtige Antwort zu Frage 166 Fettsäuresynthese: Cytoplasma; Fettsäureabbau: Mitochondrienmatrix.

Richtige Antwort zu Frage 167 Durch Übertragung des Acylrestes auf Coenzym A.

Richtige Antwort zu Frage 168 Oxidation mit FAD als Elektronenakzeptor, Wasseraddition, Oxidation mit NAD^+ als Elektronenakzeptor, thioklastische Spaltung: Als Produkt entsteht Acetyl-CoA.

Richtige Antwort zu Frage 169 Sie ist über eine Sulfhydrylgruppe an das Trägermolekül ACP gebunden.

Richtige Antwort zu Frage 170 Die Kondensation von Acetyl-CoA bzw. Acetyl-S-Enzym mit Malonyl-ACP zu Acetoacetyl-ACP wird durch die gleichzeitige Freisetzung von CO_2 angetrieben. Um diesen Decarboxylierungsschritt zu ermöglichen, muss im ersten Schritt der Fettsäuresynthese eine Carboxylierung stattfinden.

Richtige Antwort zu Frage 171 Reduktion mit NADPH, Dehydratation (Wasserabspaltung); Reduktion mit NADPH; Kondensation.

Richtige Antwort zu Frage 172 Die Spaltung von Fructose-1,6-bisphosphat zu den beiden Triose-Isomeren Glycerinaldehyd-3-phosphat und Dihydroxyacetonphosphat in der Glykolyse.

Richtige Antwort zu Frage 173 Glykolyse: Hexokinase, Phosphofructokinase, Pyruvat-Kinase; Gluconeogenese: Pyruvat-Carboxylase, Phosphoenolpyruvat-Carboxykinase, Fructose-1,6-bisphosphatase, Glucose-6-phosphatase. Die Regulation dieser Enzyme erfolgt reziprok durch allosterische Effektoren bzw. Inhibitoren.

Richtige Antwort zu Frage 174 Aus dem Protonengradienten, d. h. der pH-Differenz, und dem elektrischen Membranpotenzial, das aus der Ladungstrennung resultiert.

Richtige Antwort zu Frage 175 1,3-Bisphosphoglycerat und Phosphoenolpyruvat.

Richtige Antwort zu Frage 176 Über Glucose-6-phosphat oder Fructose-6-phosphat.

Richtige Antwort zu Frage 177 Die Cytochrom-Oxidase (Komplex IV).

Richtige Antwort zu Frage 178 Die Übertragung der Elektronen bei der Endoxidation auf einen anderen terminalen Elektronenakzeptor als O_2, z. B. NO_3^{2-} bei vielen Prokaryoten.

Richtige Antwort zu Frage 179 Der F_O-Teil ist der Protonenkanal, der F_1-Teil synthetisiert bzw. hydrolysiert ATP.

Richtige Antwort zu Frage 180 Von der Redoxpotenzialdifferenz zwischen Elektronendonator und terminalem Akzeptor, von der H^+/e^- Stöchiometrie der Elektronentransportkette und von den in Eukaryoten verwendeten *shuttle*-Systemen.

Richtige Antwort zu Frage 181 Enzymkatalysierte Reaktionen laufen unter milden Reaktionsbedingungen ab (Temperatur, Druck, pH-Wert). Enzyme arbeiten spezifischer und können zudem in ihrer Aktivität reguliert werden.

Richtige Antwort zu Frage 182 Keinen; die Gleichgewichtskonstante einer Reaktion ändert sich durch eine Katalyse nicht. Enzyme beschleunigen lediglich die Einstellung des

Gleichgewichtszustandes, indem sie sowohl die Hin- als auch die Rückreaktion beschleunigen. Die Reaktionsenthalpie bleibt unverändert.

Richtige Antwort zu Frage 183 Als Isoenzyme werden Enzyme bezeichnet, welche die gleichen Reaktionen katalysieren. Sie unterscheiden sich in ihren regulatorischen, physikalischen oder kinetischen Eigenschaften und werden von unterschiedlichen Genen codiert. In einem Organismus können sie gleichzeitig vorkommen; dann werden sie jedoch in unterschiedlichen Organen exprimiert bzw. in unterschiedliche Zellorganellen transportiert, an deren Funktion sie entsprechend angepasst sind.

Richtige Antwort zu Frage 184 Der Übergangszustand, auch als aktivierter Komplex bezeichnet, ist ein sehr kurzlebiger Zwischenzustand, den die Moleküle bei einer Reaktion durchlaufen müssen. Es besteht ein Gleichgewicht zwischen dem Übergangszustand und den Molekülen im Grundzustand. Um den Übergangszustand zu bilden, muss eine Energiebarriere (Aktivierungsenergie) überwunden werden. Aufgrund der teilweise beträchtlichen Aktivierungsenergie ist der Anteil der Moleküle im Übergangszustand zu den Molekülen im Grundzustand verschwindend gering. Die Bildung des Übergangszustands ist der geschwindigkeitsbestimmende Schritt einer Reaktion.

Richtige Antwort zu Frage 185 Das aktive Zentrum eines Enzyms ist die Stelle der Substratbindung; hier findet die Reaktion statt. Das aktive Zentrum liegt meist im Inneren des Enzyms. Im Gegensatz zu dem übrigen, überwiegend hydrophoben Inneren eines Proteins befinden sich im aktiven Zentrum polare bzw. geladene Aminosäurereste. Im aktiven Zentrum werden die Substrate unter Ausschluss von Wassermolekülen, soweit diese nicht an der Reaktion direkt beteiligt sind, optimal für die Reaktion ausgerichtet.

Richtige Antwort zu Frage 186 Es gibt zwei Modelle zur Substratbindung: a) Das Schlüssel-Schloss-Modell. Bei diesem Modell besitzen Enzym und Substrat bereits vor der Bindung eine komplementäre Struktur zueinander. b) Das Induced-fit-Modell. Bei diesem Modell erfahren sowohl Substrat als auch das Enzym eine Konformationsänderung. Erst durch die Konformationsänderungen während der Bindung kommt es zur Ausbildung komplementärer Strukturen.

Richtige Antwort zu Frage 187 a) Säure-Base-Katalyse. Bei dieser Strategie werden durch das Enzym gezielt Protonen auf das Substrat übertragen bzw. von diesem übernommen. b) Metallionen-Katalyse. Durch die Anwesenheit eines Metallions werden Bindungen stärker polarisiert bzw. stabilisiert. Bei einigen Redoxreaktionen dienen Metallionen zur Elektronenübertragung; hierbei ändert sich deren Oxidationszustand. c) Kovalente Katalyse. Bei der kovalenten Katalyse wird vorübergehend eine kovalente Bindung zwischen dem Enzym und dem Substrat geknüpft.

Richtige Antwort zu Frage 188 Die Enzymaktivität ist von der Temperatur, dem pH-Wert, der Substratkonzentration und der Ionenstärke abhängig. Das Temperaturoptimum ist die resultierende Größe aus der Reaktionsbeschleunigung durch die Temperaturerhöhung und dem Beginn der thermischen Denaturierung des Enzyms. Bei der Abhängigkeit der Aktivität vom pH-Wert ist oft der Protonierungszustand eines Aminosäurerests im aktiven Zentrum entscheidend. Liegt z. B. ein bestimmter Rest deprotoniert vor, so hat eine pH-Erhöhung über einen bestimmten Bereich keinen Einfluss auf die Reaktion mehr. Zu einer Denaturierung kommt es dann erst bei extremen pH-Werten.

Richtige Antwort zu Frage 189 Bei der Ableitung der Michaelis-Menten-Beziehung werden folgende Annahmen gemacht: a) Die Reaktion ist exergon, b) Substratüberschuss, c) die Rückreaktion ist vernachlässigbar, d) keine allosterischen und kooperativen Effekte, e) die Reaktion befindet sich im Fließgleichgewicht (*steady state*), die Konzentration von [ES] ändert sich nicht, f) die Reaktionsgeschwindigkeit ist proportional [ES]. K_M ist die Michaelis-Konstante und entspricht der Substratkonzentration bei halbmaximaler Umsatzgeschwindigkeit. v_{max} ist die maximale Reaktionsgeschwindigkeit, k_{kat} ist die Wechselzahl und gibt die Zahl der Umsetzungen pro Zeiteinheit an.

Richtige Antwort zu Frage 190 Gemäß der Michaelis-Menten-Beziehung erhält man einen hyperbolischen Kurvenverlauf im v-[S]-Diagramm. Der Wert für die Asymptote (v_{max}) lässt sich nur ungenau entnehmen. Abweichungen vom idealen Verlauf, z. B. bedingt durch allosterische Effekte oder Bindung eines zweiten Substratmoleküls, sind schwer zu erkennen. Bekannte Linearisierungsverfahren sind die Auftragungen nach Lineweaver-Burk, Eadie-Hofstee oder Hanes. Ein Nachteil der am häufigsten verwendeten Darstellung (Lineweaver-Burk) besteht darin, dass bereits kleine Fehler bei niedriger Substratkonzentration den Kurvenverlauf erheblich beeinflussen können.

Richtige Antwort zu Frage 191 a) Irreversible Hemmung. Das Enzym wird durch den Hemmstoff irreversibel zerstört. b) Kompetitive Hemmung. Bei der kompetitiven Hemmung bindet der Inhibitor mit hoher Affinität anstelle des Substrats im aktiven Zentrum. Die Bindung ist reversibel und kann durch eine erhöhte Substratkonzentration überspielt werden. c) Unkompetitive Hemmung. Bei der unkompetitiven Hemmung bindet der Inhibitor an den Michaelis-Komplex ES. d) Nichtkompetitive Hemmung. Bei diesem Hemmtyp bindet der Inhibitor sowohl an das freie Enzym als auch an den ES-Komplex.

Richtige Antwort zu Frage 192 a) Durch die Enzymmenge (Induktion bzw. Repression der entsprechenden Gene. b) Kovalente Modifikation durch z. B. Phosphorylierungen, Methylierungen, Adenylierung, Uridylierung, ADP-Ribosylierung, Acetylierung. c) Aktivierung inaktiver Vorstufen (Zymogene). d) Allosterische Effekte bei Bindung von Modulatoren. Diese können entweder fördernd oder hemmend wirken. Die Bindung der Modulatoren erfolgt im sogenannten allosterischen Zentrum und bewirkt eine Konformationsänderung des Enzyms. e) Kooperative Substratbindung. Nach der Bindung des ersten

Substrates werden weitere Substrate mit höherer (niedriger) Affinität gebunden: positive (negative) Kooperativität.

Richtige Antwort zu Frage 193 Allosterische Enzyme besitzen neben der Substratbindungsstelle eine zweite Bindungsstelle für einen allosterischen Effektor. Durch die Bindung dieses Effektors wird die Konformation des Enzyms verändert.

Richtige Antwort zu Frage 194 a) Viele Proteine besitzen prinzipiell gleichartige Bindungsstellen für bestimmte Liganden. Bei einer kooperativen Bindung werden diese aber nicht unabhängig voneinander besetzt; vielmehr beeinflussen bereits gebundene Liganden die Bindung weiterer Moleküle. Werden weitere Moleküle bevorzugt gebunden, spricht man von positiver Kooperativität, bei einer Erschwerung der Bindung von negativer Kooperativität. Die Kooperativität ist ein Effekt allosterischer Wechselwirkungen. b) 1.) Das Symmetriemodell. Hier können die Protomeren in einer für das Substrat hochaffinen Form (R-Form) oder in einer weniger affinen Form (T-Form) vorliegen. Die molekulare Symmetrie des gesamten Enzymkomplexes bleibt bei der Substratbindung erhalten, d. h. bei der Bindung des ersten Substrats erfolgt ein Übergang aller Untereinheiten von der T in die R-Form. 2.) Das sequenzielle Modell. Bei diesem Modell können die Untereinheiten ebenfalls in der R- oder T-Form vorliegen. Nach Bindung eines Substrats an die niederaffine Form geht dieses in die höheraffine Form über und beeinträchtigt hierbei benachbarte Untereinheiten, die ebenfalls in die höheraffine Form übergehen. In einem Enzymkomplex können sowohl Untereinheiten in der R- als auch in der T-Form vorkommen. c) Der Arbeitsbereich kooperativer Enzyme liegt unter physiologischen Umständen meist im steilen Anstieg der Kurve im v-[S]-Diagramm. Hierdurch ist eine besonders sensible Reaktion auf kleine Schwankungen der Substratkonzentration möglich.

Richtige Antwort zu Frage 195 Die Freie Energie einer chemischen Reaktion hängt vom Druck, der Temperatur und der Konzentration der Reaktionspartner im Reaktionsansatz ab. Die Standardbedingungen sind: Druck = 1 bar, Temperatur = 298 K (= 25 °C), Konzentration aller Reaktionspartner = 1 M.

Richtige Antwort zu Frage 196 Glucose $\rightarrow$ 2 Ethanol + 2 CO_2 Standardbildungsenergien: Glucose = -917 kJ mol^{-1}; Ethanol = -181 kJ mol^{-1}; CO_2 = -394 kJ mol^{-1}. $\Delta G° = (2 \times (-181) + 2 \times (-394) - (-917) = -233$ kJ mol^{-1} umgesetzte Glucose.

Richtige Antwort zu Frage 197 Als Substratstufenphosphorylierung bezeichnet man die direkte Verknüpfung der Oxidation eines organischen Substrates mit der Phosphorylierung von ADP zu ATP. Bei der Elektronentransportphosphorylierung werden Elektronen von einem Elektronendonator über Komponenten einer Elektronentransportkette zu einem Elektronenakzeptor transportiert. Dabei wird die Energie der Redoxreaktion in Form der protonenmotorischen Kraft konserviert und kann zur Phosphorylierung von ADP dienen. Bei beiden handelt es sich um Mechanismen der Energiekonservierung.

Richtige Antwort zu Frage 198 Eine energiereiche Verbindung wird als solche bezeichnet, wenn die Freie Energie der Hydrolyse der übertragbaren Gruppe dieser Verbindung gleich oder größer ist als die Freie Energie der Hydrolyse von ATP (32 kJ mol^{-1}). Man sagt auch, eine energiereiche Verbindung hat ein hohes Gruppenübertragungspotenzial. Beispiele sind ATP, ADP, Phosphoenolpyruvat, 1,3-Bisphosphoglycerat, Acetylphosphat, Acetyl-Coenzym A, Succinyl-Coenzym A.

Richtige Antwort zu Frage 199 Als Adenylatsystem wird die reversible Umwandlung von ATP zu ADP plus Phosphat bezeichnet. Diese Umwandlung ist die Voraussetzung für ATP als universelle Energiewährung der Zellen.

Richtige Antwort zu Frage 200 Die RGT-Regel (Reaktionsgeschwindigkeits-Temperatur-Regel oder van't Hoff'sche Regel) ist eine Faustregel, die besagt, dass sich die Geschwindigkeit einer chemischen Reaktion bei einer Temperaturerhöhung um 10 °C verdoppelt bis verdreifacht. Da enzymkatalysierte Umsetzungen ebenfalls chemische Reaktionen sind, gilt die RGT-Regel auch für enzymkatalysierte Reaktionen, solange das Enzym durch die Temperaturerhöhung nicht denaturiert wird.

Olaf Werner

Richtige Antwort zu Frage 201 b. Prokaryotischen und eukaryotischen Zellen gemeinsam ist der Besitz von Zellwänden. Die meisten Prokaryoten haben eine Zellwand, die außerhalb der Plasmamembran liegt und als Stützskelett dient. Auch eukaryotische Zellen haben extrazelluläre Strukturen. Pflanzen und Pilze besitzen Zellwände, während tierische Zellen eine extrazelluläre Matrix besitzen. Zu a.) Membranumhüllte Kompartimente sind eine spezifische Eigenschaft der eukaryotischen Zelle.

Richtige Antwort zu Frage 202 d. Das Oberflächen-Volumen-Verhältnis begrenzt die Größe einer Zelle. Damit eine Zelle funktionsfähig bleibt, darf ihre Oberfläche im Verhältnis zum Volumen nicht zu klein sein. Die Oberfläche begrenzt nämlich die Nährstoffmenge, die vom Außenmilieu hereingeschafft werden kann, gleichzeitig limitiert sie auch die Menge der abgegebenen Abfallprodukte.

Richtige Antwort zu Frage 203 d. Somatische Zellen oder Körperzellen sind diploid und besitzen zwei Kopien jedes Autosoms sowie zwei Geschlechtschromosomen.

Richtige Antwort zu Frage 204 c. Falsch ist die Aussage, dass Mitochondrien Chlorophyll enthalten und grün sind. Chlorophyll ist in den Chloroplasten enthalten. Die anderen Aussagen über die Mitochondrien treffen jedoch zu.

Richtige Antwort zu Frage 205 b. Mitochondrien und Chloroplasten besitzen ihr eigenes Genom und stellen einige ihrer Proteine selbst her. Nach der Endosymbiontentheorie gehen diese Organellen aus freilebenden Prokaryoten hervor, die vor langer Zeit eine Symbiose mit einzelligen Eukaryoten eingegangen sind.

O. Werner (✉)
Las Torres de Cotillas, Murcia, Spanien
E-Mail: werner@um.es

O. Werner (Hrsg.), *1000 Fragen aus Genetik, Biochemie, Zellbiologie und Mikrobiologie*,
DOI 10.1007/978-3-642-54987-8_6, © Springer-Verlag Berlin Heidelberg 2014

Richtige Antwort zu Frage 206 a. Ribosomen sind nicht von einer Membran umgeben, alle übrigen Organellen schon. Die Ribosomen sind der Ort der Proteinsynthese. Sie bestehen aus Proteinen und RNA-Molekülen. Ribosomen setzten sich aus zwei unterschiedlich großen Untereinheiten zusammen.

Richtige Antwort zu Frage 207 e. Die Membran-Phospholipide können sich zwar lateral in der Plasmamembran relativ unbeschwert bewegen, allerdings können sie nur schwer einen sogenannten Flip-Flop ausführen, d. h. von einer Seite der Membran zur anderen wechseln. Dies würde nämlich erfordern, dass der polare Teil der Phospholipide durch den hydrophoben Innenbereich der Membran taucht.

Richtige Antwort zu Frage 208 a. Membranproteine reichen nicht zwangsläufig von einer Seite der Membran bis zur anderen. Viele sind nur in die Lipiddoppelschicht eingesenkt. In diesem Fall spricht man auch von „peripheren Membranproteinen" im Gegensatz zu den „integralen Membranproteinen". Zu e.) Die Membranen bestimmter Zellorganellen sind auf die Energieumwandlung spezialisiert. So nehmen zum Beispiel die Thylakoidmembranen der Chloroplasten an der Umwandlung von Lichtenergie in chemische Energie teil.

Richtige Antwort zu Frage 209 d. Membrankohlenhydrate zeigen eine hohe Diversität, Antwort d trifft also nicht zu. Membrankohlenhydrate befinden sich auf der Außenseite der Membran und fungieren als Erkennungsort für andere Zellen und Moleküle. Zu a.) und b.) Sie können kovalent an Lipide (Glykolipide) oder Proteine (Glykoproteine) gebunden sein.

Richtige Antwort zu Frage 210 c. In diesem Fall erfolgt die Aufnahme am wahrscheinlichsten über rezeptorvermittelte Endocytose. Der von Clathrin überzogene Vesikel ist ein Indiz dafür, dass ein Coated Pit und ein Coated Vesikel gebildet wurden. Diese sind typisch für die rezeptorvermittelte Endocytose. Durch das Coated Vesikel wird das Protein Transferrin wahrscheinlich in die Zelle hineingebracht.

Richtige Antwort zu Frage 211 c. Falsch ist die Behauptung, dass alle Ionen den gleichen Membrankanal passieren. Vielmehr können nur Ionen eines bestimmten Typs durch einen Kanal gelangen, da die Kanäle für ein bestimmtes Ion spezifisch sind. Alle Kanäle weisen jedoch eine ähnliche Grundstruktur auf.

Richtige Antwort zu Frage 212 b. Sowohl die erleichterte Diffusion als auch der aktive Transport benötigen den Einsatz von Proteinen als Transporter. Bei der erleichterten Diffusion handelt es sich um eine Art des passiven Transports durch eine Membran, unter Vermittlung eines speziellen Carrierproteins. Beim aktiven Transport wird eine Substanz durch eine Membran entgegen einem Konzentrationsgradienten befördert. Dabei sind Transportproteine beteiligt. Von diesen gibt es drei Arten: Uniporter, Symporter und Antiporter.

Richtige Antwort zu Frage 213 e. Beide Transportarten können gelöste Stoffe gegen ihren Konzentrationsgradienten befördern. Beim primär aktiven Transport wird die aus der Hydrolyse von ATP gewonnene Energie verwendet, um Ionen gegen ihren Konzentrationsgradienten zu befördern. Beim sekundär aktiven Transport kommt es zu einer Kopplung zwischen der passiven Wanderung einer Substanz in Richtung ihres Gradienten und der Beförderung einer anderen Substanz entgegen deren Konzentrationsgradienten.

Richtige Antwort zu Frage 214 c. Werden rote Blutzellen in einem Plasma gehalten, das gegenüber den Zellen hypoosmotisch ist, kommt es zur Aufnahme von Wasser in die Zelle, wodurch die Zelle schließlich platzt. Damit die Blutzellen unversehrt bleiben, muss im Blutplasma daher eine konstante Konzentration an gelösten Stoffen herrschen und ein isotonisches Milieu vorliegen.

Richtige Antwort zu Frage 215 c. Gap Junctions blockieren nicht die Kommunikation zwischen benachbarten Zellen, sondern bieten ganz im Gegenteil Kanäle für die chemische und elektrische Kommunikation zwischen Nachbarzellen. Es handelt sich dabei um einen Kanal, der aus dem Kanalprotein Connexin gebildet wird. Sechs Connexine zusammen bilden einen als Connexon bezeichneten Ring. Zwei passend angeordnete Connexone wiederum bilden einen Kanal.

Richtige Antwort zu Frage 216 a. Plasmodesmen und Gap Junctions ermöglichen eine direkte Kommunikation zwischen Zellen. Gap Junctions sind Proteinkanäle zwischen benachbarten Zellen. Sie kommen bei Tieren vor. Pflanzenzellen besitzen dafür Plasmodesmen. Zu d.) Ihre Anzahl ist weit größer als 1. Eine typische Pflanzenzelle enthält mehrere Tausende Plasmodesmen. Zu c.) Plasmodesmen sind mit einem Durchmesser von ca. 6 nm viel größer als der Kanal der Gap Junctions mit einem Durchmesser von 1,5 nm.

Richtige Antwort zu Frage 217 b. Diese DNA-bindenden Proteine werden als Histone bezeichnet. Die basischen Proteine kommen im Zellkern der Eukaryoten vor.

Richtige Antwort zu Frage 218 d. Die Kernmatrix zieht sich durch den gesamten Zellkern und besteht aus Protein- und RNA-Fibrillen, sie umfasst auch das Chromosomengerüst.

Richtige Antwort zu Frage 219 c. Der Nucleolus ist das Zentrum der Synthese und Prozessierung von rRNA-Molekülen.

Richtige Antwort zu Frage 220 b. Hierfür eignet sich das Mikroskopieverfahren *flurorescence recovery after photobleaching* (FRAP). Es macht Bewegungen von Proteinen innerhalb der Zelle sichtbar.

Richtige Antwort zu Frage 221 a. In diesem Fall käme es wahrscheinlich zu einem Abbau der Makromoleküle im Cytosol. Lysosomen enthalten Verdauungsenzyme. In ihnen findet normalerweise der hydrolytische Abbau von Makromolekülen wie Lipiden, Proteinen oder Polysacchariden statt. Bei einem Platzen aller Lysosomen würde dieser Abbau wahrscheinlich im Cytosol stattfinden.

Richtige Antwort zu Frage 222 e. Im Golgi-Apparat werden Proteine konzentriert, verpackt und modifiziert, bevor sie weiter an ihren zellulären Bestimmungsort verschickt werden. Zu a.) und b.) Man kann den Golgi-Apparat in Zellen von Pflanzen, Protisten, Pilzen und Tieren finden, bei den Prokaryoten allerdings nicht.

Richtige Antwort zu Frage 223 d. Das Cytoskelett besteht aus Mikrotubuli, Intermediärfilamenten und Actinfilamenten. Diese Proteinfasern treten auch miteinander in Wechselwirkung. Das Cytoskelett erfüllt mehrere Funktionen. Zum einen verleiht es der Zelle Struktur und Form, zum anderen ermöglicht es unterschiedliche Arten der zellulären Bewegung. Außerdem dient es als Anheftungspunkt für zelluläre Strukturen und liefert die „Schienen" für Motorproteine wie Kinesin.

Richtige Antwort zu Frage 224 b. Mikrofilamente werden auch als Actinfilamente bezeichnet. Daraus lässt sich schließen, dass sie aus Actin bestehen. Mit einem Durchmesser von 7 nm sind sie dünner als die Intermediärfilamente und die Mikrotubuli. Mikrofilamente bestehen aus Strängen des Proteins Actin.

Richtige Antwort zu Frage 225 d. Eine pflanzliche Zellwand isoliert aneinandergrenzende Zellen nicht vollständig voneinander. Grund ist, dass die Zellwand von Plasmodesmen durchbrochen ist. Dadurch ist das Cytoplasma benachbarter Zellen miteinander verbunden.

Richtige Antwort zu Frage 226 d. Die Interphase ist der Zeitraum zwischen zwei aufeinanderfolgenden Kernteilungen. Während der Interphase findet die Transkription und Translation der genetischen Information statt. Nicht zutreffend ist allerdings, dass in allen Subphasen Proteine gebildet werden.

Richtige Antwort zu Frage 227 d. Der programmierte Zelltod umfasst eine Reihe von genetisch vorprogrammierten Ereignissen. Bei der Apoptose kann man eine Kondensation des Chromatins und eine Blasenbildung in der Membran beobachten. Auslösende Reize für die Apoptose sind spezifische physiologische Signale, wie zum Beispiel das Fehlen eines Mitosesignals. Zu c.) Speziell beim Embryo spielt die Apoptose eine Rolle. So wird etwa nicht benötigtes Gewebe wie das Bindegewebe zwischen den Fingern beim menschlichen Fetus auf diese Weise abgebaut.

Richtige Antwort zu Frage 228 a. STAT steht für *signal transducer and activator of transcription*, ist also eine bestimmte Art von Transkriptionsfaktor.

Richtige Antwort zu Frage 229 d. Am häufigsten finden Phosphorylierungen statt z. B. beim MAP-Kinase-System.

Richtige Antwort zu Frage 230 c. *Second messenger* sind Botenmoleküle. Diese Signalmoleküle übertragen Signale in der Zelle. Bekannte *second messenger* sind cAMP, cGMP oder Diacylglycerin.

Richtige Antwort zu Frage 231 c. Dieses Protein wird als Rezeptor bezeichnet. Ein Rezeptor wird definiert als ein bestimmter Bereich auf der Oberfläche einer Plasmamembran oder ein spezielles Protein (das sich auch im Cytosol befinden kann), an das der Ligand einer anderen Zelle bindet.

Richtige Antwort zu Frage 232 d. Richtig ist die in Lösung d genannte Reihenfolge. Zu allererst wird das Signal an einem bestimmten Ausgangspunkt freigesetzt, anschließend bindet es an einen entsprechenden Rezeptor. Daraufhin folgt eine Signalübertragung, in deren Folge es zu einer Änderung der Zellfunktion kommt.

Richtige Antwort zu Frage 233 d. Viele Signalmoleküle sind nicht in der Lage, die Plasmamembran einer Zelle eigenständig zu durchdringen. Daher wird ein indirekter Signalübertragungsmechanismus genutzt. Ein weiteres Molekul, der *second messenger*, vermittelt dann die Wechselwirkung.

Richtige Antwort zu Frage 234 c. Steroidhormone wirken auf ihre Zielzelle, indem sie die Transkription in Gang setzen. Da Steroidhormone wie beispielsweise Cortisol aufgrund ihrer chemischen Struktur problemlos die Plasmamembran durchqueren können, können sie an cytoplasmatische Rezeptoren innerhalb der Zelle binden. An der Signaltransduktion von Steroidhormonen sind häufig noch Chaperone beteiligt.

Richtige Antwort zu Frage 235 c. Das Vorhandensein eines Rezeptors entscheidet wesentlich darüber, ob eine Zelle auf ein Signal reagiert oder nicht. Durch spezifische Rezeptoren wird sichergestellt, dass die Zelle bei der Vielzahl von Signalen in einem Organismus auf die richtigen, für sie bestimmten Signale, reagiert.

Richtige Antwort zu Frage 236 d. Mit Ausnahme von Antwortmöglichkeit d existieren alle hier genannten Varianten. Zu a.) Beispiel Proteinkinase. Zu b.) Beispiel G-Protein-Untereinheiten. Zu c.) Beispiel Ionenkanal.

Richtige Antwort zu Frage 237 a. Die Rezeptoren für Signalmoleküle, die durch die Plasmamembran diffundieren können, sind normalerweise innerhalb der Zelle lokalisiert. Daher ist „cytoplasmatischer Rezeptor" die gesuchte Lösung.

Richtige Antwort zu Frage 238 e. Die Adenylat-Cyclase ist ein Enzym, das die Bildung von cAMP aus ATP katalysiert. cAMP wiederum ist ein häufiger *second messenger*. Die Adenylat-Cyclase wird normalerweise durch die Bindung von G-Proteinen aktiviert, ist aber kein eigenständiger Rezeptortyp.

Richtige Antwort zu Frage 239 b. Bei einer Proteinkinasekaskade wird, wie schon im Namen angedeutet, eine Folge von Proteinen der Reihe nach aktiviert. Diese Kaskade beginnt an der Plasmamembran durch die Bindung eines Signalmoleküls und endet im Zellkern. *Second messenger* spielen dabei aber keine Rolle.

Richtige Antwort zu Frage 240 c. *Second messenger* sind Verbindungen, die nach Bindung eines Signalmoleküls an einen Rezeptor in das Cytoplasma freigesetzt werden. Nicht in diese Gruppe gehört ATP.

Richtige Antwort zu Frage 241 0,2 mm (unbewaffnetes Auge); 0,2 µm (Lichtmikroskop); 5–10 nm (Rasterelektronenmikroskop); 0,1–2 nm (Transmissionselektronenmikroskop).

Richtige Antwort zu Frage 242 Die für die Optik wichtigen Bestandteile sind das Okular, das Objektiv, der Kondensor, evtl. eine Leuchtfeldblende und die Lichtquelle. Das Präparat befindet sich zwischen Kondensor und Objektiv.

Richtige Antwort zu Frage 243 Entscheidend für das Auflösungsvermögen des Lichtmikroskops ist die Wellenlänge des verwendeten Lichtes. Alle Strukturen, die kleiner sind als die halbe Wellenlänge des verwendeten Lichtes, können auch bei ansonsten optimalen technischen Bedingungen nicht mehr aufgelöst werden.

Richtige Antwort zu Frage 244 Da nur mit dem Lichtmikroskop lebende Zellen beobachtet werden können.

Richtige Antwort zu Frage 245 Feinstrukturen lassen sich aufgrund unterschiedlicher Lichtbrechung in lebenden Zellen ohne Anfärbung sichtbar machen.

Richtige Antwort zu Frage 246 Weil sie es erlaubt, molekulare Unterschiede im Mikroskop sichtbar zu machen.

Richtige Antwort zu Frage 247 Die Anfärbung radioaktiv markierter Moleküle (in der Regel mRNA) in Gewebsschnitten. Alternativ werden immer häufiger Fluoreszenzmarkierungen verwendet.

Richtige Antwort zu Frage 248 Die Anforderungen an die Bauweise des TEM und an die zu mikroskopierenden Präparate erklären sich aus den Eigenschaften der verwendeten Strahlen, den Elektronenstrahlen. Diese sind so energiearm, dass sie durch Luftmoleküle abgelenkt würden. In der Mikroskopsäule muss daher ein Vakuum herrschen. Aufgrund der Verdunstungsgefahr können im Vakuum aber nur vollständig entwässerte Proben mikroskopiert werden. Der Elektronenstrahl ist auch nicht stark genug, dicke „Schnitte" (ab mehreren Hundert Nanometern) zu durchdringen. Die Schnitte müssen daher ultradünn (50–100 nm) sein.

Richtige Antwort zu Frage 249 Die Präparate müssen im Hochvakuum (wasserfrei) beobachtet werden, es sind daher keine Lebendbeobachtungen möglich. Die Auflösung der Elektronenmikroskopie ist jedoch viel höher. Für Untersuchungen der Feinstruktur gibt es dazu keine Alternative.

Richtige Antwort zu Frage 250 Das Präparat wird nicht durchstrahlt, sondern seine Oberfläche wird abgetastet; damit lassen sich Oberflächen intakter Organismen oder Zellen untersuchen.

Richtige Antwort zu Frage 251 Glykolyse, Bildung von Speicherlipiden, Synthesen von Aminosäuren und Nucleotiden, Proteinbiosynthese, Synthese der Saccharose, oft auch Sekundärstoffwechsel.

Richtige Antwort zu Frage 252 Cytoplasma ist die Grundmasse des Protoplasten, in dem die Organellen eingebettet sind. Sie ist viskos bis gallertig. Bei Zellaufschluss fällt es als lösliche Fraktion (Cytosol) an.

Richtige Antwort zu Frage 253 Gelplasma: viskoses Plasma (im Randbereich der Zelle), Solplasma: flüssiges Plasma (im Zellinneren).

Richtige Antwort zu Frage 254 Rotationsströmung, Zirkulationsströmung, amöboide Bewegung. Bei den oft sehr großen Pflanzenzellen unterstützt sie den Stoffaustausch, der durch Diffusion allein nicht aufrechtzuerhalten wäre.

Richtige Antwort zu Frage 255 Kleine (30 nm) Partikel, wo die Proteinbiosynthese stattfindet.

Richtige Antwort zu Frage 256 80S-Ribosomen: Cytoribosomen (mit zwei Untereinheiten 60S und 40S). 70S-Ribosomen: Organellenribosomen (mit zwei Untereinheiten 50S und 30S) und bakterielle Ribosomen (ebenfalls mit zwei Untereinheiten 50S und 30S).

Richtige Antwort zu Frage 257 Als gepaarte Untereinheiten, die durch einen mRNA-Strang zu Polysomen zusammengeschlossen werden.

Richtige Antwort zu Frage 258 Die wesentlichen Schritte zur Erstellung eines histologischen Dauerpräparates einer Gewebeprobe sind die Fixierung des Gewebes, Entwässerung der Proben (meistens), Einbettung in (meist) wasserfreies schneidbares Material, Schneiden des Präparates, evtl. Färbung des Schnittes mit diversen, in der Histologie gebräuchlichen Farbstoffen und das Einbetten in geeignetes Medium. Zusätzliche Markierungen, z. B. von speziellen Molekülen (Immunmarkierungen, in-situ-Hybridisierungen etc.) können – je nach verwendeter Methodik – vor oder nach der Einbettung eingefügt werden.

Richtige Antwort zu Frage 259 Plastiden und Nucleus.

Richtige Antwort zu Frage 260 Nucleus, Mitochondrien und Plastiden.

Richtige Antwort zu Frage 261 Bei der Reifung verlieren Säugererythrocyten ihren Zellkern, um nicht Stoffwechselenergie für Zellkernprozesse zu verlieren, vor allem aber, um möglichst flexibel und biegsam für die feinen Blutgefäße zu sein. Ein starrer Zellkern könnte die Passage des Erythrocyten in sehr feinen Kapillaren behindern. Vielkernigkeit ist z. B. typisch für Muskelzellen. Ein weiteres Beispiel ist das frühe Embryonalstadium der Fruchtfliege *Drosophila melanogaster*.

Richtige Antwort zu Frage 262 Die ersten Eucyten waren bereits eine zellulären Symbiose von methanogenen Archaeen und α-Proteobakterien. Die Bakterien bilden bei Sauerstoffmangel Wasserstoff, den die Archaeen für die Produktion von Methan benötigen.

Richtige Antwort zu Frage 263 Wandverlust, Abstimmung von Vermehrung und Entwicklung auf die Wirtszellen, Entwicklung von Stoffaustausch. Verlagerung von genetischer Information aus den Symbionten/Organellen in die Wirtszellkerne (Gentransfer), kombiniert mit spezifischem Import von Proteinen (und tRNAs) aus dem Cytoplasma in die Organelle.

Richtige Antwort zu Frage 264 Eucyten haben etwas das 1000-fache Volumen von Protocyten, die DNA-Länge ist ebenfalls etwa 1000-mal länger.

Richtige Antwort zu Frage 265 Cyanobakterien fehlen Zellkern, Plastiden und Mitochondrien; sie haben einen typisch prokaryotischen Aufbau.

Richtige Antwort zu Frage 266 Eine Zelle muss groß genug sein, um Platz für ihr Genom und die für ihren Stoffwechsel erforderliche Ausstattung zu besitzen. Sie darf nicht zu groß sein, damit die für die Versorgung der Zelle erforderlichen Transportprozesse noch stattfinden können, d. h. das Oberflächen-Volumen-Verhältnis muss stimmen, und die Transportwege im Inneren dürfen nicht zu groß werden. Die größeren eukaryotischen Zellen haben ein internes Membransystem, das im Austausch mit der Cytoplasmamembran steht und die Oberfläche stark vergrößert, und ein Cytoskelett, das die Transporte in der Zelle bewerkstelligt.

Richtige Antwort zu Frage 267 Die Endosymbiontentheorie erklärt die Entwicklung der Organellen aus ursprünglich selbstständigen Prokaryoten, die als intrazelluläre Symbionten in Koevolution mit der Wirtszelle zu den heutigen Organellen wurden. Die Endosymbiontentheorie wird bestätigt durch folgende Eigenschaften der Organellen: die Verwandtschaft zu Prokaryoten; die prokaryotische Ribosomenstruktur; das ringförmige Genom ohne Histone; der Translationsapparat; die Doppelmembran; die Zusammensetzung der inneren Membran; das Fettsäuresynthase-System; die Ähnlichkeit zu rezenten Symbiosen.

Richtige Antwort zu Frage 268 Die serielle Endocytobiose beruht auf zwei Teilschritten. In einem primären Endocytobioseereignis nahm ein eukaryotischer „tierischer" Einzeller einen cyanobakterienartigen Prokaryoten auf. Es entstand ein Organismus mit einer einfachen Plastide. In einem zweiten Endocytobioseschritt nahm ein Eukaryot einen plastidenhaltigen Eukaryoten auf. Es entstanden Organismen mit komplexen Plastiden.

Richtige Antwort zu Frage 269 Durch den Nachweis von Sequenzhomologien ribosomaler RNA kann die Verwandtschaft von Chloroplasten mit den photosynthetischen Cyanobakterien und von Mitochondrien zu phototrophen Purpurbakterien begründet werden.

Richtige Antwort zu Frage 270 Kernhülle und internes Membransystem, Chromosomenstruktur, Histone, Ort der Transkription, Introns, Struktur der mRNA, sexuelle Reproduktion, Struktur der Ribosomen, Cytoskelett, Struktur der Geißeln bzw. Flagellen.

Richtige Antwort zu Frage 271 Nucleoid, ribosomenreiches Cytoplasma, Plasmamembran, Zellwand (oft mit Mureinsacculus, bei gramnegativen Bakterien noch die äußere Membran).

Richtige Antwort zu Frage 272 Nein, da es außer der Plasmamembran keine weiteren Biomembranen gibt. Die Zelle besteht also aus einem Kompartiment.

Richtige Antwort zu Frage 273 Die prokaryotische Cytoplasmamembran übernimmt zahlreiche Funktionen, die bei Eukaryoten auf verschiedene Organellen verteilt sind. An der Cytoplasmamembran finden membranabhängige Stoffwechselprozesse, wie die Elektronentransportphosphorylierung, bzw. die Photophosphorylierung oder die Lipidsynthese, statt. Die Zellwand hat Schutz- und Stützfunktion und ersetzt das ausgeprägte Cytoskelett der eukaryotischen Zelle.

Richtige Antwort zu Frage 274 Die Eucyte besitzt im Gegensatz zur Procyte einen komplexeren Zellaufbau. Innere Membranen bilden Kompartimente wie ER, Golgi-Apparat, Lysosomen und den Zellkern. Weitere Zellorganellen sind Mitochondrien, Chloroplasten und Peroxisomen. Ein ausgeprägtes Cytoskelett konnte bislang nur in eukaryotischen Zellen nachgewiesen werden, echte Vielzelligkeit mit Zelldifferenzierung gibt es nur bei Eukaryoten. Prokaryoten teilen sich durch einfache Zweiteilung, bei eukaryotischen Zellen erfordert die größere DNA-Menge einen komplexen Mitoseapparat. Bei Procyten kommt eine Syngamie von Zellen nicht vor, die Übertragung von genetischer Information von einer Zelle auf eine andere bleibt auf Konjugation beschränkt.

Richtige Antwort zu Frage 275 Ausgehend von einem Durchmesser von 10 mm bei einer Bakterienzelle und einem Durchmesser von 100 mm bei einer eukaryotischen Pflanzenzelle ist die Pflanzenzelle zehnmal länger und 1000-mal voluminöser als die Bakterienzelle. Die eukaryotische Zelle kann größer sein als die prokaryotische, weil sie durch ihr komplexes internes Membransystem das Verhältnis von Oberfläche zu Volumen vergrößert. Die inneren Membranen stehen untereinander und mit der Cytoplasmamembran in ständigem Austausch. Durch diese Prozesse können die Membranen im Inneren der Zelle die effektive Zelloberfläche für den Stoffaustausch mit der Außenwelt vergrößern. Für den Transport innerhalb der größeren Zelle entwickelte sich das Cytoskelett.

Richtige Antwort zu Frage 276 Flache Doppelmembranen im Cytoplasma, die nicht von einer eigenen Membran umgrenzt sind.

Richtige Antwort zu Frage 277 Nein, es handelt sich um Einstülpungen der Plasmamembran.

Richtige Antwort zu Frage 278 Sie besteht nicht aus Mikrotubuli, sondern aus Flagellin und ist starr, sie ist nicht von der Plasmamembran umgeben, sondern liegt außerhalb. Sie wird nicht von ATP angetrieben, sondern direkt über einen Protonengradienten über die Plasmamembran.

Richtige Antwort zu Frage 279 Die Mureinschicht, die ein Riesenmolekül aus Peptidoglykanen darstellt und als Mureinsacculus bezeichnet wird.

Richtige Antwort zu Frage 280 Gentianaviolett und Jod. Sie kann bei den gramnegativen Bakterien durch Ethanol wieder ausgewaschen werden, bei grampositiven nicht. Bei grampositiven enthält die Wand viele Mureinlagen. Bei gramnegativen Eubakterien und den Cyanobakterien ist sie dagegen dünn, und außen liegt ihr noch eine äußere Membran an.

Richtige Antwort zu Frage 281 Atome 0,1 nm, Ribosomen 30 nm, Viren 20–200 nm, Bakterien 0,3–10 µm, Hefezelle 5 µm, tierische Zelle 8–20 µm, pflanzliche Zelle 20 µm–0,3 mm.

Richtige Antwort zu Frage 282 DNA ringförmig, einzelne Ringe in Nucleoiden versammelt, die nicht durch eine Membran vom Cytoplasma getrennt sind, keine Histone.

Richtige Antwort zu Frage 283 Wasserstoff, Sauerstoff, Stickstoff und Kohlenstoff.

Richtige Antwort zu Frage 284 Die DNA ist histonfrei und ringförmig und enthält keine hochrepetitiven Sequenzen, es gibt nur eine RNA-Polymerase, Ribosomen sind in Größe und Empfindlichkeit gegen Hemmstoffe dem bakteriellen 70S-Typ ähnlich.

Richtige Antwort zu Frage 285 Nach Verdopplung der DNA rücken deren Membrananheftungsstellen auseinander. Dazwischen wird ein Septum eingezogen. Das FtsZ bildet dabei einen kontraktilen Ring, der sich immer mehr zusammenzieht.

Richtige Antwort zu Frage 286 Biologische Membranen bestehen aus einer Lipiddoppelschicht, in die Proteine eingelagert sind. Alle Komponenten dieser Zellmembranen sind sehr beweglich, demnach bezeichnet man sie auch als „Fluid-Mosaik-Modell". Die beiden einander gegenüberliegenden Lipidschichten ordnen ihre Moleküle mit dem polaren, hydrophilen Kopf nach außen und den apolaren, hydrophoben Lipidresten nach innen an. Bausteine der Lipiddoppelschicht sind Phospholipide. In diese eingelagert sind integrale Proteine, welche sich in verschiedene Funktionsklassen unterteilen lassen. Neben den Transmembranproteinen (z. B. Ionenkanäle) findet man auch membranassoziierte Proteine, welche z. B. als Rezeptoren oder Enzyme wirken können und nicht die komplette Doppelschicht durchziehen, aber häufig an Transmembranproteine angelagert sind. An der Außenseite der Zelle sind die Membranproteine oft mit Zuckerketten vernetzt (Glykolysierung), wodurch eine bestimmte Oberfläche zur gezielten Erkennung geschaffen wird. Zusammen mit anderen Substanzen, z. B. Kollagenen, bilden sie einen hauchdünnen Überzug der Zelle, die Glykokalix.

Richtige Antwort zu Frage 287 Im Querschnitt als feingeschnittene Doppellinien, integrale Membranproteine zeigen sich in Gefrierbruchpräparaten als Inner-Membran-Partikel.

Richtige Antwort zu Frage 288 Cytoplasmamembran, endoplasmatisches Reticulum mit der Kernhülle, Golgi-Apparat, Vakuolen, Microbodies.

Richtige Antwort zu Frage 289 Durch den Gehalt an Membranproteinen.

Richtige Antwort zu Frage 290 Die Zellmembran besteht aus polaren Lipiden und bildet die Außengrenze des Protoplasten, die Zellwand liegt außerhalb der Zellmembran und besteht aus Polyglykanen.

Richtige Antwort zu Frage 291 Periphere (randständige) und integrale (durch die Membran hindurchreichende) Membranproteine.

Richtige Antwort zu Frage 292 Nach dem Fluid-Mosaik-Modell stellt eine typische Biomembran ein sich ständig veränderndes Mosaik von Transmembranproteinen dar, die mit hydrophoben Domänen in einen flüssig-kristallinen Doppelfilm aus Strukturlipiden integriert sind. Sie können seitlich diffundieren, aber nicht aus der Membran herauskippen.

Richtige Antwort zu Frage 293 Die Fluidität der Membranen wird durch die Lipid-zusammensetzung bestimmt. Je länger die Kohlenwasserstoffketten sind, je höher der Anteil gesättigter Bindungen in diesen Ketten ist, umso höher ist die Viskosität bzw. der Schmelzpunkt der Membran. Durch Kettenverkürzung bzw. Einbau kürzerer Fettsäuren sowie Verwendung ungesättigter bzw. mehrfach ungesättigter Fettsäuren wird die Fluidität der Membran erhöht bzw. der Schmelzpunkt verringert. Lange, gesättigte Kohlen-wasserstoffketten haben eine große Van-der-Waals-Oberfläche, über die sie miteinander wechselwirken können. Die Anwesenheit von *cis*-Doppelbindungen bewirkt einen Knick in der Kohlenwasserstoffkette; einhergehend mit einer lockeren Packungsdichte. Die Fett-säurereste besitzen somit einen größeren Abstand zueinander, und entsprechend geringer ist der Zusammenhalt. Der Einbau starrer Moleküle, Steroide bzw. Hopanoide, bewirkt zum einen eine „Abdichtung" der Membran gegenüber kleinen Molekülen, zum ande-ren bleibt die Membran bei niedrigeren Temperaturen fluide (Verringerung des Schmelz-punktes), da die geordnete Ausrichtung der Kohlenwasserstoffketten verhindert wird; bei höheren Temperaturen behindern die starren Steroide bzw. Hopanoide die freie Rotation der Kohlenwasserstoffketten und bewirken so eine Verringerung der Fluidität (Erhöhung des Schmelzpunktes).

Richtige Antwort zu Frage 294 Die Fluidität der Membran steigt mit der Anzahl der Lipiddoppelbindungen. Damit sinkt die Grenztemperatur, bei dem die Membran aus dem flüssigen in den festen Zustand übergeht und damit funktionsunfähig wird. Eine hohe Zahl von Lipiddoppelbindungen führt also zu einer erhöhten Kälteresistenz der Membranfunktion.

Richtige Antwort zu Frage 295 Der Zellinhalt wird durch die Zellmembran von der Umgebung abgegrenzt. Diese Barriere darf aber nicht unüberwindbar sein. Kleinere Läsionen werden – aufgrund der fluiden Eigenschaften – durch Zusammenfließen der Membran wieder verschlossen. Die Vergrößerung des Zellinhalts (Wachstum) erfordert auch eine Vergrößerung der Cytoplasmamembran. Aufgrund der fluiden Struktur ist eine Formänderung bzw. der weitere Einbau von Lipidmolekülen und Proteinen möglich. Membranen ermöglichen die Kompartimentierung eukaryotischer Zellen. Der Stoffaus-tausch zwischen den Kompartimenten erfolgt zum Teil durch Abschnürung bzw. Fusion von Vesikeln. Membranfusionen und Abschnürungen, etwa bei der Zellteilung, sind nur aufgrund der fluiden Struktur möglich.

Richtige Antwort zu Frage 296 Proteine als integraler Bestandteil der Membranen. Zur Verankerung gibt es folgende Möglichkeiten: (A) Befestigung über einen hydrophoben Kohlenwasserstoffrest (Fettsäure, Polyprenyl-Rest, GPI-Anker. (B) Die Polypeptidkette selbst durchspannt die Membran. Hierbei kann die Polypeptidkette die Membran nur ein-mal (*single-pass*) oder mehrmals (*multi-pass*) durchspannen. Die Sekundärstruktur des membrandurchspannenden Abschnittes kann als α-Helix (Transmembran-Helix) aus-gebildet sein (alle *single-pass*- [Beispiel: Glykophorin sowie einige Tyrosin-Kinase-Rezeptoren] und die meisten *multi-pass*-Transmembranproteine) oder aber als β-Faltblatt (β-Barrel), etwa bei den Porinen und anderen Proteinen der äußeren Bakterienmembran. Proteine sind nur schwach an die Membran, etwa über integrale Proteine oder an Phospholipide, gebunden (periphere Proteine). Beispiel: Cytochrom *c*, F_1-Untereinheit der ATPase, Spektrin (Bindung an integrale Proteine); Annexine, Vitamin-K-abhängige Proteine, Phospholipase A2 (Bindung an Phospholipide).

Richtige Antwort zu Frage 297 Eine gewisse Permeabilität der Membran ist für die Insertion von membranständigen Proteinen notwendig. Durch eine Verringerung der Membranpermeabilität wird die Insertion von Proteinen erschwert. Aus diesem Grund besitzen die Membranen des endoplasmatischen Reticulums, dem Ort der Insertion membranständiger Proteine, nur einen sehr niedrigen Cholesterolgehalt. Gleichzeitig ist das endoplasmatische Reticulum aber auch der Syntheseort für Cholesterol. Somit muss Cholesterol ständig aus den Membranen des ER entfernt werden. Wie dies geschieht, ist jedoch noch unklar. Eine weitere Konsequenz besteht darin, dass auch der Wasserdurchtritt durch die Membranen erschwert wird. Somit müssen auch für kleine Moleküle spezifische Kanäle vorhanden sein, um einen effektiven Austausch mit der Umgebung zu ermöglichen. Beispielsweise gibt es die für Wasser spezifischen, ubiquitär vorkommenden Aquaporine.

Richtige Antwort zu Frage 298 Phospholipide, Glykolipide, Sterole/Hopanoide, Etherlipide, Isoprenlipide. Die Unterteilung erfolgt bei den Phospho- und Glykolipiden nach den unterschiedlichen Kopfgruppen. Gelegentlich wird bei diesen auch aufgrund der verwendeten Alkoholkomponente unterschieden: Glycerin- bzw. Sphingosin-Lipide.

Richtige Antwort zu Frage 299 „Amphipathisch" (oder amphiphil) beschreibt den dualen Charakter der meisten Lipidmoleküle und Detergenzien. „Amphipathisch" bedeutet, dass in einem Molekül sowohl ein mit Wassermolekülen wechselwirkender (polarer, hydrophiler) Bereich als auch ein wassermeidender (unpolarer, hydrophober) Bereich vorhanden ist. Amphipathische Verbindungen lagern sich in wässrigen Lösungen zu größeren Gebilden, etwa Micellen, Liposomen, oder zu Doppelschichten zusammen.

Richtige Antwort zu Frage 300 Als „Membranpotenzial" bezeichnet man die elektrische Potenzialdifferenz über der Membran, aufgebaut durch den Transport von Ionen.

Richtige Antwort zu Frage 301 Durch Protonenpumpe, Redoxschleife oder unterschiedliche Orientierung der Substratbindestellen von Dehydrogenase und Reduktase/Oxidase auf der cytoplasmatischen bzw. extrazellulären Membranseite.

Richtige Antwort zu Frage 302 Die protonenmotorische Kraft, d. h. die elektrochemische Potenzialdifferenz der Protonen über einer Membran, ist für die ATP-Synthese verantwortlich.

Richtige Antwort zu Frage 303 Sie trennen einen Binnenraum („Kompartiment") lückenlos von der Umwelt ab.

Richtige Antwort zu Frage 304 Vakuolen sind große, von einer Membran, dem Tonoplasten, umschlossene Kompartimente mit zumeist nichtplasmatischem, saurem und ionenreichem Inhalt.

Richtige Antwort zu Frage 305 Der Vakuoleninhalt ist hypertonisch und nimmt somit Wasser auf. Dadurch entsteht ein hydrostatischer Druck (Turgor), der die Zellwand aufspannt und durch den Wanddruck aufgefangen wird. Darauf beruht die Festigkeit unverholzter Gewebe.

Richtige Antwort zu Frage 306 Anorganische Ionen, z. T. Zucker und organische Säuren, Giftstoffe, sekundäre Pflanzenstoffe und Farbstoffe.

Richtige Antwort zu Frage 307 Meistens durch Fusion kleiner Provakuolen. In einigen Fällen durch Verschmelzung von ER-Zisternen, die einen organellfreien Plasmabezirk umschließen und zu einer Hohlkugel verschmelzen. Nun setzt Autolyse (Selbstverdauung) des Binnenraums ein, aus dem so die Vakuole entsteht.

Richtige Antwort zu Frage 308 Auf Transportproteinen (Permeasen, Carrierproteine), die über eine Konformationsänderung das zu transportierende Molekül durch die Membran hindurchschleusen. Für kleine hydrophile Moleküle sind Biomembranen permeabel.

Richtige Antwort zu Frage 309 Das Molekül kann im ungeladenen Zustand durch die Membran hindurch und daher in das Kompartiment eindringen. Dort geht es aufgrund eines veränderten pH-Werts in einen geladenen Zustand über und kann daher nicht mehr durch die Membran diffundieren. Auf diese Weise reichert sich das Molekül in dem Kompartiment an.

Richtige Antwort zu Frage 310 Da die Membran fluide ist, können auch polare Moleküle, die kleiner als etwa 0,3–0,5 nm sind, aufgrund von kurzlebigen Störstellen passieren, unpolare Moleküle können sich durch die Membran hindurchlösen (Lipid-Filter-Theorie).

Richtige Antwort zu Frage 311 Da Wasser als sehr kleines Molekül ohnehin durch Membranen hindurchwandern kann, war es erstaunlich, dass es eigene Wasserkanäle geben sollte.

Richtige Antwort zu Frage 312 Alle zellulären Membranen trennen Plasma von Nichtplasma.

Richtige Antwort zu Frage 313 Plasmatische Kompartimente sind zumeist leicht alkalisch, reich an Proteinen und Nucleinsäuren, enthalten ein reduzierendes Milieu, das Potenzial der begrenzenden Membran ist negativ. Nichtplasmatische Kompartimente sind oft sauer, enthalten keine Nucleinsäuren und oft nur wenig Protein, enthalten ein oxidierendes Milieu und das Potenzial der begrenzenden Membran ist positiv.

Richtige Antwort zu Frage 314 Zwischen gleichartigen Kompartimenten liegt immer eine gerade Zahl von Membranen. Wenn gleichartige Kompartimente durch eine Membran getrennt werden, handelt es sich immer um eine Doppelmembran (Beispiel Cyto- und Plastoplasma). Die beiden Seiten einer Biomembran sind verschieden (Membranasymmetrie). Verschmelzung von Kompartimenten ist nur zwischen gleichartigen Kompartimenten möglich.

Richtige Antwort zu Frage 315 Cytoplasma und Nucleoplasma sind durch Kernporen verbunden, sind also eigentlich Teile eines einzigen Kompartiments.

Richtige Antwort zu Frage 316 Zellmembran und Endomembranen, Mitochondrienmembranen, innere Hüllmembran und Thylakoide der Plastiden.

Richtige Antwort zu Frage 317 Weil sich Biomembranen abstoßen und die Verschmelzung daher Energie kostet.

Richtige Antwort zu Frage 318 Er platzt, da er ständig Wasser aufnimmt (osmotisches Potenzial im Innern ist negativer als außen).

Richtige Antwort zu Frage 319 Durch einen hohen Gehalt an Cardiolipin (typisch für bakterielle Membranen).

Richtige Antwort zu Frage 320 Durch die Bewegungen von geladenen Teilchen, wie z. B. Ionen und kleineren organischen Molekülen, wird über jeder biologischen Membran eine elektrische Potenzialdifferenz aufgebaut, welche als das „Membranpotenzial" bezeichnet wird. Dessen Polarität ist intrazellulär negativ, extrazellulär positiv und typischerweise liegt es bei ca. -70 mV. Diese elektrische Spannung entsteht durch elektrische Diffusion, bei der eine Ladungstrennung zwischen positiven und negativen Ionen der Zelle stattfindet. Ein Diffusionspotenzial bildet sich, wenn eine Ungleichverteilung von Ladungsträgern vorliegt. Erst, wenn sich die Konzentrationsgradienten nach längerer Zeit ausgeglichen haben, bricht das Diffusionspotenzial zusammen und beträgt null.

Richtige Antwort zu Frage 321 Ionenkanäle besitzen ein verschließbares Tor (*gate*), welches sich unter bestimmten Bedingungen öffnet und schließt (*gating*). Zudem können sich Ionenkanäle in einem weiteren Zustand befinden, in dem sie völlig inaktiv sind. Ionenkanäle durchlaufen ständig die drei Phasen. Der Zyklus kann unterschiedlich gesteuert werden. Spannungsgesteuerte Ionenkanäle verfügen über einen Spannungssensor, der die Veränderung des Membranpotenzials registriert und durch Mikrobewegungen die molekulare Struktur des Kanalproteins so verändert, dass vorhandene Tore geöffnet oder geschlossen werden. Ein Beispiel wäre der spannungsgesteuerte Natriumkanal. Es gibt auch ligandengesteuerte Ionenkanäle, bei denen ein Ligand (chemischer Stoff) direkt an das Kanalprotein bindet und dies zur Öffnung veranlasst, z. B. Acetylcholin bindet an den nicotinergen Kationenkanal in neuronalen Synapsen. Ein Ionenkanal kann auch durch Phosphorylierung gesteuert werden. Hierfür sind intrazelluläre Signalstoffe wie ATP und außerdem Proteinkinasen notwendig. Eine vierte Möglichkeit der Kanalsteuerung ist diejenige durch mechanische Reize. Hier spielen Membranverformung und das Cytoskelett eine regulierende Rolle.

Richtige Antwort zu Frage 322 Durch die Nernst-Gleichung kann die Beziehung zwischen dem elektrischen und dem chemischen Gradienten beschrieben werden. Sie lautet:

$$E = [R \cdot T / z \cdot F] \cdot \ln c(a) / c(i)$$

Dabei ist R die allgemeine Gaskonstante (8,31 J/K · mol). T steht für die absolute Temperatur, F für die Faraday-Konstante (96485 C/mol) und z für die Wertigkeit des Ions. Die Nernst-Gleichung beschreibt die Diffusionsvorgänge einer einzelnen Ionenart durch eine semipermeable Membran.

Richtige Antwort zu Frage 323 Manche Partikel und Moleküle sind nicht lipophil, und es bestehen auch keine geeigneten Transportmechanismen, um sie durch die Membran zu schleusen. Um solche Partikel dennoch aufzunehmen, bzw. abzugeben, hat die Zelle spezielle Mechanismen entwickelt, die vesikelartige Strukturen aus- bzw. einschleusen können. Bei der Endocytose (einschleusen) bildet sich in der Zellmembran eine Einbuchtung, die sich weiter einsenkt und den extrazellulären Inhalt schließlich in ein Vesikel einschließt. Die Vesikelhülle wird dabei aus der Lipiddoppelschicht der Zellmembran gebildet und ist demnach umgekehrt orientiert. Die ehemals äußere Membranlamelle bildet jetzt die innere Lamelle des Vesikels. Die Aufnahme von festen Stoffen nennt man Phagocytose, die von flüssigen Stoffen nennt man Pinocytose. Die Exocytose (ausschleusen) läuft nach dem umgekehrten Prinzip der Endocytose ab. Ein intrazelluläres Vesikel fusioniert mit der Zellmembran und bildet eine Fusionspore. Durch diese kann der Vesikelinhalt in den extrazellulären Raum abgegeben werden. Spezielle Proteine in der Vesikel- und der Zellmembran erkennen sich und bilden unter ATP-Verbrauch einen Fusionskomplex.

Richtige Antwort zu Frage 324 Ein Ionenkanal ist ein integrales Protein in einer Lipiddoppelschicht, welcher auf beiden Seiten der Membran herausragt und unter bestimmten Umständen seine Kanalpore öffnet und Ionen passieren lässt. Ionenkanäle dienen dem selektiven Transport von geladenen Teilchen (Ionen) entlang eines elektrochemischen Gradienten. Die Selektivität des Kanals ergibt sich aus den elektrischen Ladungen der

Aminosäuren in der inneren Tunnelwand. Die Diffusion durch Ionenkanäle ist erst bei relativ hohen Substratkonzentrationen gesättigt.

Richtige Antwort zu Frage 325 Bei einem ATP-getriebenen Transporter handelt es sich um einen aktiven Transporter, welcher eine Substanz gegen einen Gradienten verschiebt. Dabei wird grundsätzlich Energie in Form von ATP benötigt. Ein primär aktiver Transport ist dadurch gekennzeichnet, dass die ATP-Umsetzung direkt im Transportmolekül stattfindet. Ein Beispiel wäre die Na^+/K^+-Pumpe. Bei einem sekundär aktiven Transport wird der durch den primär aktiven Transport aufgebaute Konzentrationsgradient benötigt, um die Triebkraft für den carriervermittelten Transport zu benutzen. Ein Beispiel hier wäre der Na^+-gekoppelte Glucosesymport.

Richtige Antwort zu Frage 326 Ein Carrier (Translokator) bindet die zu transportierende Substanz stets in einem stöchiometrischen Verhältnis. Der carriervermittelte Transport gleicht einer enzymkatalysierten Reaktion und kann entsprechend beschrieben werden. Der carriervermittelte Transport kann passiv oder aktiv sein. Kanalbildende Proteine bilden eine wassergefüllte Pore in der Membran aus. Die Öffnung der Pore kann durch verschiedene Mechanismen reguliert werden. Der Durchtritt einer Substanz durch diese Pore ist aber immer ein passiver Vorgang, der dem elektrochemischen Gradienten folgt.

Richtige Antwort zu Frage 327 Ein Uniport ist der Transport nur eines Stoffes durch die Membran. Beispiel: Aufnahme von Glucose bei Erythrocyten durch die Glucose-Permease. Ein Symport ist der gleichzeitige Transport zweier Stoffe in gleicher Richtung durch die Membran. Beispiel: Aufnahme von Lactose bei einigen Bakterien, gekoppelt mit H^+ durch die Lactose-Permease; Aufnahme von Glucose im Darm, gekoppelt mit Na^+ durch den Na^+-Glucose-Symporter. Ein Antiport ist der gleichzeitige Transport zweier Stoffe in entgegengesetzten Richtungen durch die Membran. Beispiel: Na^+-K^+-ATPase, ADP/ATP-Austauscher der inneren Mitochondrienmembran.

Richtige Antwort zu Frage 328 Bei einem aktiven Transport hat sich die Freie Enthalpie des transportierten Stoffes nach dem Transportvorgang erhöht. Aktive Transporte sind energieverbrauchende Prozesse, bei denen eine Substanz entgegen ihres elektrochemischen Gradienten befördert wird. Bei einem primär aktiven Transport ist der energieliefernde Schritt (z. B. die Hydrolyse von ATP, Lichtabsorption) direkt mit dem Transportvorgang verbunden (z. B. Na^+-K^+-ATPase; ABC-Transporter, lichtgetriebene Protonentranslokation durch Bakteriorhodopsin). Ein sekundär aktiver Transport ist zwingend mit primär aktiven Transportvorgängen verbunden. Der sekundär aktive Transport nutzt den von einem primär aktiven Transporter generierten elektrochemischen Gradienten einer Substanz, um eine andere Substanz gleichzeitig durch die Membran zu transportieren, wobei die co-transportierte Substanz entgegen deren elektrochemischen Gradienten transportiert werden kann (Beispiel: Na^+-Glucose-Symporter, die Aufnahme der Glucose erfolgt als Symport mit Na^+, wird von dem durch die Na^+-K^+-ATPase aufgebauten elektrochemischen Na^+-Gradienten getrieben).

Richtige Antwort zu Frage 329 Für die Orientierung und den Einbau von Proteinen in eine Membran sind Signalsequenzen entscheidend. a. Die interne Signalsequenz dient als Membrananker. Da keine Stopp-Transfer-Sequenz vorhanden ist, wird das carboxyterminale Ende des Proteins vollständig in das ER-Lumen geschleust. Das fertige Protein besitzt demnach ein aminoterminales Ende im Cytosol, eine kurze transmembranäre Sequenz und ein carboxyterminales Ende im ER-Lumen. b. Die aminoterminale Signalsequenz leitet die Translokation ein, die bis zum Stopp-Transfer-Peptid weiterläuft. Im Anschluss daran wird ein kurzer cytosolischer Bereich synthetisiert, bis die Start-Transfer-Sequenz die Translokation wieder initiiert. Das carboxyterminale Ende wird in das ER-Lumen geschleust und die Signalsequenz von der Peptidase abgespalten. Das resultierende Protein durchspannt die Membran zweimal. Sowohl das carboxyterminale als auch das aminoterminale Ende befinden sich im ER-Lumen, und ein kleiner Loop zwischen den Transmembranregionen liegt im Cytosol.

Richtige Antwort zu Frage 330 a) In Abwesenheit von Clathrin bindet Adaptin an den Membranrezeptor, aber ohne Clathrin bilden sich weder Coated Pits noch Coated Vesicles. b) Ohne Adaptin können sich keine Clathrinhüllen bilden, da Adaptin die Verbindung zwischen Clathrin und den Rezeptoren in der Plasmamembran herstellt. c) In Abwesenheit von Dynamin findet man eingestülpte Clathrin-coated Pits entlang der Plasmamembran, aber das Abschnüren von der Membran und die Bildung geschlossener Vesikel ist nicht möglich.

Richtige Antwort zu Frage 331 Tight Junctions sind Verschlusskontakte im apikalen Bereich der Zellen. Sie stellen eine zweifache Barriere dar. 1. Zu transportierende Stoffe können nicht oder nur in sehr geringem Ausmaße zwischen den Zellen hindurchdiffundieren (parazelluläre Diffusion). Sie müssen also gerichtet durch die Zelle transportiert werden. 2. Am transepithelialen Transport beteiligte Transportproteine sind meist auf die unterschiedlichen Membrandomänen (apikal und basolateral) beschränkt. Ein Protein sorgt für den Eintransport in der apikalen Membrandomäne und ein weiteres für den Austransport in der basolateralen Membrandomäne. Die Trennung der Proteine ist auch auf die Tight Junctions zurückzuführen, welche die laterale Diffusion zwischen apikaler und basolateraler Membran hemmen.

Richtige Antwort zu Frage 332 Desmosomen und Hemidesmosomen sind mit Intermediärfilamenten assoziiert, *adherens-junctions* mit dem Actin-Cytoskelett.

Richtige Antwort zu Frage 333 Elektrische Synapsen sind direkte Zell-Zell-Verbindungen, die für die elektrische Kopplung von Zellen verantwortlich sind. Die einzigen Zell-

Zell-Kontaktstrukturen bei Tieren, die mit elektrischer Kopplung in Zusammenhang gebracht werden können, sind die Gap Junctions.

Richtige Antwort zu Frage 334 Als Röhren von 30–60 nm, deren Wand von der Plasmamembran gebildet wird und die vom ER durchzogen wird. Die Röhren sind in der Regel einfach, können aber auch verzweigt sein.

Richtige Antwort zu Frage 335 Sie sind von einem Callose-Mantel umhüllt, der fluoreszenzmikroskopisch nachweisbar ist.

Richtige Antwort zu Frage 336 Gruppierungen von Plasmodesmen in bestimmten Zellwandbereichen.

Richtige Antwort zu Frage 337 Durch sekundäre Erweiterung der Plasmodesmen.

Richtige Antwort zu Frage 338 Stoffaustausch.

Richtige Antwort zu Frage 339 ER-Elemente zweier Nachbarzellen nähern sich der Zellmembran. Die Zellwand wird an dieser Stelle abgebaut. Die ER-Elemente beider Zellen fusionieren. Golgi-Vesikel liefern neues Wandmaterial. Sie sind notwendig, weil die Zellwand größer wird und der Stoffaustausch durch Aufrechterhaltung der Plasmodesmendichte gewährleistet werden muss.

Richtige Antwort zu Frage 340 Es ist die Transportform der in den Mitochondrien und Plastiden umgewandelten chemischen Energie.

Richtige Antwort zu Frage 341 Cristae mit nichtplasmatischem Inneren, doppelte Membranhülle. Die ATP-Synthese findet an den Elementarpartikeln an der Innenseite der Innenmembran statt, der Citratzyklus in der Matrix im Innern des Organells.

Richtige Antwort zu Frage 342 Durch Abschnürung und Ausbildung eines Septums des Intermembranraums.

Richtige Antwort zu Frage 343 Durch Polyploidie. Im Unterschied zur Mitose entstehen nichtidentische Tochterstrukturen.

Richtige Antwort zu Frage 344 Mit dem Intermembranraum der doppelten Membranhülle, die mtRibosomen liegen in der Matrix im Inneren des Organells. Während die äußere Membran Cholesterol enthält, weist die innere Membran stattdessen einen erheblichen Gehalt an Cardiolipin auf.

Richtige Antwort zu Frage 345 Weil die meisten mitochondrialen Proteine kerncodiert sind.

Richtige Antwort zu Frage 346 Um den Proteintransport zu ermöglichen. Die innere Membran ist die Diffusionsbarriere.

Richtige Antwort zu Frage 347 Durch Transitpeptide, die die Bindung an Translokatoren in der Mitochondrienmembran gewährleisten.

Richtige Antwort zu Frage 348 Die Innenmembran stammt wahrscheinlich von der Membran des ehemaligen Endocytobionten ab, während die Außenmembran sich von der Zellmembran der eukaryotischen Zelle herleitet.

Richtige Antwort zu Frage 349 Durch Elektronentransport von energiereichen Atmungs-substraten zum Sauerstoff. Dadurch entsteht ein Protonengradient an der inneren Mito-chondrienmembran, im Intermembranraum sinkt der pH-Wert. Protonengradient und Membranpotenzial werden über die rotierenden ATP-Synthasekomplexe unter ATP-Bil-dung entladen. Dass Energie auch in Form von Ionengradienten und Membranpotenzial gespeichert werden kann, ist die zentrale Aussage der Chemiosmotischen Theorie.

Richtige Antwort zu Frage 350 Doppelte Membranhülle, Vermehrung durch Teilung, eigene DNA, eigene Ribosomen.

Richtige Antwort zu Frage 351 Sie ist zirkulär und von stark variierender Größe.

Richtige Antwort zu Frage 352 Trennung durch die doppelschichtige Kernhülle, die durch Kernporen unterbrochen ist.

Richtige Antwort zu Frage 353 mRNAs, tRNAs und Präribosomen wandern vom Kern ins Cytoplasma, kernspezifische Proteine vom Cytoplasma in den Kern.

Richtige Antwort zu Frage 354 Das Volumen des Zellkerns und das Volumen des Proto-plasten sind konstant (etwa 1:10).

Richtige Antwort zu Frage 355 Kernmatrix: das nach Entfernung der Hüllmembran und der löslichen Proteine zurückbleibende formgebende Gerüst des Kerns. Kernhülle: ein Teil des ER, das den Kern einhüllt. Nuclearlamina: eine Verdichtung der Kernmatrix unmittel-bar unterhalb der Kernhülle, bei Pflanzen oft nur angedeutet.

Richtige Antwort zu Frage 356 Aus- und Eintransport von RNA und Proteinen zwischen Cytoplasma und Kern. Sie bestehen aus riesigen Komplexen sogenannter Nucleoporine.

Richtige Antwort zu Frage 357 Die Kernmembran ist mit den ER-typischen Ribosomen, Glycosyltransferasen und Signalpeptidasen besetzt.

Richtige Antwort zu Frage 358 Zurzeit am wahrscheinlichsten ist, dass die Auflösung der Kernlamina auch die vollständige Auflösung der Kernmembran einleitet. Laminproteine werden durch zellzyklusabhängige Proteinkinasen stark phosphoryliert, wodurch sich das der Kernmembran innen aufliegende Proteinnetzwerk auflöst und damit auch die Kernmembran.

Richtige Antwort zu Frage 359 Sie haben einen Durchmesser von ca. 100 nm.

Richtige Antwort zu Frage 360 Für viele Transportprozesse ist der Kernporenkomplex zuständig. Ribonucleopartikel schleust die Kernpore linearisiert durch den Transportkanal. Ribosomale Untereinheiten, z. B die 60S-ribosomale Untereinheit mit Molekularmassen von 2,8 MDa, passieren als globuläre Makromoleküle die Kernpore. Ionen werden selektiv durch die Kernpore transportiert. Für den Transport von Proteinen und RNA existieren spezielle Transportsignale, wie die nucleäre Lokalisationssequenz, NLS, bzw. der Poly(A)-Schwanz am 3'-Ende der mRNA oder die *cap*-Struktur. Neben dem Kernporenkomplex existieren aber noch zahlreiche andere Transportproteine.

Richtige Antwort zu Frage 361 Sogenannte „karyophile" Cluster: basische Aminosäuren, die von helixterminierenden Aminosäuren flankiert sind. Diese Cluster können auch zweigeteilt vorliegen.

Richtige Antwort zu Frage 362 Der Zellkern löst sich in der Metaphase, unmittelbar vor der Zellteilung auf. Dabei werden die zuvor importierten nucleoplasmatischen Proteine ins Cytoplasma freigesetzt. Nach dem Wiederaufbau der Kernhülle müssen sie wieder in den Zellkern re-importiert werden. Würde ihnen die NLS entfernt, könnten sie kein weiteres Mal importiert werden und würden fälschlicherweise im Cytoplasma verbleiben.

Richtige Antwort zu Frage 363 Microbodies sind sehr kleine (0,3–0,5 µm große) Vesikel, die Katalase enthalten und daher Peroxisomen genannt werden. Glyoxysomen sind eine Sonderform der Peroxisomen, die bei der Mobilisierung von Fettreserven im keimenden Samen wichtig sind.

Richtige Antwort zu Frage 364 Durch Knospung aus ihresgleichen, die Proteine werden im Cytoplasma synthetisiert und über Transitsequenzen in die Peroxisomen eintransportiert.

Richtige Antwort zu Frage 365 Peroxisomen bilden einen abgeschlossenen Raum für Reaktionen mit einer reaktiven zellschädigenden Substanz, dem Wasserstoffperoxid. In den Peroxisomen wird das Wasserstoffperoxid sowohl gebildet als auch abgebaut. Weitere Reaktionen in den Peroxisomen sind der Abbau langkettiger Fettsäuren (β-Oxidation) sowie die Umwandlung von Fettsäuren aus Samenlipiden zu Zuckern (Glyoxylatzyklus) in Pflanzen.

Richtige Antwort zu Frage 366 Flagellen und Geißeln sind Zellanhänge, die der Fortbewegung dienen. Flagellen sind prokaryotisch, bestehen aus Flagellin, bewegen sich rotierend und werden über die Energie eines Protonengradienten angetrieben. Geißeln sind eukaryotisch, bestehen aus Mikrotubuli in der typischen 9 + 2-Struktur, bewegen sich peitschenförmig und werden über die Energie der ATP-Spaltung angetrieben.

Richtige Antwort zu Frage 367 Das ER ist ein verzweigtes System von Membransäcken (Zisternen), das von der Kernhülle aus die ganze Zelle durchzieht.

Richtige Antwort zu Frage 368 Als raues ER, das Ort der Proteinsynthese ist, und als glattes ER, das an der Lipid-, Flavonoid- und Isoprenoidsynthese beteiligt ist.

Richtige Antwort zu Frage 369 Das glatte ER besteht aus Membranen, die nicht mit Ribosomen besetzt sind. Das System besteht vorwiegend aus Röhren, während das raue ER aus flachen Zisternen gebildet wird. Am glatten ER findet vor allem die Lipidsynthese (Membranlipide, Reservelipide und lipophile Verbindungen wie Steroidhormone) statt.

Richtige Antwort zu Frage 370 Die vorgefertigte Zuckerkette ermöglicht eine bessere Qualitätskontrolle. Die Kontrolle erfolgt vor der Übertragung auf das Protein, so muss bei einem Fehler nicht das gesamte Protein verworfen werden, sondern nur die Zuckerstruktur erneuert werden. Außerdem ist es schwieriger für Enzyme, die Seitenarme der Zuckerstruktur zu modifizieren, wenn sie schon an das Protein angeheftet ist.

Richtige Antwort zu Frage 371 Dictyosomen sind Stapel glatter ER-Zisternen, die der Exkretion dienen. Die Gesamtheit der Dictyosomen einer Zelle wird als Golgi-Apparat bezeichnet.

Richtige Antwort zu Frage 372 Tierische Dictyosomen sind zu Gruppen zusammengefasst, pflanzliche Dictyosomen treten über das ganze Cytoplasma verteilt auf.

Richtige Antwort zu Frage 373 Im *cis*-Golgi-Netz findet die Phosphorylierung der Oligosaccharide auf lysosomalen Proteinen statt. Im *cis*-Golgi und im medialen Golgi wird Mannose entfernt. Außerdem wird im medialen Golgi *N*-Acetylglucosamin angefügt. Im *trans*-Golgi wird Galactose angefügt. Nachdem im *trans*-Golgi-Netz *N*-Acetylneuraminsäure angehängt wird, erfolgt das Sortieren der Proteine.

Richtige Antwort zu Frage 374 Synthese von Oligo- und Polysacchariden der Zellwandmatrix, Glykosylierung von Proteinen.

Richtige Antwort zu Frage 375 Zelluläre Sekretion über Golgi-Vesikel, die mit der Zellmembran verschmelzen und so ihren Inhalt nach außen abgeben.

Richtige Antwort zu Frage 376 Am rER synthetisierte Proteine gelangen über Transitvesikel zum Dictyosom. Dort werden sie durch Glykosylierung modifiziert und entweder über Golgi-Vesikel zur Zellmembran transportiert und exocytiert oder gelangen in primäre Lysosomen.

Richtige Antwort zu Frage 377 Ja, besonders im Bereich der Zellmembran und in der Umgebung von Dictyosomen in Zellen mit niedrigem Turgor (z. B. Wurzelhaare). Sie haben hier vor allem mit dem Recycling von Membranen und Rezeptoren zu tun oder dienen der intrazellulären Membran- und Stoffverschiebung. Sie werden durch zwei Proteine gebunden (eine ATPase und ein SNAP-Protein, das für die Spezifität verantwortlich ist), dann wird durch Spaltung von GTP die Energie bereitgestellt, die zum Absprengen des *coat* nötig ist.

Richtige Antwort zu Frage 378 Mikrotubuli (22 nm); Mikrofilamente (5–7 nm); Intermediärfilamente (10 nm). Das Cytoskelett vermittelt und lenkt innerzelluläre Bewegungen.

Richtige Antwort zu Frage 379 Mikrotubuli: Tubulinheterodimere; Mikrofilamente: G-Actin; intermediäre Filamente: Cytokeratin, Desmin, Vimentin, Gliafilamentprotein, Neurofilamentprotein.

Richtige Antwort zu Frage 380 Ketten aus monomerem Actin (G-Actin), die durch Einbau weiterer Monomeren wachsen, durch Abgabe auch schrumpfen können. Der Einbau erfolgt bevorzugt am positiven Ende. Durch die aus Pilzen stammenden Cytochalasine lassen sie sich experimentell entfernen, durch Phalloidin (ein Gift aus dem Knollenblätterpilz) lassen sie sich stabilisieren.

Richtige Antwort zu Frage 381 Die Polypeptide der intermediären Filamente besitzen immer eine zentral liegende Domäne in α-helikaler Konformation. Die N- und C-terminalen Enden der Polypeptide sind sehr variabel und enthalten keine Helices. Sie sind für die spezifischen Eigenschaften einzelner Klassen der intermediären Filamente verantwortlich. Die Aneinanderlagerung zweier Polypeptide einer Klasse ist der erste Schritt bei der Bildung der intermediären Filamente. Diese sind gleichartig orientiert und im α-helikalen zentralen Bereich umeinander gewunden. Der nächste Organisationsgrad besteht in der Zusammenlagerung zweier Dimere, die entgegengesetzt orientiert sind. Die Zusammenlagerung von mehreren Tetrameren führt zum vollständigen intermediären Filament.

Richtige Antwort zu Frage 382 Im Gegensatz zu den nichtpolaren und eher statischen intermediären Filamenten besitzen die Mikrotubuli und die Mikrofilamente eine Polarität und sind sehr dynamische Gebilde.

Richtige Antwort zu Frage 383 Dimere aus α- und β-Tubulin.

Richtige Antwort zu Frage 384 Actin bildet lange Ketten, Mikrotubuli Röhren, die daher eine hohe Biegesteifigkeit besitzen.

Richtige Antwort zu Frage 385 An Mikrotubuli-organisierenden Zentren (MTOCs), z. B. den Basalkörpern der Geißeln, an der Kernhülle oder an den Polregionen der Teilungsspindeln.

Richtige Antwort zu Frage 386 Colchicin bringt die Mikrotubuli zum Verschwinden, Taxol stabilisiert sie.

Richtige Antwort zu Frage 387 Durch Zerstörung der Spindel mit Mikrotubuligiften. Dadurch werden die schon verdoppelten Chromosomen nicht getrennt, sondern in einem „Restitutionskern" vereinigt, wodurch der Ploidiegrad verdoppelt wird.

Richtige Antwort zu Frage 388 In Spindelapparaten, Cilien, Geißeln, Basalkörpern und Centriolen.

Richtige Antwort zu Frage 389 Ein Band aus Mikrotubuli, das vor der Kernteilung vom Zellkern gebildet wird und die Richtung und Position der neuen Zellplatte festlegt.

Richtige Antwort zu Frage 390 Kinesin ist ein Motorprotein, das für den Transport von Lasten auf das (+)-Ende der Mikrotubuli hin verantwortlich ist. Der durch Dynein vermittelte Transport ist auf das (−)-Ende der Mikrotubuli hin gerichtet.

Richtige Antwort zu Frage 391 Eine typische Anordnung von 20 Mikrotubuli, wobei 9 Doppeltubuli kreisförmig ein Zentrum aus zwei Einzeltubuli umgeben.

Richtige Antwort zu Frage 392 Durch Verschiebung der Mikrotubuli gegeneinander an einer Seite der 9 + 2-Struktur. Triebkraft ist die durch ATP-Spaltung gespeiste Aktivität des Motorproteins Dynein.

Richtige Antwort zu Frage 393 Der Basalkörper ist ein kurzer Zylinder aus 9 Mikrotubuli-Tripletts, der die Bildung von Geißeln initiiert. Verwandt ist er mit den genauso aufgebauten Centriolen.

Richtige Antwort zu Frage 394 Cilien: 9 + 2-Anordnung der Mikrotubuli, von der Plasmamembran überzogene Fortsätze der Zelle. Basalkörper: 9 + 0-Anordnung der Mikrotubuli, im Cytoplasma verankert, Ansatzstellen für Cilien und Geißeln.

Richtige Antwort zu Frage 395 In höheren Pflanzen fehlen die Centriolen, die bei Tieren und vielen niederen Pflanzen die Spindelpole bilden.

Richtige Antwort zu Frage 396 Myosine (Actinmotor), Kinesine und Dyneine (Mikrotubulimotoren).

Richtige Antwort zu Frage 397 Myosin spaltet ATP und ändert dadurch seine Konformation, sodass sich das Molekül ein kleines Stück entlang des Actinstrangs weiterbewegt.

Richtige Antwort zu Frage 398 Die Wanderung von Bakterien aus der Gattung *Listeria* beruht höchstwahrscheinlich auf diesem Mechanismus.

Richtige Antwort zu Frage 399 Das Myosin ist ein ca. 460 kDa großes Molekül und besteht aus sechs Polypeptiden. Zwei sogenannte schwere Ketten sind über weite Strecken umeinander gewunden, diese Region wird als „Schwanz" bezeichnet. An die globulären N terminalen Enden der schweren Ketten, die sogenannten Köpfe, sind jeweils zwei leichte Ketten angelagert.

Richtige Antwort zu Frage 400 Bei Protozoen geht man davon aus, dass eine an Actin und Myosin reiche Cytoplasmaschicht unterhalb der Plasmamembran, das Ektoplasma, eine wichtige Rolle spielt. Das an Cytoskelettelementen arme Endoplasma nimmt den zentralen Bereich der Zelle ein. Eine Kontraktion des Ektoplasmas im hinteren Teil der Zelle führt zu einer Verlagerung von Endoplasma nach vorn. Bei kultivierten Säugerzellen ist es denkbar, dass die amöboide Bewegung durch die Anlagerung von G-Actin an die (+)-Enden von Mikrofilamenten für die Vorwärtsbewegung der Zellfront verantwortlich ist.

Richtige Antwort zu Frage 401 Durch Motorproteine vermitteltes Gleiten entlang von cytoplasmatischen Mikrotubuli.

Richtige Antwort zu Frage 402 Zellerkennung, Kommunikation, Aufnahme von Nährstoffen, Kontaktbildung zu anderen Zellen bzw. zur EZM, Schutz.

Richtige Antwort zu Frage 403 Kollagen, Proteoglykankomplexe, Verbindungsmoleküle wie Laminin und Fibronektin.

Richtige Antwort zu Frage 404 Knochen, Knorpel, Sehnen, Basallaminae, Schalen oder Zellpanzer, Cuticulapanzer der Arthropoden, Zellwände bei Pflanzen, Pilze und Prokaryoten.

Richtige Antwort zu Frage 405 Kollagen wird intrazellulär als Prokollagen mit assoziierten Propeptidketten synthetisiert und auch exocytiert. Diese werden erst extrazellulär abgespalten, und erst dann bilden sich Fibrillen und Fasern. Die Propeptide verändern die Löslichkeit des Proteins offenbar so, dass sich intrazellulär keine Fasern bilden können.

Richtige Antwort zu Frage 406 In der Zellwand der Pflanzen sind Cellulosefasern in einer Matrix aus Pektin und Hemicellulose eingebettet. Die EZM der Tiere besitzt als Faseranteil Kollagene, welche in einer Matrix aus Proteoglykanen eingebettet sind. Beide Strukturen enthalten also lange Fasern, bei Tieren bestehen sie allerdings aus Protein, bei Pflanzen aus Zuckern.

Richtige Antwort zu Frage 407 Prophase (Chromosomenverdichtung), Metaphase (Ankopplung der Chromosomen an die Teilungsspindel), Anaphase (Trennung der Tochterchromosomen), Telophase (Bildung der Kernhülle um die Tochterkerne und Auflösung der Spindel, Zellteilung), Interphase (Arbeitsphase zwischen zwei Mitosen).

Richtige Antwort zu Frage 408 Im Bildungsgewebe wird der Zellzyklus dauernd durchlaufen, im Dauergewebe bleibt er nach der letzten Mitose stehen.

Richtige Antwort zu Frage 409 In der S-Phase (S = Synthese), einem Abschnitt der Interphase. Die Abschnitte der Interphase vor der S-Phase heißen G_1 (G = *gap* = Lücke), die Phase zwischen S-Phase und Mitose G_2.

Richtige Antwort zu Frage 410 Weil die Mitose im Verhältnis zum gesamten Zellzyklus nur eine sehr kurze Dauer hat.

Richtige Antwort zu Frage 411 Mehrere S-Phasen, die nicht von einer Mitose unterbrochen sind.

Richtige Antwort zu Frage 412 Die Fusion zweier haploider Keimzellen zu einer diploiden Zygote mit zwei Chromosomensätzen.

Richtige Antwort zu Frage 413 Bei vielen Asco- und Basidiomyceten sind Plasmo- und Karyogamie durch viele Mitosen voneinander getrennt, sodass viele Zellen zweikernig sind.

Richtige Antwort zu Frage 414 Im Gegensatz zu den Prokaryoten baut sich bei Eukaryoten ein komplizierter Spindelapparat auf. An diesen heften sich die Chromosomen an und werden dadurch auf die Tochterzellen verteilt.

Richtige Antwort zu Frage 415 An die Mitose schließt sich die G_1-Phase an, in der die Zelle einen c-Wert von 2 besitzt und Synthesevorgänge zur Vorbereitung der Replikation des Genoms ablaufen. In der S-Phase wird das Genom repliziert, und der c-Wert steigt auf

4 an. In der G_2-Phase finden wieder Synthesevorgänge statt, und die Zelle bereitet sich auf den Eintritt in die Mitose vor.

Richtige Antwort zu Frage 416 Weil manchmal zwar die Mitose durchgeführt wird, aber die Cytokinese ausbleibt. Ein Beispiel dafür findet sich in der frühen Embryonalentwicklung der Insekten.

Richtige Antwort zu Frage 417 Prophase: Die Kernmembran ist intakt, und die Chromosomen kondensieren. Prometaphase: Mikrotubuli dringen durch Lücken in der Kernmembran in den Kernraum ein. Ein Spindelapparat bildet sich aus, und die Chromosomen nehmen Kontakt mit den Mikrotubuli auf. Metaphase: Die Kernmembran hat sich aufgelöst, und die Chromosomen sind in der Äquatorialebene der Spindel angeordnet. Anaphase: Die Chromatiden trennen sich und bewegen sich auf die Spindelpole zu. Parallel dazu streckt sich die Spindel. Telophase: Die Bewegung der Chromatiden auf die Spindelpole hin ist zum Stillstand gekommen. Die Kernmembran bildet sich erneut und das Chromatin dekondensiert.

Richtige Antwort zu Frage 418 Die Anaphase A könnte durch Depolymerisation der Kinetochormikrotubuli vermittelt werden. Im Augenblick spricht aber mehr dafür, dass die Anaphase A durch Motorproteine vom Typ des Dyneins vollbracht wird. Die Anaphase B wird wahrscheinlich durch antiparallele Gleitbewegung zweier überlappender Mikrotubulipopulationen im Spindelapparat hervorgerufen. Verantwortlich dafür ist ein Motorprotein vom Typ des Kinesins.

Richtige Antwort zu Frage 419 Bei höheren tierischen Zellen finden wir die offene Mitose. Pericentrioläres Material an den Spindelpolen organisiert den Spindelapparat. Bei Hefen liegt eine geschlossene Mitose vor. Der Spindelapparat wird von den Spindelpolkörpern organisiert.

Richtige Antwort zu Frage 420 Höhere tierische Zellen besitzen astrale Spindeln, und die Cytokinese wird von einem kontraktilen Ring vermittelt. Bei höheren Pflanzen finden wir anastrale Spindeln, und die Cytokinese wird durch den Aufbau einer neuen Zellwand unter Beteiligung eines Mikrotubulisystems, des Phragmoplasten, bewerkstelligt.

Richtige Antwort zu Frage 421 Bildung des Phragmoplasten in der Äquatorebene, Einwanderung von Golgi-Vesikeln mit Zellwandmatrix, Bildung einer Zellplatte, zentrifugales Wachstum der Wand bis zur vollständigen Trennung der Tochterzellen.

Richtige Antwort zu Frage 422 Furchungsteilung bei Flagellaten und manchen Algen, Sprossung bei Hefen, Schnallenbildung bei Basidiomyceten.

Richtige Antwort zu Frage 423 Spaltung (Zweiteilung) bei den Spalthefen, Sprossung bei den Sprosshefen.

Richtige Antwort zu Frage 424 Chloroplasten: enthalten Chlorophyll und sind die Organellen der Photosynthese. Chromoplasten: enthalten Carotinoide und dienen der Anlockung von Tieren für Bestäubung und Ausbreitung.

Richtige Antwort zu Frage 425 Lichtmikroskopisch lassen sich Grana und farbloses Stroma unterscheiden. Elektronenmikroskopisch sieht man eine doppelte Membranhülle und Einstülpungen der inneren Membran, die Grana entsprechen Thylakoidstapeln, die in das Stroma hineinreichen.

Richtige Antwort zu Frage 426 Ansammlungen von ptDNA in der Stromamatrix.

Richtige Antwort zu Frage 427 Thylakoidproteine, Proteine der plastidären 70S-Ribosomen, Gene für plastidäre rRNAs.

Richtige Antwort zu Frage 428 Als Ring.

Richtige Antwort zu Frage 429 Es bildet einen kontraktilen Ring, der die Tochterplastiden durchschnürt. Durch lange Fortsätze (*stromules*) bleiben diese allerdings miteinander in Verbündung.

Richtige Antwort zu Frage 430 Stärkeherde, thylakoidarme Zentren der Stärkebildung im Stroma bei Algen.

Richtige Antwort zu Frage 431 Die Thylakoide fehlen. Die Lichtsammelkomplexe ragen aus den Thylakoidflächen heraus. Entsprechende Lichtsammlerkomplexe weisen auch die Photosynthesemembranen der prokaryotischen Cyanobakterien auf.

Richtige Antwort zu Frage 432 Die aus Phycobiliproteinen aufgebauten Lichtsammelkomplexe der Rotalgen und Cyanobakterien.

Richtige Antwort zu Frage 433 Proplastiden sind undifferenzierte Plastiden (teilen sich häufig und sind amöboid beweglich), Leukoplasten sind differenzierte Plastiden in nicht grünem Gewebe, die Speicherfunktion übernehmen können.

Richtige Antwort zu Frage 434 Im Stroma der Chloroplasten, endgültig in Amyloplasten.

Richtige Antwort zu Frage 435 Aufgrund von Lichtmangel unvollständig differenzierte Plastiden, bei denen die Thylakoidmembranen als weitflächige Stapel (Prolamellarkörper) angehäuft sind.

Richtige Antwort zu Frage 436 Chromoplasten sind durch Carotinoide gefärbte Plastiden, die keine Photosynthese betreiben, sondern der Anlockung von Tieren (Blüten, Früchte) dienen. Gerontoplasten sind die ebenfalls gefärbten alternden Chloroplasten im Herbstlaub.

Richtige Antwort zu Frage 437 Der Transport von Proteinen in die Thylakoidmembran der Chloroplasten erfolgt in zwei Schritten. Mithilfe eines Chloroplasten-Signalpeptids gelangen die Proteine durch die Doppelmembran der Chloroplasten in den Innenraum, Stroma. Nach dem Abspalten des Peptids wird ein Thylakoid-Signalpeptid freigelegt, das für den zweiten Schritt, den Transport in oder durch die Thylakoidmembran, verantwortlich ist.

Richtige Antwort zu Frage 438 Wird Glucose in eine *E.-coli*-Zelle transportiert, erfolgt eine Dephosphorylierung des Zuckertransportproteins IIAGlc. Die dephosphorylierte Form von IIAGlc hemmt das Enzym Adenylat-Cyclase, das cAMP produziert. Deshalb ist bei Vorhandensein von Glucose der cAMP-Spiegel niedrig. Ist keine Glucose vorhanden, ist der cAMP-Spiegel hoch.

Richtige Antwort zu Frage 439 In diesem Fall erfolgt die Aktivierung durch die Phosphorylierung eines einzigen Tyrosinrestes an einer Position in der Nähe des N-Terminus des STAT-Polypeptids.

Richtige Antwort zu Frage 440 Die MAP-Kinase wird aktiviert, wenn sie durch das MEK-Protein phosphoryliert wird. Die phosphorylierte Form der MAP-Kinase wandert in den Zellkern, wo sie Transkriptionsaktivatoren phosphoryliert. Diese führen zu einer Reaktion, die die Zellteilung anregt.

Richtige Antwort zu Frage 441 Ein intrazellulärer Signalweg läuft über cyclisches Adenosinmonophosphat (cAMP). Ein zweiter intrazellulärer Signalweg, die cGMP-Kaskade, folgt einem ähnlichen funktionellen Schema. Die Ca^{2+}-Signalkaskade funktioniert wesentlich komplexer als die beiden anderen Signalwege.

Richtige Antwort zu Frage 442 Hormone, NO, Neurotransmitter, Wachstumsfaktoren, Transmembranrezeptoren.

Richtige *second messenger* (cAMP, DAG, IP_3, Ca^{2+}), die in großer Zahl gebildet werden. 2. Weiterleitung und Verstärkung über Enzymkaskaden (Phosphorylierungskaskaden).

Richtige Antwort zu Frage 444 Ras-Proteine wie H-, K- und N-Ras sind Zwischenstufen bei Signalübertragungswegen, die mit einer Autophosphorylierung einer Rezeptor-Tyrosin-Kinase als Reaktion auf ein extrazelluläres Signal erfolgen.

Richtige Antwort zu Frage 445 Es gibt einen meist membranständigen Sensor, der den Umweltreiz wahrnimmt und sich dabei selbst phosphoryliert. Das Signal wird mittels Transphosphorylierung von Sensor auf einen Antwortregulator übertragen. Dieser wird durch die Phosphorylierung aktiv und ist dann für die eigentliche Anpassungsreaktion verantwortlich, z. B. in Form der Steuerung der Expression von Zielgenen.

Richtige Antwort zu Frage 446 Zum Informationsaustausch der Zellen eines Organismus' werden extrazelluläre Botenstoffe, die *first messenger*, benötigt. Hierzu zählen z. B. Transmitter, Hormone und parakrine Stoffe (ATP). Je nachdem, ob sie membrangängig sind oder nicht, haben sie spezifische extra- oder intrazelluläre Rezeptoren. Das zu übermittelnde Signal wird letztlich intrazellulär über weitere Signalwege bis zum Effektor geleitet. Die Stoffe, die dabei intrazellulär wirken, bezeichnet man als *second messenger*. Hierzu zählen z. B. cAMP, cGMP und Ca^{2+}.

Richtige Antwort zu Frage 447 Der cAMP ist niedrig, weil so die Signalweiterleitung sehr empfindlich reagieren kann. Wäre der Gehalt wesentlich höher, würde die Mengenänderung, die durch Signal-Rezeptor-Wechselwirkung ausgelöst wird, nicht so sehr ins Gewicht fallen. Zur Verdeutlichung: Eine Änderung von 0 auf 10 ist auffälliger als eine von 90 auf 100. Der cAMP-Gehalt wird durch die Wirkung der Phosphodiesterase (katalysiert die Bildung von AMP aus cAMP) gering gehalten. Außerdem ist die Adenylat-Cyclase, die cAMP bildet, immer nur begrenzte Zeit nach Aktivierung durch ein G-Protein aktiv.

Richtige Antwort zu Frage 448 Die G-Proteine bestehen aus drei Untereinheiten (α, β, γ). Sie fungieren als Überträger zwischen membranständigem Rezeptor und membranständigem Effektorenzym über die α-Untereinheit, an die GDP gebunden ist. Wichtigste Effektoren sind Adenylat- und Guanylat-Cyclase sowie Phospholipase C.

Richtige Antwort zu Frage 449 In beiden Fällen ist die Aktivierung von einem GDP/GTP-Austausch abhängig. G-Protein-gekoppelte Rezeptoren aktivieren über ihre intrazelluläre Domäne direkt das G-Protein. Rezeptoren, über die Ras aktiviert, müssen nach Ligandenbindung erst noch selbst aktiviert werden (durch Phosphorylierung). Außerdem sind zwischen Rezeptor und Ras noch Adapterproteine zwischengeschaltet, von denen eines Ras schließlich aktiviert.

Richtige Antwort zu Frage 450 Hefezellen kommunizieren über ein Pheromon und ein Pheromonrezeptorsystem, das der Signalaufnahme und -weiterleitung dient.

Olaf Werner

Richtige Antwort zu Frage 451 e. Obwohl mit dem Begriff „Gen" meistens ein DNA-Abschnitt bezeichnet wird, der für ein Protein codiert, gibt es auch Gene, die in ribosomale, Transfer- und andere Arten von RNA transkribiert werden. Außerdem gibt es viele nicht transkribierte DNA-Sequenzen, die man auch als Gene bezeichnen kann. Der Begriff „Gen" ist also nicht eindeutig definiert.

Richtige Antwort zu Frage 452 c. Das Prinzip der genetischen Kopplung wurde von Mendel entdeckt. Er beobachtete, dass die Allele einiger Genpaare zusammen vererbt werden, wenn sie auf demselben Chromosom liegen.

Richtige Antwort zu Frage 453 c. Im Jahr 2002 waren noch keine vollständigen Sequenzen vorhanden. Die ersten fertig gestellten Chromosomensequenzen erschienen im Jahr 2004. Ein Jahr später, 2005, wurde dann eine gesamte Genomsequenz geliefert. Diese Sequenz enthielt 2850 Mb. Ihr fehlte ein kleiner Bereich von 28 Mb des Euchromatins, der sich nicht sequenzieren ließ.

Richtige Antwort zu Frage 454 c. Eine Konservierung der Genreihenfolge zeigen beispielsweise die Genome verwandter Hefen.

Richtige Antwort zu Frage 455 b. Homologe Gene haben evolutionsgeschichtliche Gemeinsamkeiten. Verwandte Spezies besitzen häufig auch Gemeinsamkeiten in ihren Genomen.

O. Werner (✉)
Las Torres de Cotillas, Murcia, Spanien
E-Mail: werner@um.es

O. Werner (Hrsg.), *1000 Fragen aus Genetik, Biochemie, Zellbiologie und Mikrobiologie,*
DOI 10.1007/978-3-642-54987-8_7, © Springer-Verlag Berlin Heidelberg 2014

Richtige Antwort zu Frage 456 e. Die Hälfte der Pflanzen ist großwüchsig und heterozygot.

Richtige Antwort zu Frage 457 a. Der Phänotyp sind die erkennbaren Eigenschaften eines Individuums. Sie kommen sowohl durch genetische als auch durch umweltbedingte Faktoren zustande.

Richtige Antwort zu Frage 458 d. Da die Mutter die Blutgruppe 0 besitzt und das Kind die Blutgruppe A hat, sind die möglichen Phänotypen des Vaters IA oder IAB. Der Genotyp des Neugeborenen beim Vorliegen der Blutgruppe A ist entweder IAIA oder IAi0.

Richtige Antwort zu Frage 459 d. „Homozygot" bedeutet, dass zwei identische Allele eines bestimmten Gens auf den beiden homologen Chromosomen eines diploiden Organismus vorhanden sind. Es bedeutet allerdings nicht, dass auch die Eltern für dieses Allel homozygot sein müssen. Zu c.) Die Begriffe „homozygot" und „reinerbig" sind synonym.

Richtige Antwort zu Frage 460 d. Mithilfe einer Rückkreuzung kann man feststellen, ob ein Individuum, das eine dominante Merkmalsform zeigt, homozygot oder heterozygot ist. Dazu wird das Individuum mit einem anderen Individuum gekreuzt, das für die rezessive Merkmalsform homozygot ist (a und b sind also richtig). Falsch ist Aussage d, das Verhältnis 3:1 stimmt hier nicht.

Richtige Antwort zu Frage 461 d. Gekoppelte Gene liegen auf demselben Chromosom und werden häufig gemeinsam vererbt. Sie müssen aber nicht unmittelbar nebeneinander liegen (damit ist Antwort a falsch). Durch Crossing-over während der Prophase in der Meiose I können auch gekoppelte Gene rekombinieren (damit ist auch Antwort c falsch).

Richtige Antwort zu Frage 462 b. Das Verhältnis 9:3:3:1 tritt bei einer Nicht-Kopplung oder unabhängigen Segregation der Loci auf (vgl. Kreuzungsversuche Mendel).

Richtige Antwort zu Frage 463 b. Geschlechtsbestimmend ist das Y-Chromosom bzw. im speziellen ein bestimmter Abschnitt des Y-Chromosoms, nämlich das SRY-Gen (*sex-determining region of* Y). Fehlt dieser Abschnitt trotz Vorliegen des Genotyps XY, wird der Phänotyp einer Frau ausgebildet. Zu e.) Diese Nomenklatur wird bei Vögeln verwendet: ZZ für männliche Tiere und ZW für weibliche Tiere.

Richtige Antwort zu Frage 464 b. Epistase ist eine Wechselwirkung zwischen Genen, bei der das Vorhandensein eines bestimmten Allels darüber entscheidet, ob ein anderes Gen exprimiert wird.

Richtige Antwort zu Frage 465 a. Watson und Crick erstellten maßstabsgetreue Modelle möglicher DNA-Strukturen, um die relative Position der Atome zueinander zu überprüfen.

Richtige Antwort zu Frage 466 c. DNA und RNA sind Nucleinsäuren. Sie sind Polymere, die aus den monomeren Bausteinen, Nucleotide genannt, aufgebaut sind. Diese bestehen jeweils aus einer Phosphatgruppe, einer stickstoffhaltigen Base, die entweder ein Pyrimidin oder ein Purin ist, und einem Zuckerring. In diesem Zucker, einer Pentose, unterscheiden sich die Nucleinsäuren: Während RNA aus Ribose aufgebaut ist, fehlt bei DNA die Hydroxylgruppe an der 2'-Position, weshalb man hier von Desoxyribose spricht.

Richtige Antwort zu Frage 467 b. *Orphan* ist das englische Wort für Waise. Diesen Genfamilien konnte bislang keine Funktion zugeordnet werden.

Richtige Antwort zu Frage 468 b. Pseudogene sind DNA-Abschnitte, die in aller Regel nicht transkribiert werden. Es handelt sich um Genkopien, die aber für kein funktionelles Protein codieren. Es kann sich beispielsweise um Gene handeln, die mutiert sind und inaktiviert wurden.

Richtige Antwort zu Frage 469 b. Eine genomische Bibliothek umfasst das gesamte Genom eines Organismus. Die DNA-Stücke liegen auf Vektoren verteilt in einem Trägerorganismus wie *E. coli* oder Phagen vor.

Richtige Antwort zu Frage 470 b. Eine *sequence tagged site*, oder STS, ist eine kurze DNA-Sequenz (100–500 bp lang), die leicht zu erkennen ist und nur einmal im untersuchten Genom vorkommt. Sie wird zur physikalischen Kartierung verwendet.

Richtige Antwort zu Frage 471 d. Die Genverteilung innerhalb des Chromosoms ist ungleichmäßig. Die Gendichte variiert ebenfalls stark.

Richtige Antwort zu Frage 472 c. Das Genom der Hefe ist sehr kompakt. Die Gene sind dichter gepackt. Die Zahl der Introns liegt nur bei 239, beim Menschen sind es 300.000.

Richtige Antwort zu Frage 473 d. Die meisten vielzelligen Tiere haben kleine mitochondriale Genome mit einer kompakten Organisation.

Richtige Antwort zu Frage 474 c. Die Gene im Mitochondriengenom codieren für Proteine und funktionelle RNAs.

Richtige Antwort zu Frage 475 c. Bei Heterochromatin handelt es sich um kompakt organisierte DNA. Man unterscheidet die beiden Typen „konstitutives" und „fakultatives Heterochromatin".

Richtige Antwort zu Frage 476 a. Im Euchromatin ist die DNA weniger kompakt als beim Heterochromatin, Expressionsproteine haben Zutritt zu den aktiven Genen.

Richtige Antwort zu Frage 477 c. Gene, die in allen Geweben exprimiert werden, wie die Haushaltsgene, haben nicht methylierte CpG-Inseln.

Richtige Antwort zu Frage 478 d. Die beiden Kreuzungstypen der Hefe *S. cervisiae* sind a und A. Beim Wechsel findet eine Genkonversion statt.

Richtige Antwort zu Frage 479 a. Wie im Namen schon angedeutet, wird die DNA als Matrize für die Polymerisierung von Ribonucleotiden zu RNA verwendet.

Richtige Antwort zu Frage 480 b. Mit Ausnahme der Aminosäuren Tryptophan und Methionin werden alle Aminosäuren durch zwei, drei, vier oder sechs Codons bestimmt.

Richtige Antwort zu Frage 481 d. Die Terminale Desoxynucleotidyltransferase ist eine matrizenunabhängige DNA-Polymerase.

Richtige Antwort zu Frage 482 b. Proteincodierende Gene enthalten offene Leseraster (ORF). Diese ORFs bestehen aus einer Reihe von Codons, die die Aminosäuresequenz des von dem Gen codierten Proteins bestimmen.

Richtige Antwort zu Frage 483 b. Die Consensussequenz ist die Sequenz der Nucleotide, die bei den bekannten Exon-Intron-Grenzen am häufigsten vertreten ist.

Richtige Antwort zu Frage 484 b. Neben den proteincodierenden Genen transkribiert die RNA-Polymerase II auch die meisten Gene der kleinen Kern-RNAs (snRNA).

Richtige Antwort zu Frage 485 c. Das alternative Spleißen ermöglicht es, aus einem einzigen Gen eine ganze Reihe von verschiedenen Proteinen zu generieren. Das geschieht durch unterschiedliches Spleißen, d. h. das Entfernen verschiedener Introns, der mRNA.

Richtige Antwort zu Frage 486 b. Die Spaltung an der 5′-Spleißstelle erfolgt als Umesterung. Die Reaktion geht einher mit der Bildung einer neuen 2′-5′-Phospdiesterbindung.

Richtige Antwort zu Frage 487 b. Große Ähnlichkeit gibt es zwischen den Spleißmechanismen der GU-AG-Introns und der Gruppe-II-Introns.

Richtige Antwort zu Frage 488 d. Kryptische Spleißstellen haben eine ähnliche Sequenz wie das Consensusmotiv einer tatsächlichen Spleißstelle.

Richtige Antwort zu Frage 489 c. Gruppe-I-Introns sind autokatalytisch, sie können in eukaryotischen Prä-rRNAs auftreten.

Richtige Antwort zu Frage 490 c. Das Editing ist eine posttranskriptionelle Modifikation. Zum Beispiel können einzelne Nucleotidbasen der mRNA verändert werden.

Richtige Antwort zu Frage 491 a. Das Zielgen wird in umgekehrter Orientierung in einen Vektor kloniert und dieser anschließend in eine Zelle geschleust. Dort wird dann eine RNA transkribiert, die zur normalen mRNA genau komplementär ist und unter Bildung einer sogenannten Heteroduplex an diese bindet und sie dadurch ausschaltet.

Richtige Antwort zu Frage 492 d. Bei Prokaryoten sind miteinander assoziierte Gene häufig in ein und demselben Operon, das einen einzigen Promotor besitzt, lokalisiert. Bei der Transkription entsteht ein polycistronisches mRNA-Transkript. Bei Eukaryoten enthält jede mRNA gewöhnlich nur ein Cistron und ist daher monocistronisch. Bei polycistronischen mRNAs wird nur das erste Cistron translatiert.

Richtige Antwort zu Frage 493 e. Während Prokaryoten nur eine Art von RNA-Polymerase besitzen, gibt es bei Eukaryoten drei verschiedene, nämlich RNA-Polymerase I, II und III. Bei der eukaryotischen Transkriptionsinitiation werden viele allgemeine und spezifische Transkriptionsfaktoren benötigt, die an die Initiatorregion, die TATA-Box und stromaufwärts liegende DNA-Bereiche binden. Bei Prokaryoten gibt es weniger aktivierende Proteine. Diese binden direkt an die DNA in der Promotorregion. Da sich die eukaryotische DNA im Zellkern befindet, wird sie auch dort in RNA transkribiert. Bei Prokaryoten dagegen fehlt der Zellkern.

Richtige Antwort zu Frage 494 d. Die Transkription, also die DNA-abhängige RNA-Synthese, erzeugt eine RNA, die vom 5'- zum 3'-Ende verlängert wird. Zu a.) Es entsteht nicht nur mRNA, sondern auch tRNA und ribosomale RNA. Zu b.) und c.) Gefragt wurde nach der Transkription, nicht nach der Translation.

Richtige Antwort zu Frage 495 d. Der genetische Code ist degeneriert, das heißt für bestimmte Aminosäuren gibt es mehr als ein Codon. Man spricht in diesem Zusammenhang auch von der Redundanz des genetischen Codes. Zu a.) und b.) Der genetische Code ist außerdem universell. Er gilt für alle Spezies auf der Erde und ist sehr ursprünglich, d. h. er hat sich in der jüngeren Zeit nicht verändert.

Richtige Antwort zu Frage 496 b. Im Jahre 1997 entdeckte man, dass es infolge einer Krebserkrankung zur Umstrukturierung des Transkriptoms kommt. Transkriptomanalysen können zur Krebsdiagnostik eingesetzt werden, da unterschiedliche Krebsarten einzigartige Transkriptome zeigen.

Richtige Antwort zu Frage 497 b. LCR sind Teil des eukaryotischen Promotors. Es handelt sich um regulatorische Sequenzen.

Richtige Antwort zu Frage 498 d. Zu den basalen Promotorelementen zählen die CAAT-Box, die GC-Box und das Oktamer-Modul. Diese Module kommen in vielen Promotoren der RNA-Polymerase II vor.

Richtige Antwort zu Frage 499 b. Enhancer beeinflussen die Anlagerung des Transkriptionskomplexes. Sie können die Transkription von Genen verstärken.

Richtige Antwort zu Frage 500 a. Die Entscheidung darüber, ob Gene an- oder abgeschaltet werden, erfolgt auf der Ebene der Transkriptionsinitiation.

Richtige Antwort zu Frage 501 c. Diese Sequenz wird als Operator bezeichnet. An ihn können Regulatorproteine binden.

Richtige Antwort zu Frage 502 a. Die RNA-Polymerase bedeckt etwa 30 bp der Matrizen-DNA. Darin enthalten ist die Transkriptionsblase mit 12–14 bp. Das wachsende Transkript hat eine Bindungsstelle von ungefähr 8 bp.

Richtige Antwort zu Frage 503 c. Bei der stringenten Kontrolle verringert ein Bakterium seine Transkriptionsrate, besonders von rRNA und tRNA, um Ressourcen zu sparen.

Richtige Antwort zu Frage 504 b. Steroide sind hydrophob und dringen leicht in die Zelle ein. In der Zelle binden sie an spezifische Steroidrezeptoren. Dieser Komplex wandert dann in den Zellkern, wo er an ein Hormone-Response-Element der DNA bindet.

Richtige Antwort zu Frage 505 d. Umstrukturierungen des Genoms sind dafür verantwortlich, dass es eine Vielfalt an Immunglobulinen gibt.

Richtige Antwort zu Frage 506 e. Je stärker das Chromatin kondensiert ist, d. h. je dichter die Nucleosomen gepackt sind, desto schwieriger ist der Zugang für die Proteine des Transkriptionsapparates. Durch die Acetylierung ihrer Schwänze können die Histone benachbarte Nucleosomen nicht mehr binden, was zur Lockerung der Struktur führt. Durch Methylierung der Cytosine in der DNA-Sequenz wird die Expression nahe gelegener Gene verhindert. Von Prägung spricht man, wenn Gene, die im Gameten methyliert sind, ihr Methylierungsmuster auch weiterhin behalten. So wird in weiblichen Individuen das zweite X-Chromosom durch Methylierung fast vollständig inaktiviert.

Richtige Antwort zu Frage 507 a. Riboschalter sind integrale Bestandteile der mRNA. Sie können Effektormoleküle binden und dadurch ihre Sekundärstruktur verändern. Oft beendet die Strukturänderung einen Abbruch der Transkription oder verhindert die Translation ins Protein.

Richtige Antwort zu Frage 508 b. Lactose bindet an den Repressor, was dazu führt, dass dieser nicht an den Operator binden kann. Somit wirkt Lactose als Induktor, bindet aber nicht an den Operator selbst.

Richtige Antwort zu Frage 509 b. Beim *lac*-Operon bindet die RNA-Polymerase an den Promotor, wodurch die Transkription der Strukturgene beginnt. Zu a.) Der Repressor bindet an die Operator-DNA, nicht an den Promotor. Zu e.) Der Begriff „Operon" beschreibt eine genetische Transkriptionseinheit, die typischerweise aus mehreren gemeinsam transkribierten Strukturgenen besteht.

Richtige Antwort zu Frage 510 c. Tryptophan bindet in diesem Fall an den Repressor, der dann wiederum an den Operator bindet, wodurch die Synthese der Enzyme des Tryptophansynthesewegs blockiert wird. Tryptophan ist hier ein Corepressor in einer sogenannten Endprodukthemmung.

Richtige Antwort zu Frage 511 b. Isoakzeptor-tRNAs sind unterschiedliche tRNAs, die alle für die gleiche Aminosäure spezifisch sind. Für die 20 Aminosäuren gibt es bei den Eukaryoten bis zu 50 tRNAs.

Richtige Antwort zu Frage 512 b. Aminoacyl-tRNA-Synthethasen befestigen Aminosäuren an den tRNAs. Bis auf wenige Ausnahmen haben alle Organismen über 20 Aminoacyl-Synthetasen, also ein Enzym für jede Aminosäure.

Richtige Antwort zu Frage 513 c. Der *wobble*-Effekt tritt zwischen dem dritten Nucleotid des Codons und dem ersten Nucleotid des Anticodons auf. Ursache hierfür ist, dass das Anticodon sich in einer Schleife der tRNA befindet und etwas gekrümmt ist, was die gleichmäßige Ausrichtung erschwert.

Richtige Antwort zu Frage 514 c. Inosin ist ein modifiziertes Purin, es kann nur in der tRNA vorkommen, nicht in der mRNA.

Richtige Antwort zu Frage 515 a. Untypisch für ein Operon ist die Translation in ein Polypeptid. Die Gene eines Operons werden zwar als eine Einheit exprimiert, können aber in unterschiedliche Peptide translatiert werden.

Richtige Antwort zu Frage 516 a. Die Termination erfolgt mithilfe von Protein-Freisetzungsfaktoren. Bei Bakterien kennt man drei Typen: RF-1, RF-2 und RF-3.

Richtige Antwort zu Frage 517 b. Chaperone unterstützen das Protein nur darin, seine richtige Struktur anzunehmen. Sie legen nicht die Tertiärstruktur fest.

Richtige Antwort zu Frage 518 d. Proteolyse ist der Abbau von Proteinen.

Richtige Antwort zu Frage 519 e. Die meisten Aminosäuren werden von mehreren Codons codiert, aber oft werden nicht alle Codons verwendet. Die tRNAs der nicht verwendeten Codons werden nur in geringen Mengen gebildet. Da sich die Organismen hinsichtlich der verwendeten Codons unterscheiden, kann es zu einem Mangel an entsprechenden tRNAs kommen, wenn man Gene in fremden Organismen exprimieren will. Das Problem lässt sich lösen, indem man die zu exprimierenden Gene so verändert, dass die Codons von häufigen tRNAs erkannt werden oder indem man den Wirtsorganismus durch genetische Manipulation dazu bringt, die benötigten tRNAs in größeren Mengen herzustellen.

Richtige Antwort zu Frage 520 d. Bei Eukaryoten findet die Transkription im Zellkern statt, die Translation dagegen an den Ribosomen im Cytoplasma. Bei Prokaryoten wird oft schon während der Transkription mit der Translation begonnen.

Richtige Antwort zu Frage 521 c. Ein funktionelles prokaryotisches 70S-Ribosom setzt sich aus einer 50S- und einer 30S-Untereinheit sowie der daran gebundenen beladenen Initiator-tRNA zusammen. Die 50S-Untereinheit besteht aus zwei rRNAs (5S und 23S) und 34 Proteinen. Die 30S-Untereinheit wird von der 16S-rRNA und 21 Proteinen aufgebaut.

Richtige Antwort zu Frage 522 a. Bei der Mitose teilt sich der diploide Kern einer somatischen Zelle, und es entstehen zwei diploide Tochterkerne.

Richtige Antwort zu Frage 523 b. Beim reziproken Strangaustausch wird zwischen beiden Strängen doppelsträngige DNA übertragen, dies geschieht beim Crossing-over.

Richtige Antwort zu Frage 524 d. Die homologen Chromosomen lagern sich bei der Meiose I zusammen, nicht aber bei der Mitose. Die übrigen Antworten treffen aber allesamt zu.

Richtige Antwort zu Frage 525 c. In diesem Stadium beträgt die Anzahl der Tochterchromosomen 46. Bei der Meiose wird ein diploider, replizierter Chromosomensatz auf vier neue Zellkerne verteilt. Wenn die menschliche Zelle diploid ist, besteht der Karyotyp aus 23 homologen Chromosomenpaaren.

Richtige Antwort zu Frage 526 b. „Nucleoid" bezeichnet die hellgefärbte Region der ansonsten strukturlosen prokaryotischen Zelle, in der die ringförmige DNA zu finden ist.

Richtige Antwort zu Frage 527 c. Ein Integron ist ein Genabschnitt bei Bakterien, der die Fähigkeit hat, Gene aufzunehmen.

Richtige Antwort zu Frage 528 c. Beim lateralen Gentransfer werden Gene außerhalb der geschlechtlichen Fortpflanzung und über Artgrenzen hinweg übertragen.

Richtige Antwort zu Frage 529 d. Als Prophage wird die passive Form eines Phagen bezeichnet, die beim lysogenen Infektionszyklus auftreten kann.

Richtige Antwort zu Frage 530 c. Durch die angehängte Formylgruppe (-COH) wird sichergestellt, dass die Polypeptidsynthese in N→C-Richtung stattfindet.

Richtige Antwort zu Frage 531 c. Den meisten Einfluss auf die Evolution der Genome hatte wahrscheinlich die Transformation. Durch die Transformation kann ein Genfluss stattfinden, der auch über verwandte Spezies hinweggeht.

Richtige Antwort zu Frage 532 c. Eine Purinbase paart sich mit einer Pyrimidinbase und umgekehrt.

Richtige Antwort zu Frage 533 b. Die Doppelhelix trennt sich auf und dient als Matrize für die neuen Stränge. Zu c.) Das hier beteiligte Enzym ist die DNA-Polymerase, nicht die RNA-Polymerase. Zu e.) Absolut nicht. Die DNA wird aus Nucleotiden synthetisiert, aber nicht aus Aminosäuren.

Richtige Antwort zu Frage 534 d. Die DNA-Ligase katalysiert die Verknüpfung der Okazaki-Fragmente, indem sie die Phosphodiesterbindung zwischen den benachbarten Fragmenten herstellt.

Richtige Antwort zu Frage 535 c. Das topologische Problem ergibt sich dadurch, dass die Doppelhelix entwunden werden muss, um von ihren Polynucleotiden eine Kopie zu erstellen.

Richtige Antwort zu Frage 536 b. Die Okazaki-Fragmente bei den Eukaryoten sind etwa 200 Nucleotide lang, bei den Bakterien sind sie mit 1000–2000 Nucleotiden deutlich länger.

Richtige Antwort zu Frage 537 d. Zur Erhöhung der Genauigkeit der DNA-Synthese gibt es verschiedene Mechanismen.

Richtige Antwort zu Frage 538 c. Das Einfügen von Phagengenomen in das bakterielle Chromosom erfolgt durch ortsspezifische Rekombination.

Richtige Antwort zu Frage 539 a. Eine Genkonversion ist der nichtreziproke Austausch von DNA-Sequenzen. Er kann in der Meiose auftreten.

Richtige Antwort zu Frage 540 d. Man geht heute davon aus, dass die grundlegende Funktion in der postreplikativen Reparatur liegt. Die Funktion beim Crossing-over ist eher sekundär.

Richtige Antwort zu Frage 541 c. Die DNA-Gyrase ist eine Typ-II-Topoisomerase. Während die meisten Topoisomerasen die DNA entspannen, katalysiert dieser Typ die entgegengesetzte Reaktion und führt Superspiralisierungen in die DNA ein.

Richtige Antwort zu Frage 542 e. DNA-Gyrase entfernt die Superspiralisierung und DNA-Helikase entwindet die Doppelhelix kurz vor der Replikationsgabel. Einzelstrangbindende Proteine halten die beiden Stränge getrennt. Topoisomerase IV bricht bei ringförmigen Chromosomen die Doppelstränge auf, um sie aus der kettenförmigen Struktur zu lösen.

Richtige Antwort zu Frage 543 a. Die DNA-Polymerase III benötigt eine 3′-OH-Gruppe, um neue Nucleotide anfügen zu können. Sie verlängert den DNA-Strang ausgehend von einem 10 bis 12 bp langen RNA-Primer, der durch das Enzym Primase synthetisiert wird.

Richtige Antwort zu Frage 544 c. Die ringförmigen Chromosomen von Bakterien und einige Plasmide werden durch die θ-Replikation, ausgehend vom einzigen Replikationsursprung, repliziert. Dagegen nutzen andere Plasmide und viele Viren die *rolling circle*-Replikation. Aufgrund ihrer Größe besitzen eukaryotische Chromosomen mehrere Replikationsursprünge, von denen aus in der S- oder Synthesephase des Zellzyklus die Replikation gestartet wird.

Richtige Antwort zu Frage 545 a. Bei einer Nonsense-Mutation wird eine Base gegen eine andere ausgetauscht. Dabei wird in der mRNA ein Stoppcodon wie beispielsweise UAG erzeugt. Die Auswirkung einer Nonsense-Mutation ist gravierender als die einer Missense-Mutation.

Richtige Antwort zu Frage 546 a. Die Krankheit Phenylketonurie ist die Folge einer Anomalie des Enzyms Phenylalanin-Hydroxylase. Das Enzym katalysiert die Umwandlung von Phenylalanin in Tyrosin. Kann diese Umwandlung nicht stattfinden, weil das Enzym funktionslos ist, reichert sich Phenylalanin im Blut an. In der Folge dieser molekularen Anomalie entstehen die klinischen Symptome der PKU.

Richtige Antwort zu Frage 547 b. Multifaktorielle Krankheiten werden von vielen Genen verursacht, die miteinander und mit Umwelteinflüssen interagieren. Zu a.) Multifaktorielle Krankheiten sind sehr viel häufiger als Einzelgenerkrankungen, bei denen ein klinisches Erscheinungsbild auf ein einziges verändertes Gen oder Protein zurückzuführen ist.

Richtige Antwort zu Frage 548 b. Das Fragiles-X-Syndrom ist eine chromosomale Anomalie, bei der eine kurze DNA-Sequenz vielfach wiederholt vorliegt. Bei der Herstellung von mikroskopischen Präparaten kann man eine Einschnürung in der Nähe eines Endes des X-Chromosoms erkennen, das dadurch zum Abbrechen neigt. Zu e.) das Grundmuster der Vererbung dieser Krankheit ist X-gekoppelt rezessiv, man findet aber auch Abweichungen von diesem Erbgang.

Richtige Antwort zu Frage 549 c. Prionen besitzen keine Nucleinsäuren. Ursprünglich glaubte man, dass Prionen Viren sind, da sie aber ausschließlich aus Proteinen bestehen, können sie den Viren nicht zugeordnet werden.

Richtige Antwort zu Frage 550 c. Die Retrotransposition läuft über eine RNA-Zwischenstufe. Das Enzym Reverse Transkriptase wird hier gesucht.

Richtige Antwort zu Frage 551 b. Barbara McClintock entdeckte in den 1950er-Jahren beim Mais die Ac/Ds-Elemente, ein Typ von pflanzlichen DNA-Transposons.

Richtige Antwort zu Frage 552 c. Ursache für Punktmutationen sind häufig Fehler während der Replikation.

Richtige Antwort zu Frage 553 b. Unter Basenanaloga versteht man Purin- und Pyrimidinbasen, die den normalen Basen recht ähnlich sind und so in Nucleotide eingebaut werden.

Richtige Antwort zu Frage 554 a. Eine Mutation, die ein Codon, das eine Aminosäure spezifiziert, in ein Stoppcodon umwandelt, nennt man Nonsense-Mutation. Es entsteht ein verkürztes Protein.

Richtige Antwort zu Frage 555 b. Bei der SOS-Reparatur wählt die Polymerase mehr oder weniger zufällig ein Nucleotid aus und baut es ein. Die Fehlerrate ist entsprechend hoch. Die SOS-Antwort ist ein Notfallmechanismus zum Kopieren eines beschädigten Genoms.

Richtige Antwort zu Frage 556 c. Eine Möglichkeit, die Transposition zu verhindern, liegt in der Methylierung, da Methylierungen häufig dazu dienen, Genombereiche abzuschalten. Viele transponierbare Elemente sind hypermethyliert.

Richtige Antwort zu Frage 557 c. Durch die PCR können spezifische DNA-Sequenzen vervielfältigt werden. Zu e.) Zum Einsatz kommen hier spezielle hitzebeständige Polymerasen, da zur Denaturierung der DNA Temperaturen höher als 90 °C erforderlich sind.

Richtige Antwort zu Frage 558 b. Restriktionsenzyme katalysieren das Zerschneiden doppelsträngiger DNA-Moleküle in kleinere Fragmente, indem sie die Bindung zwischen der 3′-Hydroxylgruppe eines Nucleotids und der 5′-Phosphatgruppe des nächsten Nucleotids trennen. Jedes Restriktionsenzym schneidet die DNA an einer spezifischen Erkennungsstelle, der sogenannten Restriktionsstelle. Zu a.) Restriktionsenzyme sind für Bakterien sehr wichtig, um sich gegen Virenangriffe zu schützen. Zu c.) Restriktionsenzyme richten sich gegen Bakteriophagen und werden von den Bakterien produziert.

Richtige Antwort zu Frage 559 a. Durch die Phosphatgruppen ist die DNA bei einem neutralen pH-Wert negativ geladen. In einem elektrischen Feld wandert sie daher zum positiven Pol. Das porenhaltige Gel wirkt wie ein Sieb, die kleineren Fragmente bewegen sich darin schneller als die größeren.

Richtige Antwort zu Frage 560 e. Durch RNA-Interferenz wird die Translation von mRNA gehemmt. Dazu werden kurze, doppelsträngige RNA-Fragmente, die sogenannte siRNA verwendet. Der *small interfering* RNA-Doppelstrang wird von einem Proteinkomplex zu Einzelsträngen entspiralisiert und zu der komplementären Region auf der mRNA geleitet. Die Ziel-RNA wird nach Bindung der siRNA abgebaut.

Richtige Antwort zu Frage 561 b. Komplementäre DNA (cDNA) entsteht aus mRNA durch reverse Transkription. Das Enzym Reverse Transkriptase erlaubt die Herstellung einer DNA-Kopie, ausgehend von einer mRNA.

Richtige Antwort zu Frage 562 c. In einer solchen genomischen Bibliothek enthält jede Bakterienzelle ein zufälliges Frosch-DNA-Segment. Beim Zerschneiden der DNA mit einem Restriktionsenzym werden viele Fragmente erzeugt, die einzeln und zufällig mit einem Plasmidvektor verknüpft und in die *E.-coli*-Wirtszelle eingeführt werden.

Richtige Antwort zu Frage 563 e. Unter „Pharming" versteht man die Erzeugung medizinisch relevanter Produkte in der Milch eines Tieres. Beispielsweise werden Blutgerinnungsfaktoren zur Behandlung der Bluterkrankheit auf diese Weise erzeugt. Der Begriff setzt sich aus den Worten „Pharma" und *„farming"* zusammen.

Richtige Antwort zu Frage 564 e. Beim genetischen Fingerabdruck zur Charakterisierung eines Individuums wird nach Genen gesucht, die hochgradig polymorph sind. Dazu eignen sich im Besonderen kurze, sich mäßig wiederholende DNA-Sequenzen, die VNTRs (*variable number of tandem repeats*). Liegen sie zwischen zwei Erkennungsstellen für Restriktionsenzyme, sind sie einfach nachzuweisen. Wird die DNA mit einem Restriktionsenzym geschnitten, entstehen zwei Fragmente unterschiedlicher Länge (vererbt von Vater und Mutter). Bei Verwendung mehrerer diese Marker erhält man für jeden Menschen ein charakteristisches Muster (eineiige Zwillinge ausgenommen).

Richtige Antwort zu Frage 565 a. Bei Typ-II-Enzymen erfolgt der Schnitt immer an der gleichen Position. Diese liegt entweder innerhalb der Erkennungssequenz oder in ihrer Nähe. Bei Restriktionsenzymen vom Typ I oder III wird die Schnittstelle nicht streng kontrolliert und ist daher nicht immer gleich.

Richtige Antwort zu Frage 566 d. Transformation ist der Erwerb neuer Gene einer Zelle durch die Aufnahme nackter DNA. Nimmt eine *E.-coli* -Zelle ein Plasmid auf, handelt es sich ebenfalls um Transformation.

Richtige Antwort zu Frage 567 d. Im Rahmen der Gentherapie werden Adenoviren und Retroviren verwendet, um Gene in Zellen einzuschleusen.

Richtige Antwort zu Frage 568 b. Ein Cosmid ist ein Plasmid, das λ-cos-Stellen besitzt. Bei Pflanzen wird es nicht eingesetzt.

Richtige Antwort zu Frage 569 d. Besonders bei der Shotgun-Methode kann es zu Fehlern kommen, wenn die DNA viele repetitive Sequenzen enthält. Wird eine solche Sequenz in Fragmente zerteilt, enthalten viele der Stücke gleiche oder ähnliche Sequenzmotive. Beim Zusammensetzen dieser Sequenzen entstehen dann oft Fehler.

Richtige Antwort zu Frage 570 d. Im Gegensatz zu Minisatelliten sind Mikrosatelliten gleichmäßig über das Genom verteilt. Außerdem sind sie kürzer und können mit der PCR schnell dargestellt werden.

Richtige Antwort zu Frage 571 c. Jedes Didesoxynucleotid ist mit einem anderen Fluoreszenzfarbstoff markiert. Ein Fluoreszenzdetektor ermittelt während der Elektrophorese die jeweiligen ddNTPs.

Richtige Antwort zu Frage 572 d. Bei der Pyrosequenzierung wird jedes Nucleotid einzeln zugesetzt. Das dem Reaktionsgemisch ebenfalls zugesetzte Nucleotidaseenzym baut nicht eingebaute Desoxynucleotide ab.

Richtige Antwort zu Frage 573 b. Es bestand die Befürchtung, dass die erhaltenen Datenmengen nicht bewältigt werden können. Zumindest bei kleinen Genomen stellte sich dies jedoch als unbegründet heraus.

Richtige Antwort zu Frage 574 a. Beim positionellen Klonieren wird von einer kartierten Stelle zu einer weiteren, nicht mehr als einige Megabasen entfernten Stelle gewandert.

Richtige Antwort zu Frage 575 d. Beim Vergleich von zwei Transkriptomen werden die cDNA-Präparationen mit unterschiedlichen Fluoreszenzmarkern gekennzeichnet.

Anschließend wird der Array bei entsprechender Wellenlänge analysiert. Anhand der relativen Intensitäten der Signale können Unterschiede im mRNA-Gehalt bestimmt werden.

Richtige Antwort zu Frage 576 e. Das Bakterium *Thermus aquaticus* lebt in heißen Quellen und kann bei Temperaturen nahe dem Siedepunkt und pH-Werten von ungefähr 1, also in sehr saurem Milieu, überleben. Seine Proteine sind extrem hitzestabil, weshalb man seine DNA-Polymerase (Taq-Polymerase) für die Polymerasekettenreaktion (PCR), bei der ebenfalls Temperaturen knapp unter 100 °C erreicht werden, einsetzt. Die DNA-Polymerasen vieler anderer Organismen würden bei diesen Temperaturen denaturieren.

Richtige Antwort zu Frage 577 e. Alle Elemente sind sogenannte „genetische Einheiten". Mit ihrer Hilfe kann genetisches Material in Zellen oder Organismen eingebracht oder zwischen ihnen ausgetauscht werden. Genetische Einheiten können ihr Genom nicht selbst replizieren und sind nicht fähig, ohne einen Wirt zu überdauern.

Richtige Antwort zu Frage 578 a. Restriktionsenzyme oder Restriktionsendonucleasen schneiden DNA und erzeugen dabei glatte Enden, wenn beide Stränge an derselben Stelle geschnitten werden, oder klebrige bzw. kohäsive Enden mit spezifischen einzelsträngigen Überhängen. DNA-Ligase vermag zwei DNA-Fragmente zu verknüpfen. Dieser Vorgang ist sehr effizient, wenn es sich um passende klebrige Enden handelt.

Richtige Antwort zu Frage 579 e. Über die aromatischen Ringe in ihren Basen absorbieren Nucleinsäuren UV-Licht. Bei einer Wellenlänge von 260 nm kann man die DNA-Konzentration einer Probe bestimmen. Werden bei der Replikation radioaktive Isotope wie ^{32}P oder ^{35}S oder fluoreszenzmarkierte Nucleotide eingebaut, können die Nucleinsäuren durch Autoradiographie bzw. Fluoreszenz detektiert werden. Die chemische Markierung mit Biotin bzw. Digoxigenin *in vitro* mithilfe von Primern, DNA-Polymerase und markierten Nucleotiden.

Richtige Antwort zu Frage 580 b. G-C-Basenpaare bilden drei Wasserstoffbrückenbindungen aus und sind schwerer zu trennen als A-T-Basenpaare, die nur zwei Wasserstoffbrücken haben. Deshalb steigt die zur Trennung der beiden Stränge erforderliche Temperatur mit dem Anteil an G-C-Basenpaarungen im Molekül.

Richtige Antwort zu Frage 581 a. Mit Southern-Blots bestimmt man die Ähnlichkeit der DNA-Sequenzen zweier Organismen. Nach Auftrennung der zu untersuchenden Ziel-DNA durch Elektrophorese werden markierte Sonden mit bekannter Sequenz zugegeben und hybridisieren bei ausreichender Ähnlichkeit mit der Ziel-DNA. Der Northern-Blot unterscheidet sich vom Southern-Blot dadurch, dass die Zielsequenz RNA, meistens mRNA ist.

Richtige Antwort zu Frage 582 b. Bei der Fluoreszenz-*in-situ*-Hybridisierung lässt man eine fluoreszenzmarkierte DNA-Sonde direkt mit der DNA oder RNA in einer Zielzelle hybridisieren. Zur Untersuchung von DNA muss diese zuerst durch Hitze denaturiert werden. Bei RNA, die in den Zellen einzelsträngig vorliegt, entfällt dieser Schritt.

Richtige Antwort zu Frage 583 e. Lässt man Zellen in mit einem Antibiotikum versetzten Medium wachsen, überleben nur solche, die einen Vektor und das darauf codierte Resistenzgen aufgenommen haben. Eine hohe Kopienzahl eines Plasmids sorgt für eine große Menge an Plasmid-DNA und eine leichte Isolierung. Die multiple Klonierungsstelle besitzt mehrere Schnittstellen für Restriktionsenzyme, an denen fremde DNA ohne Zerstörung anderer Gene eingefügt werden kann. Bei der α-Komplementation ist eine Zerstörung eines bestimmten Genfragments auf dem Plasmid erwünscht, um zu überprüfen, ob die DNA tatsächlich inseriert wurde.

Richtige Antwort zu Frage 584 c. Künstliche Hefechromosomen (engl. *yeast artificial chromosomes*, YACs) sind Klonierungsvektoren, die DNA-Stücke mit einer Größe von bis zu 2000 kb enthalten können.

Richtige Antwort zu Frage 585 a. Didesoxynucleotide besitzen im Gegensatz zu Desoxynucleotiden keine 3'-OH-Gruppe am Zuckerring. Da die DNA-Polymerase diese OH-Gruppe braucht, um das nächste Nucleotid mit seiner 5'-Phosphatgruppe daran zu koppeln, bricht die Kette nach dem Einbau eines Didesoxynucleotids ab.

Richtige Antwort zu Frage 586 a. Bei der Polymerasekettenreaktion (PCR) wird die DNA-Matrize durch Hitze (94 °C) denaturiert. Beim Abkühlen auf 50 bis 60 °C lagern sich die spezifischen Primer an die Einzelstränge, und die hitzestabile Taq-Polymerase synthetisiert bei etwa 70 °C von diesen ausgehend das gewünschte DNA-Segment. Die Reaktionen finden im Thermocycler statt, der die Temperatur sehr schnell ändern kann.

Richtige Antwort zu Frage 587 d. Die Reverse-Transkriptase-PCR (RT-PCR) benutzt als DNA-Matrize eine cDNA, die vorher durch das Enzym Reverse Transkriptase aus mRNA erzeugt wurde. Auf diese Weise kann man ein Gen ohne Introns vervielfältigen.

Richtige Antwort zu Frage 588 b. Data-Mining beschreibt die Durchsuchung genomischer Datenbanken und die Auswertung dieser Daten mithilfe geeigneter Computerprogramme. Dabei werden die interessierenden Daten zuerst gesucht, dann von unnötigen Informationen getrennt, in ein für den jeweiligen Zweck geeignetes Format umgewandelt und anschließend analysiert und interpretiert.

Richtige Antwort zu Frage 589 c. Bis auf GFP sind alle genannten Proteine Enzyme, die eine Reaktion mit einem Substrat katalysieren. Luciferase benötigt Luciferin, Alkalische Phosphatase spaltet Phosphatgruppen von verschiedenen Substraten ab und β-Galactosidase spaltet Lactose bzw. künstliche Substrate wie z. B. X-Gal. GFP dagegen wird durch UV-Strahlen zur Emission von grünem Licht angeregt.

Richtige Antwort zu Frage 590 e. Anders als mRNA entsteht Antisense-RNA durch Transkription des codierenden Stranges der DNA. Deshalb ist sie komplementär zur mRNA und kann sich an diese anlagern, wodurch die RNA-Prozessierung und die Translation in die Proteinsequenz unterbunden werden. Antisense-Oligonucleotide kann man auch im Labor mittels chemischer Oligonucleotidsynthese oder durch umgekehrte Klonierung des betreffenden Gens herstellen.

Richtige Antwort zu Frage 591 d. Beim Menschen ist es nicht möglich, Kreuzungen anzusetzen, stattdessen stammen die Daten für die Berechnung von Rekombinationsfrequenzen aus der Untersuchung von Genotypen von Mitgliedern aufeinanderfolgender Generationen in bestehenden Familien.

Richtige Antwort zu Frage 592 d. Aussage d ist unzutreffend. Auch wenn zwei Populationen für einen Genort den gleichen Genpool aufweisen, kann die Anzahl der Homozygoten variieren, denn die Allele in den beiden Populationen können unterschiedlich auf die hetero- und homozygoten Genotypen verteilt sein.

Richtige Antwort zu Frage 593 b. Die erwartete Häufigkeit von Aa-Individuen in der Population ist 0,42. Die Formeln für das Hardy-Weinberg-Gleichgewicht lauten: $p^2 + 2pq + q^2 = 1$ und $p + q = 1$. Damit ist die Frequenz von a-Allelen 0,7 und die Häufigkeit von Aa-Individuen ($2pq = 2*0,3*0,7$) 0,42.

Richtige Antwort zu Frage 594 b. Bei vielen Organismen wird die mtDNA nur maternal vererbt, also von der Mutter an die Nachkommen weitergegeben.

Richtige Antwort zu Frage 595 a. Die Klonexperimente haben gezeigt, dass die Zellkerne adulter Zellen totipotent sind. Damit konnte bewiesen werden, dass die Differenzierung keine dauerhafte Veränderung im Genom mit sich bringt. Der Kern behält die Fähigkeit bei, wie ein Zygotenkern zu agieren und kann auch weiterhin die Entstehung eines Gesamtorganismus steuern. Zu c.) Alle Zellen enthalten sämtliche Gene für den Organismus, sie sind in unterschiedlichen Geweben lediglich unterschiedlich ausgeprägt.

Richtige Antwort zu Frage 596 b. Beim therapeutischen Klonen werden Kerntransplantation und Stammzelltechnologie miteinander kombiniert. Mit diesem Verfahren erhofft man sich Abstoßungsreaktionen zu vermeiden und individuell angefertigte Zellen zu erzeugen. Zu c.) Dieses Verfahren wird eher mit dem Begriff „Pharming" beschrieben. Beim Pharming werden Tiere eingesetzt, um medizinisch relevante Produkte zu erzeugen. Ein Beispiel sind Blutgerinnungsfaktoren.

Richtige Antwort zu Frage 597 c. Die Reihenfolge der Expression ist: Maternaleffektgene, Lückengene, Paarregelgene und hömöotische Gene. Durch die Maternaleffektgene wird die Polarität bestimmt, anschließend werden durch die Lückengene breite Banden entlang der anterior-posterioren Achse organisiert. Durch die Paarregelgene wird der Embryo in Einheiten von jeweils zwei Segmenten unterteilt. Die homöotischen Gene schließlich definieren die funktionellen Merkmale der Segmente.

Richtige Antwort zu Frage 598 d. Gewebe können sich nicht selbst induzieren. Für die Induktion müssen verschiedene Gewebe miteinander in Wechselwirkung treten und sich gegenseitig induzieren.

Richtige Antwort zu Frage 599 b. Durch die Paarregelgene wird der Embryo in Einheiten von jeweils zwei Segmenten unterteilt. Mutationen führen dazu, dass dem Embryo jedes zweite Segment fehlt. Zu a.) Die homöotischen Gene stehen am Ende der Genkaskade, die die Musterbildung kontrolliert. Am Anfang stehen die Maternaleffektgene. Zu c.) Mutationen in Lückengenen führen zu Lücken im Körperbau, wie etwa dem Auslassen mehrerer Segmente.

Richtige Antwort zu Frage 600 d. Die Identität der Segmente wird durch die homöotischen Selektorgene bestimmt. Auf Chromosom 3 liegen der Antennapedia-Komplex für Kopf- und Thoraxsegmente und der Bithorax-Komplex, der bei der Bildung der Abdomensegmente beteiligt ist.

Richtige Antwort zu Frage 601 a. Da homöotische Mutationen schwere Auswirkungen haben, können sie häufig nur an Larven untersucht werden. Mutationen dieser Gene rufen bizarre Effekte hervor. Der Ablauf der Entwicklung wird derartig verändert, dass die Organismen häufig nicht lebensfähig sind.

Richtige Antwort zu Frage 602 a. Beim Prozess der anterior-posterioren Determination nehmen die Hox-Gene eine Schlüsselrolle ein. Bei der Maus kontrollieren diese Gene die Differenzierung längs der anterior-posterioren Körperachse. Zu b.) Der Transkriptionsfaktor β-Catenin spielt eine Rolle beim Spemann-Organisator und den molekularen Mechanismen der Gastrulation.

Richtige Antwort zu Frage 603 e. Alle hier genannten Punkte treffen zu. Speziell die Umweltbedingungen spielen eine nicht zu vernachlässigende Rolle. Zusätzlich können bestimmte Regulationsgene eine Abwandlung in der Morphologie bewirken.

Richtige Antwort zu Frage 604 c. Die Struktur einer Blüte wird von einer kleinen Zahl von homöotischen Genen bestimmt. Der Aufbau der Blüten folgt einem ähnlichen Prinzip bestehend aus vier konzentrischen Wirteln, aus denen jeweils ein anderes Blütenorgan hervorgeht.

Richtige Antwort zu Frage 605 a. Man hielt die Existenz des Florigens für wahrscheinlich, weil die Nachtlänge in den Blättern gemessen wird, aber die Blüte an einem anderen

Ort stattfindet. Somit muss ein Signal vom Blatt zum Apikalmeristem, dem Bildungsort der Blütenanlage, gesendet werden. Aufgrund dieser Annahme wurde zunächst vermutet, dass es sich hierbei um hormonähnliche Substanzen handelt, da beispielsweise Gibbereline auf manche Pflanzen blühinduzierend wirken können. Es stellte sich jedoch später heraus, dass mRNA vom induzierten Blatt in die Sprossspitze transportiert wird und dort nach der Translation in die Genexpression eingreift. Neben der Photoperiode kann auch eine Kälteperiode die Blütenbildung beeinflussen: diese sogenannte Vernalisation ist jedoch hormonbasiert.

Richtige Antwort zu Frage 606 Die biologische Information, die durch das Genom codiert wird, wird in Form von Proteinen exprimiert. Durch die Festlegung verschiedener Proteintypen kann das Genom ein Proteom herstellen, dessen Gesamtheit an biologischen Eigenschaften die Grundlage für das Leben ist.

Richtige Antwort zu Frage 607 Genotyp ist die Gesamtheit der Gene eines Genoms, Phänotyp ist die Gesamtheit der Merkmale eines Individuums. Der Phänotyp wird durch die Expression des Genotyps und Auswirkungen der Umwelt bedingt.

Richtige Antwort zu Frage 608 Durch Mutation entstandene Variante eines Gens.

Richtige Antwort zu Frage 609 An korrespondierenden Stellen auf den homologen Chromosomen des diploiden Chromosomensatzes liegen zwei gleichartige Allele.

Richtige Antwort zu Frage 610 Aufgrund struktureller Unterschiede zwischen homologen Chromosomen (z. B. Sexchromosomen) ist im diploiden Chromosomensatz nur ein Allel vorhanden.

Richtige Antwort zu Frage 611 Beide Allele eines diploiden Chromosomensatzes werden ausgeprägt und sind im Phänotyp erkennbar.

Richtige Antwort zu Frage 612 Ein Merkmal wird in seiner Ausprägung von mehreren Genen beeinflusst.

Richtige Antwort zu Frage 613 Unter Penetranz versteht man das Auftreten oder das Fehlen eines Merkmals, wenn das entsprechende Gen vorhanden ist. Die Penetranz ist ein „Alles-oder-Nichts-Phänomen". Die Expressivität beschreibt das Ausmaß der Merkmalsausprägung eines gegebenen Gens.

Richtige Antwort zu Frage 614 Die Veränderung eines Merkmals durch Umwelteinflüsse, sodass die Wirkung eines anderen bestimmten Gens oder Allels vorzuliegen scheint.

Richtige Antwort zu Frage 615 Die beiden Eltern unterscheiden sich phänotypisch nur in einem Merkmal, oder man ist nur an einem Merkmal interessiert.

Richtige Antwort zu Frage 616 Nicht gekoppelte Gene werden unabhängig voneinander vererbt.

Richtige Antwort zu Frage 617 Die doppelt Homozygote produziert genetisch identische Gameten. Sind sie rezessiv, dann trägt dieser Elter nicht zum Phänotyp der Nachkommen bei.

Richtige Antwort zu Frage 618 Abweichend von der ersten Mendel-Regel ist die erste Filialgeneration nicht uniform.

Richtige Antwort zu Frage 619 Der Phänotyp eines Allels ist nicht durch ein zweites Allel maskiert und kann unmittelbar abgelesen werden.

Richtige Antwort zu Frage 620 Kreuzungszüchtung (sexuelle Kreuzung zweier Individuen) und Mutationszüchtung (Erzeugung von zufälligen Mutationen durch Strahlen oder mutagene Chemikalien).

Richtige Antwort zu Frage 621 Die Nachkommen erhalten bestimmte Gene nur über die mütterliche Linie, z. B. über die mitochondriale DNA.

Richtige Antwort zu Frage 622 Ein Barr-Körperchen, so benannt nach einem der Entdecker, ist ein stark kondensiertes und damit transkriptionsinaktives X-Chromosom in somatischen Zellen, das im Zuge der Dosiskompensation bei Säugern gebildet wird. Ein Barr-Körperchen ist nicht notwendigerweise mit dem weiblichen Geschlecht assoziiert. Patienten mit dem sogenannten Klinefelter-Syndrom sind Männer. Sie haben ein überzähliges X-Chromosom (47, XXY), und die somatischen Zellen zeigen je ein Barr-Körperchen. Generell gilt, dass die Zahl der X-Chromosomen minus 1 die Zahl der Barr-Körperchen ergibt.

Richtige Antwort zu Frage 623 Im heteromorphen Geschlecht von Tieren fehlen im Y-Chromosom die allermeisten der mehreren Tausend Gene, die der homologe Paarungpartner in der Meiose, das X-Chromosom, trägt. Folglich ist in den beiden Geschlechtern eine ungleiche Dosis der X-codierten Genprodukte zu erwarten. Dies wird aber nicht beobachtet. Die ungleiche Menge an auf den Sexchromosomen sitzenden Genen in den beiden Geschlechtern wird mit zwei prinzipiell verschiedenen Mechanismen kompensiert. Da ist zum einen die Inaktivierung der überzähligen X-Chromosomen im weiblichen Geschlecht. Es werden von diesen Chromosomen – und Säugetiere zeigen dieses Muster – mit wenigen Ausnahmen keine Transkripte abgelesen. Zum anderen kann das einzige X-Chromosom im männlichen Geschlecht hyperaktiv sein. D. h. es werden mehr Transkripte abgelesen, um mit dem weiblichen Geschlecht gleichzuziehen. Die Taufliege, *Drosophila melanogaster*, zeigt dieses Muster.

Richtige Antwort zu Frage 624 Orthologe Gene sind homologe Gene, die in unterschiedlichen Organismen vorkommen, und paraloge Gene sind homologe Gene in demselben Organismus.

Richtige Antwort zu Frage 625 Telomere kennzeichnen die Chromosomenenden und ermöglichen es der Zelle, zwischen einem echten Ende und einem Ende, das durch einen Chromosomenbruch entstanden ist, zu unterscheiden.

Richtige Antwort zu Frage 626 Ein Typ repetitiver DNA sind die alphoiden DNA-Wiederholungen in den centromeren Regionen des Chromosoms. Außerdem gibt es Minisatelliten und Mikrosatelliten.

Richtige Antwort zu Frage 627 HU-Proteine unterscheiden sich strukturell von Histonen, doch wie Histone bilden sie Komplexe, um die sich die DNA windet.

Richtige Antwort zu Frage 628 Isolatoren sind Sequenzen mit einer Länge von 1-2 kb, die funktionelle Domänen abgrenzen. Isolatoren sind in der Lage, den Positionseffekt außer Kraft zu setzen und halten außerdem die Unabhängigkeit jeder funktionellen Domäne aufrecht, indem sie die „Kommunikation" zwischen benachbarten Domänen unterbinden.

Richtige Antwort zu Frage 629 Bei der X-Inaktivierung wird bei weiblichen Säugetieren ein X-Chromosom stillgelegt. Die Inaktivierung wird durch eine abgegrenzte Region, das X-Inaktivierungszentrum, kontrolliert. Es kommt zur Bildung von Heterochromatin, fast das gesamte Genom des X-Chromosoms kondensiert.

Richtige Antwort zu Frage 630 Im Allgemeinen kommt dies bei Pflanzen vor, die eng miteinander verwandt sind und zahlreiche übereinstimmende Gene haben.

Richtige Antwort zu Frage 631 Die Experimente von Frederick Griffith aus dem Jahr 1928 zeigen, dass eine hitzestabile Substanz eine erbliche Eigenschaft eines Bakterienstamms auf einen anderen übertragen kann. Aufbauend auf den Experimenten von Griffith konnten Oswald Avery und Mitarbeiter zeigen, dass DNA das Erbmaterial stellt. Die Befunde wurden 1944 publiziert. Schließlich wurde im Jahr 1952 die Rolle der DNA durch die Experimente von A. D. Hershey und Martha Chase mit dem Bakteriophagen T2 bestätigt.

Richtige Antwort zu Frage 632 In den Centromeren ist repetitive, nicht transkribierte DNA angereichert. Dort ist das Chromatin unterkondensiert und in monokinetischen Chromosomen als primäre Konstriktion zu erkennen. Im Bereich der Centromere, dem Chromatin aufgelagert, bildet sich oft die trilaminare Struktur des Kinetochors aus. Sie besteht aus drei Platten und in einigen Fällen aus einer vierten Schicht, der Corona.

Richtige Antwort zu Frage 633 Alle euploiden Individuen einer Art besitzen einen Satz von Chromosomen, die als A-Chromosomen bezeichnet werden. Daneben werden aber

bei Tieren und Pflanzen weitere Chromosomen gefunden, die als B-Chromosomen, über-
zählige Chromosomen oder zusätzliche Chromosomen bezeichnet werden. Ihre Zahl
schwankt in verschiedenen Individuen einer Population oft, ohne dass bestimmte Auswirkungen zu erkennen sind.

Richtige Antwort zu Frage 634 Der C-Wert bezeichnet die Größe eines Genoms bezogen
auf den haploiden Chromosomensatz, das C-Wert-Paradoxon die Diskrepanz zwischen
Genomgröße und Anzahl der Gene in den meisten Eukaryoten.

Richtige Antwort zu Frage 635 Überlappende Gene sind Gene, die gemeinsame Nucleotidsequenzen besitzen. Sie codieren für mehr als ein Genprodukt und sorgen so für eine
optimale Platzausnutzung in sehr kleinen Genomen.

Richtige Antwort zu Frage 636 Die ringförmige DNA von *E. coli* ist etwa 1,52 mm lang,
die DNA einer menschlichen diploiden Zelle 2 m.

Richtige Antwort zu Frage 637 Die Abnahme der maximalen Absorption kurzwelligen
Lichts (260 nm) in einer Lösung mit Nucleinsäuren beim Übergang von einzelsträngiger
zu doppelsträngiger DNA wird als „Hypochromie" bezeichnet.

Richtige Antwort zu Frage 638 Die Erhöhung der Temperatur einer DNA-haltigen
Lösung führt zur Auflösung der Wasserstoffbrückenbindungen zwischen den Basenpaaren.
Die beiden Stränge der Doppelhelix trennen sich voneinander. Die Zunahme einzelsträngiger Bereiche ist anhand der Absorptionszunahme bei 260 nm in der Lösung messbar.
Bei Auftragung der relativen Absorption (1,0 entspricht der maximalen Absorption der
doppelsträngigen DNA) der Lösung gegen die Temperatur, erhält man eine Schmelzkurve
der DNA.

Richtige Antwort zu Frage 639 Bei einem Palindrom liegen zwei identische Basensequenzen, eine davon jedoch in umgekehrter Orientierung, sehr nahe hintereinander in
der DNA vor. Die Basensequenzen sind in Bezug auf die Einzelstränge zueinander kreuz-
spiegelsymmetrisch und daher komplementär. Die Paarung der komplementären Basen
innerhalb eines DNA-Strangs kann zu einer kreuzförmigen Struktur, einer sogenannten
Haarnadelschleife (*hairpin loop* oder *stem loop*), führen. Diese Konformation ist allerdings
energetisch ungünstig.

Richtige Antwort zu Frage 640 Enzymatischer DNA-Abbau von isoliertem Chromatin
führt im Experiment zu dem Befund, dass ein DNA-Abschnitt von 146 bp in 1,75 Windungen um ein Aggregat aus sogenannten Histon-Proteinen geschlungen ist. Diese unter
dem Begriff „Core-Histone" zusammengefassten Proteine werden als H2A, H2B, H3 und
H4 bezeichnet, und jeweils zwei von jeder Spezies sind im Nucleosom vertreten. Im Nucleosom liegt also ein Histonoktamer vor. Zwischen den Histonoktameren erstreckt sich

sogenannte freiliegende oder Linker-DNA uneinheitlicher Länge (bis 80 bp). Dort ist auch eine weitere Histonspezies, das Linker-Histon H1, gebunden.

Richtige Antwort zu Frage 641 Das Histon H1 verbindet die Nucleosomen miteinander und vermittelt dadurch eine höhere Verpackung der DNA (sogenanntes Linker-Histon).

Richtige Antwort zu Frage 642 Nucleosomen, Nucleofilament, Chromatinfibrille, Chromonema.

Richtige Antwort zu Frage 643 Wörtlich „gefärbtes Körperchen", also anfärbbare (dichte) Kernsubstanz, Chromosomen sind die extrem verdichtete Transportform der DNA.

Richtige Antwort zu Frage 644 Der Chromosomenbestand einer Art wird als „Karyotyp" bezeichnet.

Richtige Antwort zu Frage 645 Die schematische Darstellung eines einfachen (haploiden) Chromosomensatzes einer Art durch lichtmikroskopische Untersuchung der Chromosomen im maximal kondensierten Zustand während der Metaphase.

Richtige Antwort zu Frage 646 Centromer: Ansatzstelle der Mikrotubuli der Teilungsspindel, wo das Chromosom abgewinkelt ist. Kinetochor: plattenförmige Struktur am Centromer, wo die Mikrotubuli der Spindel ansetzen. Telomere: Chromosomenenden.

Richtige Antwort zu Frage 647 Ein Abschnitt chromosomaler DNA, der den Nucleolus durchzieht und repetitive Gene enthält, die die rRNAs codieren.

Richtige Antwort zu Frage 648 Ein Chromosom mit einer Nucleolus-Organisator-Region, da hier in der Metaphase eine Dünnstelle des Chromosoms zu sehen ist, wodurch das Telomer satellitenartig abgeschnürt erscheint.

Richtige Antwort zu Frage 649 In Meiocyten beobachtet man eine vorübergehende, auf einzelne Segmente beschränkte Dekondensation der Chromosomen, die sich durch die Bildung paariger Schleifen seitlich von der Chromosomenachse zu erkennen gibt.

Richtige Antwort zu Frage 650 Monokaryon: genetisch identische Zellkerne, ein oder mehrere Zellkerne pro Kompartiment. Dikaryon: zwei genetisch verschiedene Zellkerne in einem Kompartiment. Heterokaryon: genetisch verschiedene Zellkerne, ein, zwei oder mehrere Zellkerne pro Kompartiment, das Verhältnis der Zellkerne kann variieren. Haploid: Zellkerne mit einem einfachen Chromosomensatz. Diploid: Zellkerne mit doppeltem Chromosomensatz.

Richtige Antwort zu Frage 651 Mittelrepetitive Sequenzen werden transkribiert, hochrepetitive in der Regel nicht.

Richtige Antwort zu Frage 652 Der genetische Code ist zwar sehr weit verbreitet, aber er ist nicht universell. So benutzen z. B. Mitochondrien zur Codierung bestimmter Aminosäuren einen Code, der vom Standardcode abweicht.

Richtige Antwort zu Frage 653 Für die Festlegung, ob das Codon als Stoppcodon fungiert oder ob es Selenocystein codiert, ist die Lage des Codons von Bedeutung. Stromabwärts des Selenocysteincodons befindet sich eine Haarnadelschleife, die es erlaubt, dass die Aminosäure in die wachsende Polypeptidkette eingebaut wird.

Richtige Antwort zu Frage 654 Die Untersuchung der Transkriptome weist auf die Gene hin, die in einer bestimmten Zelle aktiv sind; was jedoch die vorkommenden Proteine betrifft, sind die Hinweise weniger genau. Der Grund hierfür ist, dass neben dem mRNA-Gehalt noch andere Faktoren wie die Translationsrate, mit der die mRNAs in Proteine umgeschrieben werden, und die Abbaurate für die Proteine den Proteingehalt beeinflussen.

Richtige Antwort zu Frage 655 Der Core Promotor ist die Stelle, an der der Transkriptionsinitiationskomplex gebildet wird. Die stromaufwärts liegenden Promotorelemente sind die Anheftungsstellen für DNA bindende Proteine, die die Bildung des Initiationskomplexes regulieren.

Richtige Antwort zu Frage 656 Die Basisrate der Transkriptionsinitiation ist durch die Sequenz des Promotors vorgegeben. Bestimmte Sequenzmerkmale, etwa die ersten 50 Nucleotide, beeinflussen die Sequenz des Promotors. Die Effizienz unterschiedlicher Promotoren kann daher stark schwanken.

Richtige Antwort zu Frage 657 Die snoRNAs bilden mit der Prä-rRNA Basenpaare und erkennen so die Nucleotide, die methyliert oder in Pseudouridin umgewandelt werden sollen. Bei Nucleotiden, die methyliert werden, entsteht die Basenpaarung stromaufwärts einer D-Box.

Richtige Antwort zu Frage 658 Das Transkriptom ist die Gesamtheit der unter definierten Bedingungen in einer Zelle vorhanden mRNA, das Proteom bezeichnet die Gesamtheit aller Proteine, die unter definierten Bedingungen in einer Zelle vorhanden sind.

Richtige Antwort zu Frage 659 Durch die DNA-abhängige RNA-Polymerase. Bei Bacteria gibt es nur ein Enzym, mit der Zusammensetzung α_2, β, β', ω, σ. Der σ-Faktor ist für die Erkennung unterschiedlicher Core-Promotor-Elemente notwendig. Zudem ist er für die Öffnung des DNA-Stranges notwendig. Bakterien besitzen meist mehrere σ-Faktoren, welche unterschiedliche Promotoren verschiedener Gengruppen erkennen.

Richtige Antwort zu Frage 660 Es gibt zwei unterschiedliche Terminationsmechanismen: einen ρ-unabhängigen und einen ρ-abhängigen Mechanismus. Bei dem ρ-unabhängigen Mechanismus transkribiert die RNA-Polymerase eine bestimmte DNA-Sequenz, den Terminator. Die resultierende RNA bildet eine stabile Sekundärstruktur aus, welche zu einer Dissoziation des Transkriptionskomplexes führt. Der Terminationsfaktor ρ bindet an die RNA, wandert in Richtung der RNA-Polymerase und bewirkt dort die Dissoziation des Transkriptionskomplexes.

Richtige Antwort zu Frage 661 Die Verwendung unterschiedlicher RNA-Polymerasen für die entsprechenden Gene (RNA-Polymerase I: 5,8S-rRNA, 18S-rRNA, 28S-rRNA; RNA-Polymerase II: mRNA, U1-, U2-, U4-, U5-snRNA; RNA-Polymerase III: 5S-rRNA, tRNA, U6-snRNA und weitere kleine RNAs) erfolgt aufgrund unterschiedlicher Promotorstrukturen bzw. Transkriptionsfaktoren, welche an die entsprechenden Promotoren binden.

Richtige Antwort zu Frage 662 Die mRNA-spezifischen Modifikationen (Anfügen der 5'-Cap-Struktur, Spleißen, Polyadenylierung) beginnen noch während der Transkription (cotranskriptional). Für die Rekrutierung der hierfür benötigten Faktoren an die entsprechenden Stellen ist die CTD (*carboxy terminal domain*) der RNA-Polymerase II unabdingbar. Die entsprechenden Faktoren binden mittelbar oder unmittelbar an diesen Bereich. Hierdurch wird sichergestellt, dass die mRNA entsprechend prozessiert werden kann und keine Signale auf der RNA übersehen werden. Die beiden anderen RNA-Polymerasen besitzen keine solche, aus Sequenzwiederholungen bestehende CTD; die entsprechenden Transkripte erfahren daher auch nicht die mRNA-spezifischen Modifikationen, auch wenn die RNA solche Signale enthält.

Richtige Antwort zu Frage 663 Die 5'-Kappe dient zum einen als Schutz gegenüber Nucleasen, darüber hinaus hat die 5'-Kappe der RNA-Polymerase-II-Transkripte noch wichtige Signalfunktionen. Die im Zellkern angefügte 5'-m7G-Kappe dient zunächst als Kernexportsignal für U-snRNA und mRNA. Im Cytoplasma erfolgt bei U-snRNA die Hypermethylierung zur 5'-m3G-Kappe, welche als Kernimportsignal fungiert. mRNA erhält keine 5'-m3G-Kappe.

Richtige Antwort zu Frage 664 Beim alternativen oder differenziellen Spleißen werden Exons eines Gens in unterschiedlicher Weise miteinander kombiniert. Häufig werden bestimmte Exons beim Spleißen ausgelassen (*exon skipping*). Durch diese Mechanismen können von einem Gen mehrere Proteinvarianten codiert werden.

Richtige Antwort zu Frage 665 Unter „Editing" versteht man die posttranskriptionale Änderung der Nucleotidsequenzen in m-, r- oder tRNAs. Dies kann einzelne Nucleotide betreffen, die chemisch umgewandelt werden, oder größere Bereiche, in denen Nucleotide eingefügt oder herausgenommen werden. Als Vorlage für diese Insertionen und Deletionen dienen spezielle gRNAs. Diese Änderungen können zum Verschieben des Leserasters einer mRNA führen (*frameshift*), wodurch die „Übersetzung" bei der Translation zu einer völlig veränderten Aminosäuresequenz führt. Das resultierende Protein kann nun vollständig andere Aufgaben wahrnehmen als das in der DNA-Sequenz „vererbte" Protein.

Richtige Antwort zu Frage 666 Proteine, die an Promotoren von Genen binden und deren Aktivität steuern können.

Richtige Antwort zu Frage 667 Enhancer bzw. Silencer sind regulatorische DNA-Abschnitte, welche mehr oder weniger weit vom Transkriptionsstartpunkt entfernt sein können. An diese Sequenzen binden Faktoren, welche die Assemblierung des Initiationskomplexes (RNA-Polymerase und Transkriptionsfaktoren) fördern (Enhancer) oder vermindern (Silencer).

Richtige Antwort zu Frage 668 Starke Promotoren bewirken eine höhere Transkriptionshäufigkeit als schwache Promotoren. Der Grund hierfür liegt darin, dass starke Promotoren eine höhere Affinität zur RNA-Polymerase bzw. zu den entsprechenden Faktoren aufweisen als schwache Promotoren. Besonders starke Promotoren sind für Viren bzw. Phagen sinnvoll und kommen dort auch vor. Einige Phagen, z. B. der T7-Phage von *E. coli*, codieren eine eigene RNA-Polymerase, welche mit sehr hoher Affinität an die Promotoren viraler DNA bindet. Hier reichen bereits einige von der wirtseigenen RNA-Polymerase gebildete T7-RNA-Polymerasen aus, um die Bakterienzelle vollständig auf Phagenproduktion umzustellen. Die hohe Affinität der von den Phagen codierten RNA-Polymerasen für die eigenen Gene stellt eine hohe Vermehrungsrate sicher. Starke Promotoren, aber auch andere regulatorische Signale von Phagen bzw. Viren werden für pro- bzw. eukaryotische Expressionssysteme eingesetzt. Durch die Verwendung solcher Signale erhält man eine besonders effiziente Expression rekombinanter Proteine.

Richtige Antwort zu Frage 669 Die Menge an mRNA in einer Zelle bestimmt darüber, welche Proteine synthetisiert werden. Der Abbau von spezifischer mRNA ist daher ein wirksamer Mechanismus, um die Genexpression zu regulieren.

Richtige Antwort zu Frage 670 Bakterielle mRNAs besitzen Halbwertszeiten von nicht mehr als ein paar Minuten, in Eukaryoten werden die meisten mRNAs wenige Stunden nach der Synthese abgebaut. Dieser schnelle Umsatz bedeutet, dass die Zusammensetzung des Transkriptoms nicht festgelegt ist, sondern durch die Veränderung der Syntheserate einzelner mRNAs rasch umstrukturiert werden kann. Die Zusammensetzung des Transkriptoms kann daher den neuen Bedürfnissen der Zelle schnell angepasst werden.

Richtige Antwort zu Frage 671 Die Globingene sind ein Beispiel für eine Multigen-Familie. Es gibt verschiedene Typen wie α-Typ oder β-Typ. Die Gene sind zwar ähnlich, aber nicht identisch. Sie vermitteln unterschiedliche biochemische Eigenschaften.

Richtige Antwort zu Frage 672 Ein Hauptunterschied besteht in der Basisrate der Transkriptionsinitiation, die bei Eukaryoten viel geringer ist. Für eine effiziente Initiation müssen daher zusätzliche Proteine, die Aktivatoren, mitwirken. Ein zweiter Unterschied ist, dass die Vorgänge, die die Initiation regulieren, viel komplexer sind als bei den Bakterien.

Richtige Antwort zu Frage 673 Durch das Vorhandensein von alternativen oder multiplen Promotoren kann ein einzelnes Gen zwei oder mehr Transkripte spezifizieren. Das führt zur Synthese von ähnlichen, aber nicht identischen Proteinen, möglicherweise in verschiedenen Geweben oder Entwicklungsstadien oder auch gleichzeitig in derselben Zelle.

Richtige Antwort zu Frage 674 Für ein konstitutives Ablesen der Strukturgene in OC-Mutanten müssen drei Bedingungen erfüllt sein. Erstens: Die Glucosekonzentration muss so gering sein, dass das Operon prinzipiell über Bindung mit CAP + cAMP aktiviert ist. Zweitens: Es muss eine Mutation im Operatorbereich vorliegen, die eine Bindung des Repressorproteins LacI verhindert. Drittens: Die Mutation müsste im primären Operator liegen, um einen deutlichen Effekt zu haben.

Richtige Antwort zu Frage 675 Bei der Substratderepression wird ein primär aktives Repressorprotein durch Bindung des Substrats (Induktor) inaktiv, bei der Endproduktrepression wird ein primär inaktives Repressorprotein (Aporepressor) durch Bindung des Endprodukts (Corepressor) erst aktiv.

Richtige Antwort zu Frage 676 Unter Modulon versteht man eine Reihe von Operons und Regulons, die über einen gemeinsamen übergeordneten Mechanismus, wie die Konzentration an cAMP, kontrolliert werden. Regulons bestehen aus einer Reihe von Operons, die über ein gemeinsames Regulatorprotein gesteuert werden.

Richtige Antwort zu Frage 677 Sogenannte Antisense-RNAs können mit komplementären RNA-Sequenzen paaren. Die Antisense-RNA verhindert damit die Translation der normalen mRNA. Die Antisense-RNA kann kurz und das Produkt eines spezifischen Regulationsgens sein (z. B. *micF* in *E. coli*) oder durch Ablesen eines Gens in falscher Richtung (z. B. *cro*-Gen im Phagen λ) entstehen.

Richtige Antwort zu Frage 678 Durch Kondensierung oder Heterochromatisierung von DNA-Bereichen wird die Transkription unterbunden. Dabei spielt eine Reihe von Proteinen eine Rolle, die bisher aber noch nicht vollständig identifiziert sind.

Richtige Antwort zu Frage 679 Operons der Aminosäurebiosynthese werden über eine gekoppelte Translations-Transkriptions-Regulation kontrolliert. Die mRNA entsprechender Operons codiert im stromaufwärts der Strukturgene gelegenen Bereich ein Leitpeptid, dessen Translation der Anwesenheit der Aminosäure bedarf, deren Biosynthese durch das folgende Operon gesichert wird. Herrscht ein Mangel an dieser Aminosäure, wird das Ribosom so im Bereich der leitpeptidcodierenden Sequenz der mRNA fixiert, dass der Attenuator stromabwärts eine Konformation einnimmt, die eine weitere Transkription des Operons erlaubt und so die Biosynthese der fehlenden Aminosäure initiiert. In Anwesenheit der Aminosäure bildet der Attenuator eine alternative Struktur aus, die eine Transkription des Operons unterbindet.

Richtige Antwort zu Frage 680 Chaperone sind Proteine, die an teilweise denaturierte Proteine binden. Dabei werden eine Aggregation dieser Proteine und ein damit verbundenes Löslichkeitsproblem verhindert. Chaperone können aber auch direkt eine korrekte Faltung von Proteinen begünstigen.

Richtige Antwort zu Frage 681 Alle Zellen besitzen den gleichen Satz an Genen, aber in verschiedenen Geweben werden verschiedene Gene aktiviert.

Richtige Antwort zu Frage 682 Der Informationsfluss läuft von der DNA über die mRNA zum Protein.

Richtige Antwort zu Frage 683 Retroviren besitzen als Speicher ihrer genetischen Information eine RNA. Nach dem Eindringen in die Wirtszelle wird diese RNA über ein viruseigenes Enzym, die Reverse Transkriptase, in DNA umgeschrieben. Nach dieser reversen Transkription liegt das Virusgenom als DNA vor und kann über die üblichen zellulären Mechanismen (Transkription und Translation) exprimiert werden. Bis zur Entschlüsselung des Replikationszyklus der Retroviren galt der Fluss der genetischen Information von RNA in Richtung DNA als unmöglich. Das bekannteste Retrovirus ist das Humane Immundefizienz-Virus HIV, der Erreger der Erworbenen Immunschwäche AIDS.

Richtige Antwort zu Frage 684 Nein. Zunächst gibt es überhaupt nur 61 Codons, die tatsächlich eine Aminosäure codieren, drei Codons sind Stoppcodons, für die es keine tRNAs gibt (Ausnahme Selenocystein). Darüber hinaus werden verschiedene Codons, die in den ersten beiden Basen identisch sind und die gleiche Aminosäure codieren, häufig auch von ein und derselben tRNA bedient. Darum gibt es in den meisten Organismen deutlich weniger als 61 verschiedene tRNAs.

Richtige Antwort zu Frage 685 Neben der eigentlichen Acylierungsstelle, also jener Stelle im Enzym, an der die Aminosäure an das 3′-Ende der tRNA angehängt wird, besitzen die meisten Aminoacyl-tRNA-Synthetasen noch eine Hydrolysestelle, an der falsche Aminosäuren wieder entfernt werden können. Beide Enzymbereiche unterscheiden sich in ihrer räumlichen Proteinumgebung zum Teil erheblich, sodass die Aminosäuren nacheinander von zwei sehr verschiedenen Proteinumfeldern kontrolliert werden. Dies steigert die Präzision der Beladung erheblich.

Richtige Antwort zu Frage 686 Die meisten Fehler werden schon durch die Aminoacyl-tRNA-Synthetase selbst korrigiert. Das geschieht über einen Korrekturleseprozess, der von der Aminoacylierung getrennt erfolgt und bei dem es zu verschiedenen Wechselwirkungen mit der tRNA kommt.

Richtige Antwort zu Frage 687 Sie ordnen die Sprache der Nucleotide (Basentriplett, Codon) der Sprache der Proteine (Aminosäure, die diesem Codon entspricht) zu und sind damit die eigentlichen Träger des genetischen Codes.

Richtige Antwort zu Frage 688 Der Poly(A)-Schwanz beeinflusst die Bindung des Prä-initationskomplexes an der mRNA. Vermittelt wird die Wechselwirkung wahrscheinlich durch das Polyadenylatbindungsprotein (PADP), das am Poly(A)-Schwanz befestigt ist.

Richtige Antwort zu Frage 689 Die Phosphorylierung des Initiationsfaktors eIF-2 führt zur Hemmung der Translationsinitiation, da so verhindert wird, dass der Faktor GTP binden kann, was erforderlich ist, um die Initiator-tRNA an die kleine ribosomale Untereinheit zu bringen.

Richtige Antwort zu Frage 690 GroEL ist zylinderförmig und besteht aus einem oberen und einem unteren Ring. Beide Ringe sind aus je 7 identischen Untereinheiten aufgebaut. Für die Chaperonfunktion muss das umzufaltende Protein in den Hohlraum eines der beiden Ringe eintreten. Die Bindung des Hilfs-Chaperons GroES sowie die Bindung und anschließende Hydrolyse von insgesamt 21 ATP (abwechselnd an den 7 Untereinheiten beider Ringe) führen zu einer Konformationsänderung des gebundenen Proteins. Während des Reaktionszyklus' verdreht sich der obere gegen den unteren Ring.

Richtige Antwort zu Frage 691 Die Hsp70-Proteine binden an Regionen in ungefalteten Polypeptiden und halten das Protein in einer offenen Konformation, um seine Faltung zu unterstützen. Die Chaperonine bilden eine Struktur aus mehreren Untereinheiten. Ein ungefaltetes Protein tritt in den Hohlraum dieser Struktur ein und kommt gefaltet wieder heraus.

Richtige Antwort zu Frage 692 Inteine können sich selbst spleißen, sodass sie sich selbstständig aus einem Protein entfernen können.

Richtige Antwort zu Frage 693 Eukaryotische Ribosomen sind etwas größer als prokaryotische. Sie besitzen mehr Proteine und ribosomale RNA. Darum haben sie auch einen höheren Sedimentationskoeffizienten. Eukaryotische Ribosomen bestehen aus einer großen 60S- und einer kleinen 40S-Untereinheit, die zusammen ein 80S-Ribosom bilden. Bei Prokaryoten bilden eine große 50S- und eine kleine 30S-Untereinheit ein 70S-Ribosom. Die Unterschiede zwischen den eukaryotischen und prokaryotischen Ribosomen sowie innerhalb der gesamten Proteinsynthese sind wichtige Ansatzpunkte für die Entwicklung von Antibiotika.

Richtige Antwort zu Frage 694 Im Zellkern.

Richtige Antwort zu Frage 695 Mehrere Ribosomen, die gleichzeitig verschiedene Stellen eines mRNA-Strangs translatieren.

Richtige Antwort zu Frage 696 Es sind Proteine, sogenannte Release-Faktoren (RF). Bei Prokaryoten existieren drei verschiedene RFs (RF1 bis RF3), bei Eukaryoten kommt nur einer (eRF) vor.

Richtige Antwort zu Frage 697 Das Diphtherietoxin (Fragment A) aus *Corynebacterium diphtheriae* greift am eukaryotischen Elongationsfaktor eEF-2 in die Translation ein. Das Diphtherietoxin katalysiert die Übertragung einer ADP-Ribose (aus dem NAD stammend) auf das sogenannte Diphthamid im eEF-2 (posttranslational modifiziertes Histidin). Diese ADP-Ribosylierung inhibiert den eEF-2 und damit die Translokation am eukaryotischen Ribosom. In der Folge kommt die gesamte Translation zum Erliegen, und die Zelle stirbt aufgrund mangelnden Proteinnachschubs.

Richtige Antwort zu Frage 698 Ein Zweikomponenten-Regulationssystem besteht aus einer meist membrangebundenen Sensor-Proteinkinase und einem Regulatorprotein. Ein extrazelluläres Signal führt zur Autophosphorylierung der Proteinkinase und diese überträgt die Phosphatgruppe auf ein Regulatorprotein. Dieses aktivierte Molekül bindet an die DNA und wirkt aktivierend oder hemmend. Bei der Regulation der *nod*-Gene in *Bradyrhizobium japonicum* wird durch das extrazelluläre Signal Isoflavon die Kinase NodV phosphoryliert, und diese überträgt die Phosphatgruppe auf NodW, das aktivierend auf eine Reihe von *nod*- und *nol*-Genen wirkt.

Richtige Antwort zu Frage 699 Zum Abbau freigegebene Proteine werden mit Ubiquitin markiert und an den sogenannten Proteasomen abgebaut.

Richtige Antwort zu Frage 700 In der Meiose erfolgt die Reduktion des diploiden Chromosomensatzes zum haploiden Chromosomensatz der Keimzellen oder Meiosporen. Dabei werden neue Genkombinationen zusammengestellt, die den Phänotyp beeinflussen und in der nächsten Generation der natürlichen Selektion unterworfen sind. Es ist damit die Möglichkeit gegeben, unvorteilhafte Genkombinationen aus dem Genpool zu eliminieren bzw. aufgrund besserer Anpassung zu etablieren.

Richtige Antwort zu Frage 701 Die Prophase der ersten meiotischen Teilung ist weiter unterteilt. Die ersten drei Phasen werden als Leptotän, Zygotän und Pachytän bezeichnet. Mit der Ausnahme von Organismen, die somatische Chromosomenpaarung zeigen, sind die Chromosomen im Leptotän ungepaart. In jedem homologen Chromosom entwickelt sich entlang der Chromosomenachse ein axiales Element. Die Telomere der Chromosomen sind in der inneren Membran der Kernhülle inseriert. Es kann ein Chromosomenbukett vorliegen; dabei sind die Telomere aller Chromosomen an einem Pol des Kerns konzentriert und in Verbindung mit der Kernmembran. Im Zygotän vollzieht sich die Chromosomenpaarung. Sie erfolgt reissverschlussartig von den Telomeren her. In den langen Chromosomen bestimmter Pflanzen wurde aber auch interstitielle Paarungsaufnahme beobachtet. Der synaptonemale Komplex bildet sich. Im Pachytän ist die Paarung der homologen Chromosomen abgeschlossen, und Bivalente, auch Tetraden genannt, liegen vor. Der synaptonemale Komplex ist durchgehend ausgebildet. Wahrscheinlich werden in diesem Stadium die Crossover angelegt.

Richtige Antwort zu Frage 702 Beim synaptonemalen Komplex handelt es sich um eine für die Meiose typische Struktur mit dreilagigem Aufbau. Die beiden lateralen Elemente flankieren das zentrale Element. Transversale Fasern erstrecken sich durch diesen Raum und verbinden die drei Komponenten. Rekombinationsknoten liegen über dem zentralen Element. Die DNA ist in Schleifendomänen mit den lateralen Elementen verknüpft. Die Größe der Schleifen ist in artspezifischer Weise konstant.

Richtige Antwort zu Frage 703 Pseudoautosomale Gene sind Gene, die auf den Sexchromosomen liegen, sich aber wie autosomale Gene verhalten. Pseudoautosomale Gene liegen in einer Region der Sexchromosomen, wo diese Homologie miteinander besitzen und Chiasmata ausgebildet werden. Die restlichen Abschnitte der Sexchromosomen werden als „differenzielle Segmente" bezeichnet.

Richtige Antwort zu Frage 704 Crossover ist ein reziproker Stückaustausch zwischen homologen Nicht-Schwesterchromatiden in der Meiose. Aller Wahrscheinlichkeit nach werden Crossover im Pachytän angelegt, wobei Rekombinationsknoten eine entscheidende Rolle spielen. Ein Chiasma ist die cytologisch erkennbare Folge eines Crossovers. Wenn in der späten Prophase I die synaptonemalen Komplexe abgebaut werden und sich die homologen Chromosomen voneinander lösen, treten Chiasmata als kreuzförmige Strukturen zu Tage. Chiasmata sind für den Zusammenhalt der homologen Chromosomen bis zur Anaphase I verantwortlich.

Richtige Antwort zu Frage 705 Unter Chiasmainterferenz versteht man das Phänomen, dass Chiasmata in meiotischen Chromosomen immer in einer gewissen Distanz voneinander auftreten. Sehr nahe benachbarte Chiasmata werden nicht beobachtet. Die zelluläre Grundlage der Chiasmainterferenz ist nicht bekannt.

Richtige Antwort zu Frage 706 Bei männlichen Tieren sind die beiden meiotischen Teilungen äqual. Nach Abschluss der Meiose II liegen vier Teilungsprodukte vor, die alle nach weiterer Umstrukturierung zur Befruchtung fähig sind. Die Meiose weiblicher Tiere ist extrem inäqual. In der ersten meiotischen Teilung entsteht eine Tochterzelle, die die Hauptmasse des Cytoplasmas enthält, und ein kleines plasmaarmes Polkörperchen. Bei der zweiten meiotischen Teilung wird von der plasmareichen Zelle wiederum nur ein Polkörperchen abgeschnürt. Die drei Polkörperchen degenerieren. Nur die plasmareiche Zelle entwickelt sich weiter zum befruchtungsfähigen Ei.

Richtige Antwort zu Frage 707 Wandern in der Anaphase I der Meiose in Multivalenten unmittelbar benachbarte Centromere zu einem Spindelpol, spricht man von *adjacent segregation*. Wandern im Multivalent alternierend angeordnete Centromere zum gleichen Spindelpol, liegt *alternate segregation* vor. Dieser Modus ist bei natürlichen komplex-heterozygoten Organismen realisiert und führt zu Gameten mit einem normalen Chromosomensatz.

Richtige Antwort zu Frage 708 Unter dem Begriff „meiotische Non-Disjunction" fasst man Fehlsegregationen von Chromosomen während der meiotischen Teilungen zusammen. Bivalente zeigen normalerweise eine geringe Neigung zu Non-Disjunction. Dagegen steigt die Rate für Non-Disjunction beim Vorliegen von Multivalenten deutlich an. Es gibt aber auch Fälle, wo Multivalente geordnet segregieren.

Richtige Antwort zu Frage 709 Man unterscheidet zwei Formen der Inversion, einer Chromosomenmutation, bei der generell ein Chromosomenabschnitt umgedreht und wieder in das Chromosom eingefügt wird. Parazentrische Inversionen führen zu keiner Lageveränderung der Centromeren im Chromosom, da die Bruchpunkte innerhalb eines Chromosomenarms liegen. Bei der perizentrischen Inversion liegen die Bruchpunkte beiderseits der Centromere, und der Centromerindex kann sich ändern. Ist das invertierte Segment hinreichend groß, ist bei der meiotischen Paarung invertierter Chromosomen eine Inversionsschleife zu erwarten. Bei kleinen invertierten Segmenten kann *synaptic adjustment* die Ausbildung einer Inversionsschleife verhindern. Bei der parazentrischen Inversion entsteht als Folge von Crossover ein dizentrisches Chromosom, das im Spindelapparat der Anaphase 1 eine Anaphasebrücke formt und schließlich zerreißt. Daneben ist ein azentrisches Fragment zu erwarten, das vermutlich als Mikronucleus im Cytoplasma verbleibt. Ein Bivalent mit einer perizentrischen Inversion kann nach Segregation in der Anaphase zu Chromosomen mit jeweils einem Centromer führen. Es sind aber bestimmte Segmente verdoppelt, und es ergibt sich ein unbalancierter Chromosomensatz.

Richtige Antwort zu Frage 710 Sexualität bedeutet „Syngamie" und führt zur Notwendigkeit einer Meiose vor der nächsten Syngamie, da sonst die Ploidie von Generation zu Generation zunehmen würde. Nur durch die Erzeugung unterschiedlicher Tochterzellen infolge der Meiose ist Sexualität von evolutionärem Vorteil.

Richtige Antwort zu Frage 711 Bei der intrachromosomalen Rekombination in der Prophase und bei der interchromosomalen Rekombination während der 1. meiotischen Teilung.

Richtige Antwort zu Frage 712 Weil durch den Austausch von Chromosomenstücken neue Genkombinationen entstehen und durch die zufällige Verteilung der väterlichen und mütterlichen Schwesterchromosomen auf die Tochterzellen neue Chromosomenkombinationen gebildet werden.

Richtige Antwort zu Frage 713 Erste Reifeteilung mit einer langen Prophase mit den Stadien Leptotän (Chromosomen werden sichtbar), Zygotän (Paarung der Chromosomen und Synapsis), Pachytän (intrachromosomale Rekombination), Diplotän (Sichtbarwerden der Chiasmen, Trennung der homologen Chromosomen), Diakinese (Trennung der Centromeren, Auflösung der Kernhülle). Dieser ersten Prophase folgen Meta- und Anaphase I, die dann unmittelbar von der zweiten Reifeteilung gefolgt werden, die dem Schema einer normalen Mitose folgen.

Richtige Antwort zu Frage 714 In der ersten Reifeteilung wird die DNA-Menge von 4C auf 2C reduziert (Trennung der homologen Chromosomen), in der zweiten Reifeteilung dann von 2C auf 1C (Trennung der Schwesterchromatiden).

Richtige Antwort zu Frage 715 Kernteilung, bei der aus einem Zellkern zwei Tochterkerne mit gleicher DNA entstehen. Kann, aber muss nicht von einer Zellteilung begleitet werden.

Richtige Antwort zu Frage 716 Mitose: Tochterzellen und Mutterzelle sind genetisch identisch. Meiose: Tochterzellen erhalten nur einen Chromosomensatz und sind genetisch untereinander verschieden.

Richtige Antwort zu Frage 717 Virusoide sind infektiöse Nucleinsäuremoleküle, die für ihre Vermehrung ein Helfervirus benötigen. Man unterscheidet ringförmige Satelliten-RNA, die im Capsid des Helfervirus transportiert wird, und Satelliten-Viren, die ein lineares RNA-Genom und ein eigenes Capsid besitzen und als Begleiter verschiedener Tier- oder Pflanzenviren auftreten können. Viroide sind infektiöse zirkuläre Einzelstrang-RNA-Moleküle, die nicht für Proteine codieren und durch intramolekuläre Basenpaarungen eine typische Stäbchenstruktur einnehmen. Sie benötigen kein Helfervirus und verursachen verschiedene Pflanzenkrankheiten.

Richtige Antwort zu Frage 718 Ein Plasmid ist ein ringförmiges oder lineares doppelsträngiges DNA-Molekül, das sich unabhängig repliziert und meist Gene trägt, die einer Zelle zusätzliche Eigenschaften verleihen. Plasmide kommen in Bacteria und Archaea sowie in einigen Eukarya vor. Ein Episom ist ein Plasmid, das in das bakterielle Chromosom integriert werden kann und dann mit dem Chromosom repliziert wird.

Richtige Antwort zu Frage 719 Diese Erkenntnis stammt aus Experimenten an isolierten Nucleoiden, bei denen Trimethylpsoralen eingesetzt wurde. Die Substanz ermöglicht es superspiralisierte DNA von entspannter DNA zu unterscheiden. Die Bindung an Proteine vermutete man aus der Beobachtung, dass sich die DNA nach Einführen eines Bruches nicht unbegrenzt drehen kann.

Richtige Antwort zu Frage 720 Es gibt auch lineare Varianten des Genoms, zum Beispiel bei *Borrelia burgdorferi*. Außerdem können auch vielteilige Genome vorkommen. Diese Genome sind in zwei oder mehrere Moleküle aufgeteilt.

Richtige Antwort zu Frage 721 Prokaryotische Genome haben eine sehr hohe Gendichte, enthalten sehr kurze Regionen mit intergenischer DNA und es fehlen Introns und repetitive DNA-Sequenzen.

Richtige Antwort zu Frage 722 Da das Bakterium ein Parasit ist, werden viele der Nährstoffbedürfnisse vom Wirt gedeckt. Dem bakteriellen Genom fehlen daher viele Gene, die an Stoffwechselwegen beteiligte Proteine codieren.

Richtige Antwort zu Frage 723 Bei vielen Bakterien ist die Genomgröße mit durchschnittlich 950 Genen pro 1 Mb DNA proportional zur Anzahl der Gene. Die Genzahl kann aber variieren, oftmals in Abhängigkeit von der ökologischen Nische, in der das Bakterium lebt. Kleine Genome haben eine begrenztere Codierungskapazität, sodass ein Genom nicht beliebig klein sein kann.

Richtige Antwort zu Frage 724 Weil DNA durch lateralen Gentransfer zwischen unterschiedlichen Arten ausgetauscht werden kann.

Richtige Antwort zu Frage 725 „Transduktion" ist die Übertragung von bakteriellen Genen durch Viren. Bei der allgemeinen Transduktion wird durch einen Fehler in der Virenreifung statt des Virengenoms bakterielle DNA eingepackt und durch Infektion in ein anderes Bakterium übertragen. Bei der spezifischen Transduktion, bei der immer nur bestimmte Gene übertragen werden, werden durch eine fehlerhafte Excision eines in das Genom integrierten Virusgenoms die angrenzenden Sequenzen des bakteriellen Genoms im Viruspartikel verpackt und durch Infektion in ein anderes Bakterium übertragen.

Richtige Antwort zu Frage 726 „Transformation" ist die Aufnahme von freier DNA in die Zelle. Bedingung ist die Kompetenz der Empfängerzelle. „Konjugation" ist die Übertragung von DNA von einer Donatorzelle auf eine Empfängerzelle über eine Cytoplasmabrücke. Dabei können Plasmide oder, durch konjugative Transposition, Transposons übertragen werden.

Richtige Antwort zu Frage 727 Bei Viren mit einzelsträngiger DNA wird zunächst ein komplementärer DNA-Strang synthetisiert, bei Viren mit RNA wird die RNA durch die Reverse Transkriptase zunächst in DNA umgeschrieben. Die Replikation bei Viren mit doppelsträngiger DNA erfolgt im Allgemeinen asymmetrisch, d. h. es wird zunächst ein Strang und erst später der andere Strang repliziert: Nach einem Einzelstrangbruch des Außenstrangs beginnt die Replikation am 3'-OH-Ende und verdrängt den ursprünglichen Strang. Der innere Strang dient dabei mehrfach als Matrize, und es entsteht ein linearer DNA-Einzelstrang mit mehreren Kopien des Außenstrangs (*rolling circle*-Replikation, σ-Replikation).

Richtige Antwort zu Frage 728 Virale Genome können aus DNA oder RNA bestehen, die einzel- oder doppelsträngig ist. Sie können zirkulär oder linear sein, einige Viren besitzen ein segmentiertes Genom.

Richtige Antwort zu Frage 729 Minus-Strang-RNA-Viren benötigen eine RNA-abhängige RNA-Polymerase, weil ihre RNA nicht direkt als mRNA fungieren kann, sondern zuerst in den komplementären Plus-Strang umgeschrieben werden muss.

Richtige Antwort zu Frage 730 Bei den Plus-Strang-RNA-Viren ist die virale RNA infektiös und besitzt positive Polarität, d. h. sie dient in der Zelle als mRNA. Im Gegensatz dazu ist die nicht infektiöse RNA der Minus-Strang-Viren komplementär zur mRNA und muss erst transkribiert werden.

Richtige Antwort zu Frage 731 Die Phasen der Virusvermehrung sind folgende: Adsorption (Anheftung des Virus an die Wirtszelle über Rezeptoren), Penetration (Durchdringen der Zellwand und Injektion der DNA in das Bakterium), Synthese der viralen Nucleinsäure und Proteine, Assembly (Zusammenbau des viralen Genoms mit den Strukturproteinen in der Zelle) und Freisetzung (unter Lyse der Zelle).

Richtige Antwort zu Frage 732 Virale Retroelemente sind Viren, während deren Replikation eine RNA-abhängige DNA-Synthese stattfindet, sie besitzen daher das Enzym Reverse Transkriptase. Man unterscheidet Pararetroviren, die ein Genom aus doppelsträngiger DNA besitzen (z. B. Hepatitis B-Virus), und Retroviren, die ein einzelsträngiges RNA-Genom besitzen (z. B. HIV). Als Zwischenstufe wird bei Pararetroviren Einzelstrang-RNA, bei Retroviren Doppelstrang-DNA gebildet.

Richtige Antwort zu Frage 733 Die drei codierenden Regionen heißen *gag*, *pol* und *env*. Die *gag*-Region codiert für interne Strukturproteine, die *pol*-Region für die Enzyme Reverse Transkriptase, Protease und Integrase die *env*-Region für Hüllproteine.

Richtige Antwort zu Frage 734 Akut transformierende Retroviren übertragen Onkogene in die Wirtszelle, die veränderte Formen von Protoonkogenen sind. Protoonkogene sind eukaryotische Gene, die für Proteine codieren, die an der Zellproliferation beteiligt sind. Bei einer anderen Gruppe von Retroviren wirkt die Insertion der retroviralen DNA stromaufwärts eines Protoonkogens tumorinduzierend, weil der starke Promotor der LTR (*long terminal repeats*) des Retrovirus die Expression des betreffenden Gens erhöht.

Richtige Antwort zu Frage 735 Es handelt sich um eine semikonservative Replikation. Hierbei trennen sich die beiden Stränge der DNA-Doppelhelix voneinander und an jedem der Einzelstränge wird ein basenkomplementärer Partnerstrang neu gebildet.

Richtige Antwort zu Frage 736 Nur der eine Strang („Vorwärtsstrang") kann kontinuierlich verlängert werden, der Gegenstrang wird stückweise repliziert.

Richtige Antwort zu Frage 737 Bei der Verdrängungsreplikation beginnt die Replikation an einer als D-Schleife bezeichneten Stelle. In diesem Bereich ist die DNA-Doppelhelix durch ein RNA-Molekül unterbrochen. Dieses Molekül bildet den Startpunkt für die Synthese eines Tochterpolynucleotids. Ausgehend von diesem Tochternucleotid wird ein Strang der Helix kontinuierlich kopiert, wobei der zweite Strang verdrängt wird.

Richtige Antwort zu Frage 738 Die *rolling circle*-Replikation beginnt an einem Einzelstrangbruch, der in einem der Polynucleotide der Ausgangs-DNA erzeugt wird. Das entstandene freie 3′-Ende wird verlängert und verdrängt das 5′-Ende des Polynucleotids. Durch fortlaufende DNA-Synthese wird eine vollständige Kopie des Genoms abgerollt, und die weitere Synthese bewirkt, dass eine Abfolge von Genomen entsteht, die „Kopf-an-Schwanz" miteinander verknüpft sind. Diese einzelsträngigen linearen Genome werden durch die Synthese des komplementären Stranges, die anschließende Spaltung an den Übergangsstellen und die Umwandlung der entstandenen Fragmente in einzelne Ringe zu funktionsfähigen doppelsträngigen Molekülen.

Richtige Antwort zu Frage 739 Die Primase synthetisiert einen Primer, der aus acht bis zwölf Ribonucleotiden besteht. Der Strang wird durch die DNA-Polymerase α verlängert, die ungefähr die nächsten 20 Nucleotide (darunter möglicherweise auch einige Ribonucleotide) anhängt. Die übrige Kopie des Leitstranges wird durch die DNA-Polymerase δ synthetisiert.

Richtige Antwort zu Frage 740 Die Replikation endet in einem festgelegten Bereich, der Terminatorsequenz. Diese Sequenzen wirken als Erkennungsstelle für das DNA-bindende Protein Tus. Tus kann einer Replikationsgabel je nach Richtung die Passage erlauben oder blockieren.

Richtige Antwort zu Frage 741 Ein Chromosom wird verkürzt, wenn das äußerste 3′-Ende des Folgestranges nicht kopiert wird, da für das letzte Okazaki-Fragment kein Primer mehr erzeugt werden kann, das heißt, die natürliche Primer-Stelle jenseits des Matrizenendes liegt. Das Fehlen dieses Okazaki-Fragments bedeutet, dass die Kopie des Folgestranges kürzer ist, als sie sein sollte. Wenn die Kopie diese Länge beibehält und bei der nächsten Replikationsrunde selbst als Matrize dient, wird das dabei entstehende Chromosom gegenüber der ersten Ausgangs-DNA noch einmal verkürzt. Zu einer, wenn auch geringeren, Verkürzung kommt es selbst dann, wenn der Primer für das letzte Okazaki-Fragment am äußersten 3′-Ende des Folgestranges positioniert wird, da der endständige RNA-Primer nicht durch den normalen Mechanismus für das Entfernen von Primern in DNA umgewandelt werden kann.

Richtige Antwort zu Frage 742 Die Replikation wird mit dem Zellzyklus koordiniert, sodass zwei Kopien des Genoms bei der Teilung der Zelle vorhanden sind. Durch Experimente konnte gezeigt werden, dass das Centromer früh in der S-Phase repliziert wird. Die Telomere dagegen werden erst am Ende des Replikationszyklus verdoppelt. Nicht alle Chromosomen beenden ihren Replikationszyklus zur selben Zeit.

Richtige Antwort zu Frage 743 Eine Rekombination ermöglicht großräumige Veränderungen und umfassende Restrukturierungen der Genome. Ohne Rekombination würden sich Genome nur geringfügig verändern und wären ziemlich statische Strukturen.

Richtige Antwort zu Frage 744 Bei der Auflösung der Holliday-Struktur zurück zu den einzelnen doppelsträngigen Molekülen erfolgt die Spaltung quer zur Verzweigungsstelle. Dieser Schnitt kann in zwei Orientierungen gesetzt werden: von links nach rechts oder von oben nach unten. Die Ergebnisse dabei sind unterschiedlich. Bei einem Schnitt von oben nach unten kommt es zu einem reziproken Strangaustausch.

Richtige Antwort zu Frage 745 Beim Doppelstrangbruchmodell beginnt die homologe Rekombination mit einem Doppelstrangbruch in einem der beiden Moleküle. In jeder Hälfte des zerbrochenen Chromosoms wird ein Strang verkürzt, sodass 3'-Überhänge entstehen. Einer dieser Überhänge dringt in das andere intakte DNA-Molekül ein, und es entsteht eine Holliday-Struktur. Die verkürzten DNA-Stränge werden durch eine DNA-Polymerase verlängert, wobei die DNA-Synthese in der gerade konvertierten Region das DNA-Molekül als Matrize verwendet, das ursprünglich keinen Doppelstrangbruch erhalten hat.

Richtige Antwort zu Frage 746 Helicasen winden die DNA auf, Primasen synthetisieren den RNA-Primer, DNA-Polymerasen synthetisieren die DNA, Topoisomerasen entspannen das Molekül, DNA-Ligasen verbinden Okazaki-Fragmente.

Richtige Antwort zu Frage 747 Es handelt sich meist um AT-reiche Sequenzen (Consensussequenz) in der DNA-Doppelhelix. Pro Replikon gibt es einen Replikationsursprung (Origin), von dem aus die Replikation in beide Richtungen (bidirektional) erfolgt. Der Initiationskomplex bindet am Origin.

Richtige Antwort zu Frage 748 DNA-Polymerasen können ein vorhandenes DNA- oder RNA-Molekül nur verlängern: Sie benötigen für die Verknüpfung von Nucleotiden ein freies 3'-OH-Ende. Dieses wird durch ein kurzes, am Matrizenstrang synthetisiertes RNA-Molekül (Primer) bereitgestellt. DNA-Polymerasen synthetisieren ausnahmslos in 5'→3'-Richtung. Da die beiden DNA-Stränge in einer Doppelhelix antiparallel verlaufen, kann nur der Leitstrang kontinuierlich synthetisiert werden. Durch eine Schleifenbildung wird die Leserichtung des Rückwärtsstranges angepasst. Der Folgestrang wird aus Okazaki-Fragmenten verknüpft. Die DNA-Polymerasen arbeiten als Dimer und werden über Hilfsproteine an die DNA „geklammert", um eine frühzeitige Dissoziation zu verhindern.

Richtige Antwort zu Frage 749 Ein Replikon ist eine autonom regulierte Replikationseinheit mit einem Replikationsursprung (Origin) und einem Replikationsende (Terminator). Die Replikation lässt sich in die Schritte „Initiation", „Elongation" und „Termination" unterteilen.

Richtige Antwort zu Frage 750 Die Initiation am Replikationsursprung betrifft beide Stränge der DNA: Ein Initiationskomplex erkennt den Replikationsursprung, Helikasen öffnen die Doppelhelix, einzelstrangbindende Proteine stabilisieren die Einzelstränge, und die Primase stellt zunächst einen RNA-Primer für den Leitstrang her. Bei der Einleitung der Okazaki-Fragment-Synthese müssen die DNA-Einzelstränge weiterhin stabilisiert werden und für jedes Okazaki-Fragment muss ein neuer RNA-Primer bereitgestellt werden.

Richtige Antwort zu Frage 751 Bei beiden lässt sich die Replikation mit dem Replikon-Modell in Einklang bringen, für entsprechende Funktionen gibt es analoge Enzyme. Das Genom der Bacteria besteht aus einem Replikon, das Eukaryotengenom aus vielen Replikons. Das Replikon bei Bacteria ist sehr viel länger und wird schneller repliziert. Bei Eukaryoten wird die Replikationsgeschwindigkeit durch das gleichzeitige „Feuern" mehrerer Replikons erhöht.

Richtige Antwort zu Frage 752 Die Replikation findet in der S-Phase des Zellzyklus statt, der Eintritt in die S-Phase wird über cyclinabhängige Kinasen kontrolliert. Die DNA der Eukaryoten liegt in gepackter Form als Chromatin vor. Dichtere Bereiche lassen sich als Heterochromatin vom helleren Euchromatin in der Interphase unterscheiden. Heterochromatin repliziert später als Euchromatin. Die DNA ist in lineare Abschnitte aus vielen Replikons unterteilt. An den Enden (Telomeren) kann der Primer nicht durch DNA ersetzt werden, was zu einem ständigen Sequenzverlust führen könnte.

Richtige Antwort zu Frage 753 Die für Eukaryoten typischen Merkmale der sexuellen Reproduktion fehlen den Bakterien: Sie haben keinen Wechsel zwischen diploider und haploider Generation, d. h. eine Reduktion des Chromosomensatzes durch Meiose und die Ausbildung von Gameten findet nicht statt. Trotzdem kommt es in Bacteria zu einer Neukombination von Merkmalen über Transformations-, Konjugations- oder Transduktionsereignisse, die die Auswirkungen einer sexuellen Reproduktion imitiert, also parasexuell ist.

Richtige Antwort zu Frage 754 Homologe Rekombination findet zwischen beliebigen, aber sehr ähnlichen oder identischen Sequenzen statt, wobei bei Prokaryoten das recA-Protein eine wichtige Rolle spielt. Ortsspezifische Rekombination geschieht zwischen spezifischen, über kurze Bereiche identischen Sequenzen durch spezifische Rekombinasen. Für illegitime Rekombination ist keine Sequenzähnlichkeit notwendig; Transposons rekombinieren über die Aktivität der Transposase mit diesem Mechanismus.

Richtige Antwort zu Frage 755 Nucleinsäuren sind wegen der komplementären Basenpaarung zur identischen Replikation in der Lage. Aus sterischen Gründen stehen in einem Doppelstrang immer ein Adenin einem Thymin und ein Guanin einem Cytosin gegenüber. Werden die Wasserstoffbrückenbindungen zwischen den komplementären Basen im Zuge der Replikation gelöst, liegen Einzelstränge vor, an denen nun Basen in Form von Nucleotiden binden können. Durch die spezifische Basenpaarung legt ein Strang die Sequenz und damit die genetische Information des Tochterstranges fest.

Richtige Antwort zu Frage 756 Onkogene spielen bei der Entstehung von Tumoren eine große Rolle. Sie fördern die Zellproliferation und sind im normalen Zustand als nicht mutierte Protoonkogene für eine normale Zellfunktion aktiv. Erst durch spontane Änderungen oder äußere Einflüsse, die zu bestimmten Mutationen in den Protoonkogenen führen, werden diese als Onkogene aktiv. Meist geht eine verstärkte Onkogenaktivität mit einer verringerten Tumorsuppressor-Protein-Aktivität einher.

Richtige Antwort zu Frage 757 Die einfachste ist die Punktmutation. Außerdem gibt es die Nonsense-, die Missense-, die Null- und die stumme Mutation. Auch Deletion und Insertion führen zu Veränderungen des Erbguts. Die konditional letalen Mutationen führen unter bestimmten Umständen sogar zum Zelltod. Alle diese Mutationen verändern das Erbgut zwischen gar nicht (stumme M.) bis sehr stark (konditional letale M.).

Richtige Antwort zu Frage 758 Punktmutationen sind Änderungen der DNA-Sequenz, die nur ein bzw. nur wenige benachbarte Nucleotide betreffen. Unter „Substitution" versteht man den Austausch einer Base gegen eine andere. Transversion liegt vor, wenn eine Purin- gegen eine Pyrimidinbase ausgetauscht wurde oder umgekehrt, Transition, wenn eine Purin- gegen eine andere Purinbase bzw. eine Pyrimidin- gegen eine andere Pyrimidinbase ausgetauscht wurde.

Richtige Antwort zu Frage 759 Es gibt Deletionen, Duplikationen, Inversionen und Translokationen. Bei der Deletion geht auf jeden Fall Information verloren, denn selbst wenn direkt nach der Deletion das deletierte Stück und das Restchromosomen bzw. dessen Fragmente noch vorhanden sind, werden alle Teile, die kein Centromer enthalten, bei der nächsten Zellteilung verloren gehen. Bei allen anderen Formen geht zunächst keine Information verloren, sondern in einigen Fällen erst während der Meiose.

Richtige Antwort zu Frage 760 Die Ursachen für Mutationen können sein: spontane chemische Reaktionen (Desaminierungen, Depurin- und Depyrimidinierungen), Fehler während der Replikation (Mismatches) u. a. bedingt durch interkalierende Substanzen, Schädigung der Basen durch Chemikalien, Einbau von Basenanaloga, Einbau transponierender Elemente oder viraler DNA, Vermehrung repetitiver Trinucleotidsequenzen, Schädigung durch elektromagnetische (UV-Strahlung) und radioaktive Strahlung und Chromosomenfehlverteilung bei der Zellteilung.

Richtige Antwort zu Frage 761 Unter „Reversion" versteht man eine Rückmutation, bei der an derselben Stelle im Gen die Mutation erfolgt, sodass der Wildtyp restauriert wird. Unter „Suppression" versteht man eine Mutation an anderer Stelle im selben Gen oder in einem vollkommen anderen Gen, durch die die Auswirkung der ersten Mutation aufgehoben wird.

Richtige Antwort zu Frage 762 Nein. In *hot spots* sind Mutationsereignisse wahrscheinlicher als in anderen Regionen der DNA. So sind z. B. thyminreiche Sequenzen anfälliger gegen eine Dimerbildung durch UV-Strahlung als thyminarme Sequenzen. Trotzdem entstehen Mutationen auch in diesen Regionen ungerichtet und zufällig.

Richtige Antwort zu Frage 763 Bei epigenetischen Veränderungen bleibt die DNA ansich unverändert, allerdings wird die Genaktivität beeinflusst. Chromosomenabschnitte oder auch ganze Chromosomen werden durch Methylierung der DNA oder der Histone blockiert und dadurch inaktiviert. Im Gegensatz zu Mutationen, welche zur Veränderung der Basensequenz führen, werden diese Modifikationen aber oft nicht an die nächste Generation weitergegeben. Allerdings werden solche epigenetischen Veränderungen durch klonale Aufrechterhaltung bei den mitotischen Zellteilungen eines einzelnen Individuums weitergegeben und wirken sich auf den gesamten Organismus aus.

Richtige Antwort zu Frage 764 Chromosomen sind die hoch organisierten Strukturen des Chromatins, welches im Normalfall zwischen den Kernteilungen, also in der Interphase, als netzartige Struktur im Zellkern vorliegt. Ein Chromosom ist aus zwei Chromatiden aufgebaut, welche am Centromer miteinander verbunden sind. Jedes der Chromatiden ist aus einer DNA-Doppelhelix aufgebaut, welche um Histone organisiert vorliegt. Histone dienen zum einen der Stabilisierung der DNA, nehmen aber auch enzymatische Funktionen wahr. Die DNA-Doppelhelix trägt die genetische Erbsubstanz. Die Chromatinfasern legen sich in unregelmäßigen Schleifen zusammen, sodass bei maximaler Verdichtung schließlich die Form eines Chromosoms entsteht. Dieses ist nur während der Metaphase der Mitose unter dem Mikroskop zu sehen. Die DNA ist dann auf ca. 2 % ihrer eigentlichen Länge verkürzt.

Richtige Antwort zu Frage 765 Die Ankerzelle ist für die Festlegung des Zellschicksals anderer Zellen verantwortlich. Sie sezerniert dazu ein extrazelluläres Signalmolekül, LIN-3, das die Differenzierung von P5.p, P6.p und P7.p auslöst. Die Vorläuferzellen unterliegen nicht nur dem Aktivierungssignal von LIN-3, sondern auch dem inaktivierenden Signal eines zweiten Signalmoleküls.

Richtige Antwort zu Frage 766 Das *bicoid*-Gen wird in den mütterlichen Nährzellen exprimiert, und die mRNA wird in unbefruchteten Eiern in das vordere Ende eingebracht. Die *bicoid*-mRNA bleibt am vorderen Ende der Eizelle und ist mit ihrem 3′-Ende am Cytoskelett befestigt. Nach der Befruchtung der Eizelle wird die mRNA translatiert, und das Bicoid-Protein diffundiert durch das Syncytium, wodurch es einen Konzentrationsgradienten bildet, der vom vorderen Ende (hoch) zum hinteren Ende (niedrig) reicht.

Richtige Antwort zu Frage 767 Mutationen in den Hox-Genen der Maus und im Antennapedia-Komplex von *Drosophila* führen zu Veränderungen im Körperbauplan. Homöotische Gene scheinen demnach den Entwicklungsprozess und den Körperbauplan zu kontrollieren.

Richtige Antwort zu Frage 768 Eine homöotische Mutation ist dadurch gekennzeichnet, dass ein Segment Merkmale von anderen Segmenten aufweist (z. B. *antennapedia*: statt Antennen Laufbeine am Kopf) oder ganz in ein anderes Segment transformiert wird (z. B. *bithorax*: Transformation des Mesothorax-Segmentes in ein Metathorax-Segment mit einem weiteren Paar Flügel statt der Halteren).

Richtige Antwort zu Frage 769 Hitze stimuliert die Hydrolyse der β-N-glykosidischen Bindung, die die Base mit der Zuckerkomponente verbindet. Das geschieht mit Purinen häufiger als mit Pyrimidinen und führt zu einer apurinischen/apyrimidinischen oder basenlosen Stelle. Die übrig bleibende Zucker-Phosphat-Struktur ist instabil und wird schnell abgebaut, sodass im DNA-Molekül eine Lücke entsteht, wenn es doppelsträngig ist. In jeder menschlichen Zelle entstehen jeden Tag 10.000 AP-Stellen, aber diese führen nur selten zu Mutationen, da Zellen über wirksame Systeme verfügen, um solche Lücken zu reparieren.

Richtige Antwort zu Frage 770 Auch Mutationen, die nicht in einem Gen liegen, können Effekte auf die Genexpression haben. Zum Beispiel kann eine Proteinbindestelle durch eine Mutation verändert werden, wodurch z. B. DNA-Protein-Wechselwirkungen gestört werden. Auch Promotoren oder regulatorische Sequenzen können inaktiviert werden. Ebenso kann ein Replikationsursprung funktionslos werden.

Richtige Antwort zu Frage 771 1. Entfernen von einem oder mehreren Nucleotiden, wodurch eine AP-Stelle entsteht. 2. Bildung einer Einzelnucleotidlücke durch das Enzym AP-Endonuclease. 3. Neusynthese der DNA, um die Lücke zu schließen. 4. Ligation der neusynthetisierten DNA.

Richtige Antwort zu Frage 772 Ein Transposon ist ein DNA-Segment, das innerhalb des Genoms von einer Position zu einer anderen springen kann.

Richtige Antwort zu Frage 773 Man unterscheidet vier Gruppen: Die IS-Elemente, komplexe Transposons aus einem Transposasegen, weiteren Genen und flankierenden IS-Elementen, zusammengesetzte Transposons aus Transposase- und Resolvasegen, *res-site*, weiteren Genen und flankierenden IR-Sequenzen sowie transponierbare Phagen.

Richtige Antwort zu Frage 774 Eukaryotische Transposons transponieren entweder wie prokaryotische über ein Transposase-System (Transposons mit kurzen und langen invertierten Repeats) oder über reverse Transkription (virale und nicht-virale Retrotransposons) analog der Integration von Retroviren in das Genom ihrer Wirtszelle.

Richtige Antwort zu Frage 775 „Supergene" liegen in invertierten Chromosomenbereichen. Bei der Paarung in der Meiose bilden sich Inversionschleifen aus, und eine Rekombination in diesem Bereich führt zu einer Ungleichverteilung der Erbinformation, die in der Regel in nicht befruchtungsfähigen Gameten resultiert. Nur wenn die Rekombination unterbleibt, d. h. das invertierte Gen so bleibt wie es ist, ist der Organismus fertil.

Richtige Antwort zu Frage 776 Bei der Endomitose findet eine Verdopplung der Chromosomen, aber keine Zellteilung statt, d. h. die Chromatiden trennen sich voneinander, werden aber nicht mehr auf verschiedene Pole verteilt, und die Chromosomenzahl der Zelle verdoppelt sich. Die Polytänisierung ist eine Form der Endomitose, bei der die Trennung der Chromatiden unterbleibt. Die entstehenden Riesenchromosomen bestehen zwar aus immer mehr Chromatiden, aber die Zahl der Chromosomen bleibt konstant.

Richtige Antwort zu Frage 777 Das Plasmid stellt die Replikationsfähigkeit zur Verfügung, durch die das klonierte Gen in der Wirtszelle erst vermehrt werden kann. In einer bakteriellen Wirtszelle werden Vektoren effizient repliziert, weil sie einen Replikationsursprung (ori) besitzen.

Richtige Antwort zu Frage 778 Computer können leicht alle sechs Leseraster einer DNA-Sequenz nach ORFs durchsuchen. Da willkürliche DNA-Sequenzen mindestens alle 100–200 bp ein Stoppcodon besitzen und die meisten Gene mehr als eine entsprechende Zahl von Codons enthalten, kann man die codierenden Sequenzen in bakteriellen Genomen, denen Introns und andere bedeutende nicht codierende Sequenzen fehlen, auf ziemlich direktem Wege ermitteln.

Richtige Antwort zu Frage 779 Eine Auftrennung erfolgt durch die Wanderung der negativ geladenen DNA-Moleküle im elektrischen Feld. Die zurückgelegte Wegstrecke ist umgekehrt proportional zur Länge der DNA-Fragmente.

Richtige Antwort zu Frage 780 Restriktionsendonucleasen erkennen bestimmte Sequenzen auf der Doppelstrang-DNA und zerschneiden den Doppelstrang an spezifischen Stellen; Ligasen verknüpfen DNA-Moleküle miteinander; DNA-Polymerasen katalysieren die Synthese eines DNA-Stranges.

Richtige Antwort zu Frage 781 Es muss sich um eine eigenständige Einheit handeln, die in der Wirtszelle zur autonomen Replikation fähig ist. Der Vektor sollte eine größere Anzahl von Schnittstellen für Restriktionsenzyme haben; er sollte eine geringe Molekularmasse haben und in großen Mengen isolierbar sein.

Richtige Antwort zu Frage 782 Die Primer werden so gewählt, dass die Synthese an den beiden Strängen gegenläufig erfolgt. So wird der DNA-Abschnitt vervielfältigt, der zwischen beiden Primern liegt.

Richtige Antwort zu Frage 783 Die Taq-Polymerase ist hitzestabil und wird bei der Denaturierung der DNA nicht geschädigt. Dadurch kann PCR im Thermocycler automatisch ablaufen, ohne dass nach jedem Zyklus neue DNA-Polymerase zugegeben werden muss.

Richtige Antwort zu Frage 784 Infektionskrankheiten können zu einem frühen Zeitpunkt diagnostiziert werden, da bereits kleine Mengen an Erreger-DNA mithilfe erregerspezifischer Primer über PCR nachweisbar sind.

Richtige Antwort zu Frage 785 Durch den Einbau von Reportergenen, deren Genprodukt (meist ein Enzym) eine Abschätzung der Aktivität des übertragenen Gens ermöglicht.

Antworten zur Mikrobiologie

Olaf Werner

Richtige Antwort zu Frage 786 e. Die meisten Prokaryoten sind Chemoheterotrophe. Sie gewinnen Energie aus der Oxidation anorganischer Substanzen und nutzen diese zum Teil zur Fixierung von Kohlenstoff. Dies ist nur einer von mehreren Stoffwechselwegen, es existieren beispielsweise auch photoautotrophe Formen, die Licht zur Energiegewinnung und Kohlenstoffdioxid als Kohlenstoffquelle nutzen, und Chemoheterotrophe, die sowohl Energie als auch Kohlenstoff aus dem Substrat gewinnen können. Anhand charakteristischer Sequenzmerkmale der ribosomalen RNA, die bei allen Organismen ein wichtiger Bestandteil der Ribosomen ist, konnte gezeigt werden, dass die Prokaryota einen gemeinsamen Vorfahren mit dem direkten Urahn der Archaea und Eukarya teilen. Die Bedeutung dieser Domäne für das Ökosystem dieser Erde und für die Menschheit ist unumstritten, jedoch muss betont werden, dass Krankheitserreger die Minderheit der Prokaryoten ausmachen.

Richtige Antwort zu Frage 787 a. Die ersten Klassifizierungen um das Jahr 1880 durch Robert Koch beruhten auf Färbungen und biochemischen Tests.

Richtige Antwort zu Frage 788 b. Das erste sequenzierte Archaea-Genom machte deutlich, dass die Archaen von den Bacteria und Eukarya abgetrennt werden müssen, da von den 1738 Genen, aus denen es bestand, mehr als die Hälfte völlig anders waren als jegliche Gene, die man in den beiden anderen Domänen gefunden hatte.

Richtige Antwort zu Frage 789 b. Gramnegative Bakterien sind die verbreitetste Bakteriengruppe. Die Gruppe der grampositiven Bakterien wird von den Firmicutes und Actinobacteria gebildet. Zu a.) Gramnegative Bakterien erscheinen nach der Gramfärbung rosa bis rötlich, grampositive erscheinen bläulich bis purpur.

O. Werner (✉)
Las Torres de Cotillas, Murcia, Spanien
E-Mail: werner@um.es

O. Werner (Hrsg.), *1000 Fragen aus Genetik, Biochemie, Zellbiologie und Mikrobiologie,*
DOI 10.1007/978-3-642-54987-8_8, © Springer-Verlag Berlin Heidelberg 2014

Richtige Antwort zu Frage 790 a. Die meisten unserer Antibiotika erhalten wir von Vertretern aus der Gruppe der Actinomyceten, so zum Beispiel von Streptomyces. Die Bakterien zählen zu den Firmicutes. Zu b.) Das Aussehen mit dem hoch entwickelten System aus verzweigten Filamenten erinnert zwar an Pilze, es handelt sich aber um eine Bakteriengattung. Zu e.) Zu den kleinsten Bakterien zählen die Chlamydien und die Mycoplasmen. Sie haben einen Durchmesser von etwa 0,2 bis 1,5 Mikrometer.

Richtige Antwort zu Frage 791 c. Mycoplasmen, die zu den kleinsten bisher entdeckten zellulären Organismen zählen, besitzen nur halb so viel DNA wie die meisten Prokaryoten. Trotz dieser Tatsache sind sie aber zu einem autonomen Wachstum fähig. Alle übrigen Behauptungen treffen auf die Mycoplasmen zu.

Richtige Antwort zu Frage 792 b. Archaen haben eine charakteristische Lipidzusammensetzung in ihrer Membran. Die Besonderheit der Membranlipide ist, dass sie über Etherverbindungen verknüpft sind. Im Gegensatz dazu sind die Membranlipide von Eukaryoten und Bakterien über Esterbindungen verknüpft. Eine weitere Besonderheit der Archaen-Membranlipide ist die Verzweigung der langkettigen Kohlenwasserstoffe. Zu c.) Ganz im Gegenteil: Archaen können sehr hohe Temperaturen und stark saure pH-Werte ertragen. Ein Beispiel hierfür ist die Gattung *Thermoplasma*.

Richtige Antwort zu Frage 793 a. Die Protisten sind polyphyletisch, d. h. die Angehörigen dieser Gruppe stammen von unterschiedlichen Ursprungsarten ab. Dementsprechend finden sich Protisten mit Geißeln auch in mehreren Monophyla. So bilden beispielsweise die Euglenozoa eine monophyletische Gruppe einzelliger Protisten mit Geißeln, und die Diplomonaden sind ebenfalls eine Protistengruppe mit zahlreichen Geißeln. Die meisten Protisten leben übrigens aquatisch.

Richtige Antwort zu Frage 794 e. Die einzige hier nicht zutreffende Aussage ist, dass Amöben in der Entwicklungsgeschichte nur einmal entstanden sind. Die Amöben (Wechseltierchen) lassen sich mindestens zwei komplexen Gruppierungen zuordnen. Diese Gruppierungen sind im phylogenetischen Stammbaum jedoch schwierig festzulegen. Man geht davon aus, dass die Angehörigen diese Organismenform ganz unterschiedliche phylogenetische Entwicklungen durchgemacht haben.

Richtige Antwort zu Frage 795 c. Apicomplexa sind immer Parasiten. Sie werden auch „Sporentierchen" genannt, da sie sich durch Sporen verbreiten. Sie besitzen weder Geißeln noch Chloroplasten. Zu e.) Der Malariaerreger *Plasmodium* zählt zu den Apicomplexa, Trypanosomen zählen jedoch zu den Euglenozoa.

Richtige Antwort zu Frage 796 d. Die Wimperntierchen zeichnen sich durch den Besitz von zwei Zellkernen aus: dem Makronucleus und dem Micronucleus. Der Macronucleus ist dabei für die Steuerung der Zellfunktion zuständig, während die Aufgabe des Micronucleus in der genetischen Rekombination besteht. Zu e.) Die Ciliaten sind fast alle hetero-troph. Zu a.) Die Fortbewegung erfolgt mithilfe der Cilien.

Richtige Antwort zu Frage 797 a. *Physarum* zählt zu den Echten Schleimpilzen. Diese Gruppe wird auch Myxomycota genannt und bildet vielzellige Massen aus. Im Gegensatz zu den Zellulären Schleimpilzen sind die Echten Schleimpilze coenozytisch und haben diploide Zellkerne.

Richtige Antwort zu Frage 798 d. Cyclisches AMP dient bei den Zellulären Schleimpilzen als chemisches Signal für die Aggregation. Die sogenannten Myxamöben sammeln sich als Folge davon in Aggregaten. Die Zellulären Schleimpilze bestehen aus einzelnen haploiden Zellen, die zu Massen aus Einzelzellen aggregieren. Zu b.) Es werden sehr wohl Fruchtkörper ausgebildet, die gestielten Fruchtkörper.

Richtige Antwort zu Frage 799 c. Nach der Endosymbiontentheorie entwickelten sich die Chloroplasten aus ehemals freilebenden Cyanobakterien. Durch diese Chloroplasten erlangte die Zelle einen Apparat zur Synthese von Stoffen unter Nutzung der Sonnenenergie.

Richtige Antwort zu Frage 800 d. Die Grünalgen haben eine große Vielfalt an Formen und Bauplänen. Zu den Chlorophyta zählt zum Beispiel *Volvox* aber auch *Ulva lactuca*, der Meersalat. Die blattartigen Thalli des Meersalats werden einige Zentimeter groß.

Richtige Antwort zu Frage 801 d. Landpflanzen unterscheiden sich dadurch von den Protisten, dass sich die Zygote zu einem vielzelligen Embryo entwickelt, der von der Mutterpflanze ernährt und geschützt wird. Sowohl Landpflanzen als auch Protisten sind Eukaryoten, wobei einige Formen der Protisten Chloroplasten besitzen und damit zur Photosynthese befähigt sind. Die Einzeller unter den Protisten vermehren sich vorwiegend asexuell. Für mehrzellige, sich sexuell vermehrende Protisten gilt jedoch: Die Zygote entwickelt sich außerhalb des Elters zu einem vollständigen Organismus.

Richtige Antwort zu Frage 802 b. Die Lipidmembran erhält das Virus vom Wirt beim Verlassen der Zelle. Durch Integration von virusspezifischen Proteinen kann die Membran noch modifiziert werden.

Richtige Antwort zu Frage 803 c. Das Enzym Reverse Transkriptase kann von einer RNA-Matrize eine DNA-Kopie herstellen. Retroviren besitzen dieses Enzym, da ihr Capsid eine RNA-Form des Genoms enthält.

Richtige Antwort zu Frage 804 d. Virusoide sind RNA-Moleküle mit einer Länge von 320–400 Nucleotiden. Da sie für keine eigenen Capsidproteine codieren, bewegen sie sich in den Capsiden von Helferviren von Zelle zu Zelle. Im Allgemeinen handelt es sich um Parasiten ihres Helfervirus. Man findet sie vorwiegend in Pflanzen.

Richtige Antwort zu Frage 805 e. Retroviren haben auf ihrem Genom das Enzym Reverse Transkriptase codiert. Dies benutzen sie, um nach der Infektion der Wirtszelle ihr RNA-Genom in DNA umzuschreiben, welche dann über lange terminale Sequenzwiederholungen ins Wirtsgenom integriert wird. Bei der Gentherapie werden auf diese Weise gezielt Gene ins menschliche Genom eingefügt oder schon vorhandene zerstört.

Richtige Antwort zu Frage 806 b. Hefezellen können sich sowohl durch Mitose unter Bildung zweier genetisch identischer Tochterzellen als auch durch Meiose vermehren. Bei der meiotischen Zellteilung entstehen haploide Tochterzellen unterschiedlicher Kreuzungstypen, die als a und α bezeichnet werden und dem männlichen und weiblichen Geschlecht beim Menschen entsprechen. Der Kreuzungstyp wird durch den MAT-Locus, der zwei Gene umfasst, bestimmt. Unter geeigneten Bedingungen kommt es zur Fusion einer a- mit einer α-Zelle zu einer diploiden Zelle. Dieser Vorgang wird durch a- bzw. α-Pheromone (oder auch a- bzw. α-Faktoren), die von den jeweiligen Zellen sezerniert werden und an a- und α-Rezeptoren auf der jeweils anderen Zelle binden, eingeleitet. Die Expression der Pheromone und Rezeptoren wird durch die Gene des MAT-Locus kontrolliert.

Richtige Antwort zu Frage 807 e. Als Eukaryoten besitzen Hefen einen von einer Membran eingeschlossenen Zellkern. Diese Membran wird auch als Kernhülle bezeichnet und weist Kernporen auf. Bakterien besitzen wie alle Prokaryoten keinen Zellkern. Das bakterielle Chromosom ist ringförmig und besitzt kein Centromer und keine Telomere, die linearen eukaryotischen Chromosomen der Hefe hingegen schon.

Richtige Antwort zu Frage 808 d. Die absorptive Ernährung wird gefördert durch das hohe Oberflächen-Volumen-Verhältnis des Pilzmycels. Die Hyphen stehen in einer engen Beziehung zu ihrer Nahrungsquelle in der Umwelt.

Richtige Antwort zu Frage 809 e. Fakultative Parasiten befallen nur gelegentlich einen Wirt, sie können auch frei leben. Obligate Parasiten sind zumindest während einer Phase ihrer Entwicklung zwingend auf einen Wirtsorganismus angewiesen.

Richtige Antwort zu Frage 810 b. Als „Mycel" bezeichnet man die Gesamtheit der Hyphen eines Pilzes. Das Mycel besteht aus rasch wachsenden, einzelnen Fäden, den sogenannten Hyphen. Ein Mycel besteht aus vielen Hyphen, aber nicht umgekehrt.

Richtige Antwort zu Frage 811 c. In der Dikaryophase haben die beiden Zellkerne einen unterschiedlichen Paarungstyp. Die Paarungstypen unterscheiden sich genetisch, morphologisch jedoch nicht unbedingt. Aufgrund des genetischen Unterschieds der beiden Kerne spricht man auch von einem Heterokaryon (verschiedene Kerne).

Richtige Antwort zu Frage 812 d. Diese Fortpflanzungsstrukturen bezeichnet man als Soredien. Diese spezialisierten Strukturen kommen bei der Fortpflanzung der Flechten vor. Zu a.) Ascosporen kommen bei der geschlechtlichen Fortpflanzung von Schlauchpilzen vor. Zu c.) Konidien sind kleine, asexuelle Pilzsporen.

Richtige Antwort zu Frage 813 a. Die Hyphen der Jochpilze haben keine regelmäßige Septierung. Die Hyphen sind nicht coenocytisch.

Richtige Antwort zu Frage 814 e. Nicht alle Schlauchpilze (Ascomycota) bilden Ascocarpien als Fruchtkörper, Behauptung e ist also falsch. Es werden zwei Großgruppen bei den Schlauchpilzarten unterschieden: Arten, die einen Fruchtkörper ausbilden werden als Euascomyceten bezeichnet, Arten ohne Ascocarpien als Hemiascomyceten.

Richtige Antwort zu Frage 815 a. Im Reich der Pilze bilden die Ständerpilze den auffälligsten Fruchtkörper aus. Die fleischigen Fruchtkörper werden auch als Basidiomata oder Basidiocarpien bezeichnet und können ganz unterschiedliche Formen aufweisen.

Richtige Antwort zu Frage 816 c. Die unvollkommenen oder imperfekten Pilze (Deuteromycota) umfassen Chitinpilze, die nur schwer einer bestimmten Art oder Abteilung zugeordnet werden können. Pilze dieser Gruppe weisen kein sexuelles Stadium auf. Werden bei einem Pilz dieser Gruppe im Laufe der Forschung dann doch sexuelle Strukturen gefunden, wird er neu eingeordnet und geht an eine andere Pilzgruppe verloren.

Richtige Antwort zu Frage 817 c. Möglichkeit c trifft nicht für Flechten zu. Sie machen ihre Umgebung nicht basischer (alkalischer), sondern säuern das Substrat leicht durch Flechtensäuren an, die in erster Linie vom Pilzpartner produziert werden. Dadurch wird die Zersetzung des Substrates beschleunigt, was für die Bildung neuer Böden wegbereitend ist. Da Flechten von der Symbiose profitieren und den Großteil der benötigten Nährstoffe aus Luft und Niederschlägen gewinnen können, sind sie oft unter den Pionieren bei der Besiedelung unwirtlicher Regionen. Ihre enorme Toleranz gegenüber Austrocknung und Temperaturschwankungen trägt einen Großteil dazu bei.

Richtige Antwort zu Frage 818 c. Als „Arbeitspferd der Molekularbiologie" wird das Bakterium *E. coli* bezeichnet. Dennoch sind Pilze wichtige Organismen für die Biotechnologie: Zum Beispiel spielen Schimmelpilze bei der Reifung von Käse eine wichtige Rolle. Auch die Gärung von Bier und Wein sowie das Aufgehen des Brotteigs sind auf die Aktivität eines Pilzes, nämlich der Hefe, zurückzuführen. Des Weiteren werden Pilze bei der Herstellung von Chemikalien und Pharmazeutika eingesetzt. Obwohl Hefen Eukaryoten sind, besitzen sie wie Bakterien extrachromosomale DNA-Elemente. Der 2-µm-Ring, oder *2-micron-circle*, ist das am weitesten verbreitete Plasmid in Hefen und wird als Klonierungsvektor genutzt.

Richtige Antwort zu Frage 819 d. Der Schlüsselfaktor zum Umschalten vom vegetativen Wachstum zur Sporenbildung ist das Protein SpoA. In der vegetativen Zelle ist es nur in einer inaktiven Form vorhanden, durch Phosphorylierung wird es aktiviert.

Richtige Antwort zu Frage 820 d. Endosporen sind hitzeresistente Dauerformen von Bakterien. Sie werden gebildet, wenn ein Mangel an einem entscheidenden Nährstoff herrscht. Das Bakterium repliziert dann seine DNA und verkapselt eine Kopie zusammen mit einem Teil des Cytoplasmas in einer festen Zellwand, die von einer Sporenhülle umgeben ist.

Richtige Antwort zu Frage 821 e. Photosynthese betreibende Bakterien sind photoautotroph. Sie nutzen Licht als Energiequelle und Kohlendioxid als Kohlenstoffquelle. Zu b.) Die Cyanobakterien, eine Gruppe photoautotropher Bakterien, nutzen Chlorophyll *a* als Hauptphotosynthesepigment.

Richtige Antwort zu Frage 822 c. Denitrifizierer sind in aller Regel aerob. Größtenteils gehören sie zur Gattung *Bacillus* oder *Pseudomomas*. Denitrifizierende Bakterien setzen den anfallenden molekularen Stickstoff in die Atmosphäre frei. Unter anaeroben Kulturbedingugnen können die Bakterien aber auch anstelle von Sauerstoff Nitrat als Elektronenakzeptor verwenden.

Richtige Antwort zu Frage 823 e. Die Nitrifikation wird von bestimmten Bodenbakterien durchgeführt und bezeichnet die Oxidation von Ammoniak zu Nitrationen, eine weitere Stickstoffquelle für Pflanzen. Ammoniak ist das für Pflanzen in höherer Konzentration toxische Produkt der Stickstofffixierung durch andere Bodenbakterien, die dazu das Enzym Nitrogenase nutzen.

Richtige Antwort zu Frage 824 c. Die Überlebensfähigkeit vieler Pathogene ist außerhalb des Wirtsorganismus sehr gering. Der Transfer von einem Wirt auf den nächsten stellt eine große evolutionäre Herausforderung dar. Die Kopulation ist eine der engsten Kontaktformen zwischen den Wirten. Im Laufe der Evolution haben viele Pathogene sich so entwickelt, dass sie sexuelle Kontakte als Mittel der Übertragung nutzen.

Richtige Antwort zu Frage 825 d. Interleukine werden von Makrophagen und anderen Leukocyten freigesetzt. Für die HIV-Reproduktion sind sie aber ohne Bedeutung.

Richtige Antwort zu Frage 826 a. Das „F" in F-Plasmid steht für Fertilität. Bakterien mit einem F-Plasmid sind in der Lage, einen Sexpilus auszubilden, mit dem sie sich an eine Zelle ohne F-Plasmid heften. Kommt es zur Berührung der Zellen, wird eine Konjugationsbrücke gebildet, über die ein Strang des doppelsträngigen F-Plasmids übertragen wird. Manchmal integriert sich das F-Plasmid auch ins Wirtschromosom. Dann werden bei der Konjugation Teile des Chromosoms mit dem Plasmid übertragen.

Richtige Antwort zu Frage 827 a. Die Nanotechnologie beschäftigt sich mit der Manipulation einzelner Moleküle und Atome, um dadurch Materialien mit neuen bzw. verbesserten Eigenschaften zu erzeugen.

Richtige Antwort zu Frage 828 e. Nanopartikel bestehen im Allgemeinen aus einem fluoreszierenden oder magnetischen Kern, einer Schutzschicht, die den Kern vor äußeren Einflüssen und die Zellen vor der eventuellen Toxizität des Kernmaterials schützt, und einer oder mehreren äußeren Schichten. Sie sorgen für Wasserlöslichkeit und spezifische Erkennung von Zielmolekülen. Mit Nanopartikeln können Arzneimittel und genetisches Material gezielt verabreicht, Tumoren zerstört, Proteine und Mikroorganismen nachgewiesen und Moleküle manipuliert werden. Außerdem dienen Nanopartikel der Fluoreszenzmarkierung und der Kontrastverstärkung bei der Magnetresonanztomographie.

Richtige Antwort zu Frage 829 c. Durch spezifische Rezeptoren oder reaktive Gruppen gelangen Nanopartikel zielgenau zu Krebszellen, wo sie gewöhnlich toxische Substanzen freisetzen. Eine Alternative ist die Behandlung durch lokale Hitzeentwicklung, bei der Nanopartikel, deren Kern von einer dünnen Metallschicht umgeben ist, in der Lage sind, Infrarotlicht zu absorbieren. Durch Bestrahlung mit Licht aus diesem Spektralbereich entwickeln die Partikel Hitze, die die Krebszellen abtötet, während umliegendes Gewebe verschont bleibt.

Richtige Antwort zu Frage 830 a. Nanoschichten sind aus vielen parallel angeordneten Nanoröhrchen aufgebaut. Sie haben die Wirkung von Detergenzien und sorgen somit für die Zerstörung bakterieller Zellmembranen.

Richtige Antwort zu Frage 831 Ihre geringe Größe; sie sind nur mithilfe des Mikroskops zu sehen.

Richtige Antwort zu Frage 832 Es gibt große molekulare und feinstrukturelle Gemeinsamkeiten.

Richtige Antwort zu Frage 833 Größte Mikroorganismen etwa 500 μm, *Thiomargarita* sogar bis 750 μm, Riesenamöben auch bis 1 mm; kleinste Mikroorganismen etwa 0,02 μm. Ribosomen 25–30 nm, Viren 18–450 nm, *E. coli* 1–3 μm, Hefezelle 4–8 μm.

Richtige Antwort zu Frage 834 Phototroph.

Richtige Antwort zu Frage 835 Frei lebende prokaryotische Zellen existieren in einem Größenbereich von 0,2 μm (*Mycoplasma*) bis 750 μm (*Thiomargarita*).

Richtige Antwort zu Frage 836 Nur Zellwände, die Peptidoglykan aufweisen, werden von Lysozym angegriffen. Lysozym spaltet die β-1,4-Bindung zwischen *N*-Acetylglucosamin und *N*-Acetylmuraminsäure des Peptidoglykans. Lysozym greift nicht das Pseudopeptidoglykan der Archaea an, denn dieses weist eine β-1,3-Bindung zwischen *N*-Acetylglucosamin und *N*-Acetyltalosaminuronsäure auf.

Richtige Antwort zu Frage 837 Kapseln können aus Exopolysacchariden oder Exopolypeptiden bestehen. Sie sind fest an der Zelle angelagert oder gebunden, z. B. durch Verankerung über einen Lipidanteil in der äußeren Membran. Schleime bestehen aus ins Medium abgegebenen Exopolysacchariden.

Richtige Antwort zu Frage 838 Exotoxine sind Sekretionsprodukte von Bakterien. Endotoxine sind Bestandteile der gramnegativen Zellwand.

Richtige Antwort zu Frage 839 Das „Fünf-Reiche-System" enthält nur ein prokaryotisches Reich während von den „Drei Urreichen" zwei prokaryotisch sind.

Richtige Antwort zu Frage 840 Der Stammbaum wurde anhand von 16S- und 18S-rRNA-Analysen erstellt. Die Basensequenz dieser ribosomalen RNA dient dabei als Kriterium für die Verwandtschaft zweier Organismen und für ihre Abstammung von gemeinsamen Vorfahren.

Richtige Antwort zu Frage 841 Anhand ihrer rRNA-Sequenzen lassen sich Mitochondrien und Chloroplasten in das Reich der Bacteria einordnen, was die Vermutung der Endosymbiontenhypothese stützt, dass es sich bei diesen Organellen um Prokaryoten handelt, die im Laufe der Evolution in einen eukaryotischen Organismus integriert wurden.

Richtige Antwort zu Frage 842 Bei den grampositiven Bacteria liegt eine vielschichtige Peptidoglykanschicht über der Cytoplasmamembran. Darin eingebettet sind Teichonsäuren und Teichuronsäuren. Über dieser Schicht liegt oft noch die S-Layer als äußerste Schicht. Bei den gramnegativen Bacteria liegt eine einschichtige Peptidoglykanschicht über der Cytoplasmamembran. Darüber liegt die äußere Membran, deren äußere Seite aus Lipopolysacchariden besteht. Die äußere Membran ist oft, z. B. bei *E. coli*, über das Braun'sche Lipoprotein mit dem Peptidoglykan verbunden. Der Raum zwischen innerer und äußerer Membran wird als Periplasma bezeichnet. Über der äußeren Membran kann noch eine S-Layer liegen.

Richtige Antwort zu Frage 843 Die Gruppe der Bacteria.

Richtige Antwort zu Frage 844 Die Cyanobakterien.

Richtige Antwort zu Frage 845 Pseudomonaden führen keine Gärungen durch, sie bauen ihre Energiesubstrate ausschließlich über Atmungsprozesse ab.

Richtige Antwort zu Frage 846 Durch den Gehalt an speziellen Lipiden in ihrer Zellwand sind sie säure- und alkoholfest.

Richtige Antwort zu Frage 847 Sie besitzen keine Zellwand.

Richtige Antwort zu Frage 848 Sie sind als einzige Organismen in der Lage, durch die Reduktion verschiedener Substrate unter anaeroben Bedingungen Methan zu produzieren (Methanogenese).

Richtige Antwort zu Frage 849 Die sexuelle Reproduktion ist mit Meiose verbunden und führt zu einer Umorganisation des gesamten Genoms. Parasexuelle Reproduktion ist von Meiose und der Verschmelzung von Gameten unabhängig, und es werden nur Teile des Genoms ausgetauscht.

Richtige Antwort zu Frage 850 Transformation, Transduktion, Konjugation.

Richtige Antwort zu Frage 851 Die Elektronentransportkette von *E. coli* besitzt im Gegensatz zu der aus *Paracoccus denitrificans* kein Cytochrom *bc1*, d. h. es fehlt eine Kopplungsstelle für die Protonentranslokation vom Inneren der Cytoplasmamembran zur Außenseite. *E. coli* kann deshalb pro oxidiertem Molekül NADH nur 2 ATP generieren, *P. denitrificans* mindestens 3 ATP.

Richtige Antwort zu Frage 852 Es gibt drei Hypothesen über die molekulare Struktur des „Scrapie-verursachenden Agens": Prion-Hypothese: Das Prion-Protein allein, bzw. die abnorme Form des Prion-Proteins ist das infektiöse Agens. Virino-Hypothese: Neben dem wirtscodierten Protein ist noch ein informationstragendes Nucleinsäuremolekül an der Infektion beteiligt. Virus-Hypothese: Das „Scrapie-verursachende Agens" besteht aus einem größeren Genom und einem nucleinsäurebindenden Protein.

Richtige Antwort zu Frage 853 Viren sind obligate Parasiten, die für ihre Reproduktion von Wirtszellen abhängig sind. Den Viren fehlen viele Komponenten, die für die Lebensfähigkeit von zellulären Organismen notwendig sind; alle Viren nutzen die Ribosomen ihres Wirtes und nicht alle Viren haben Gene für DNA- und RNA-Polymerasen.

Richtige Antwort zu Frage 854 Die Genome von Viren können einzelsträngig oder doppelsträng sein. Das genetische Material muss auch nicht zwangsläufig DNA sein. Außerdem kann die Struktur außergewöhnlich sein. Einige RNA-Phagen haben segmentierte Genome, die Gene liegen auf unterschiedlichen RNA-Molekülen. Da sich Viren bei der Replikation oft bei den Systemen des Wirtes bedienen, kann ihr eigenes Genom kleiner sein.

Richtige Antwort zu Frage 855 Nur Bakteriophagen besitzen Capside vom Kopf-und-Schwanz-Typ. Eukaryotische Viren, insbesondere solche, die Tiere infizieren, können von einer Lipidmembran bedeckt sein.

Richtige Antwort zu Frage 856 Nach dem Eintritt in die Zelle wird das Genom zunächst durch die Reverse Transkriptase in doppelsträngige DNA umgeschrieben. Dann intergriert sich diese DNA in die Wirts-DNA. Im nächsten Schritt findet die Expression der retroviralen Gene *gal*, *pol* und *env* statt. Jedes dieser Gene codiert für ein Polyprotein, das nach der Translation in mehrere funktionelle Genprodukte gespalten wird. Diese Genprodukte finden sich dann zusammen und es entstehen neue Virenpartikel.

Richtige Antwort zu Frage 857 Im Gegensatz zu anderen Mikroorganismen besitzen Viren entweder DNA oder RNA, nicht aber beides. Sie besitzen auch keinen eigenen Stoffwechsel, sondern sind nur in einer lebenden Wirtszelle unter Verwendung des zellulären Syntheseapparates fähig, sich zu vermehren.

Richtige Antwort zu Frage 858 Das Pockenvirus ist das größte Virus mit einem Ausmaß von $400 \times 240 \times 200$ nm. Das kleinste Virus ist das Parvovirus mit einem Durchmesser von 24 nm.

Richtige Antwort zu Frage 859 Bei der Phagenvermehrung unterscheidet man zwischen lytischer Infektion, die zur Zerstörung der Bakterienzelle führt, und lysogener Infektion, bei der die DNA temperenter Phagen in das bakterielle Genom integriert wird und die Zelle keine Anzeichen einer Infektion zeigt.

Richtige Antwort zu Frage 860 Zur Bestimmung der Gesamtkonzentration einer Virussuspension kann das Elektronenmikroskop verwendet werden. Hierbei wird jedoch nicht die Infektiosität der Viren berücksichtigt. Bei Viren, die Erythrocyten agglutinieren können, ist es möglich, mithilfe eines Hämagglutinationstest die Virussuspension zu titrieren. Auch hierbei wird nicht zwischen infektiösen und nicht infektiösen Viruspartikeln unterschieden. Als Infektiositätstests eignen sich der Plaque-Test sowie die etwas aufwendigere Endpunkttitration. Der schnellste Test zum Nachweis kleinster Mengen viraler Nucleinsäuren ist die PCR. Die Genauigkeit immunologischer Nachweismethoden richtet sich nach der Beschaffenheit der Antiseren bzw. monoklonalen Antikörper.

Richtige Antwort zu Frage 861 Nein – es sind Restformen von Leben.

Richtige Antwort zu Frage 862 Pilzzellen sind von einer Cytoplasmamembran und einer festen Zellwand umgeben. Die Trennung der vegetativen Zellen erfolgt durch Septen mit Poren, die den Kontakt der Zellen gewährleisten. Die Zellen werden deshalb auch Kompartimente genannt.

Richtige Antwort zu Frage 863 Sie besitzen eine Zellwand, die aber Chitin als wesentliche Komponente enthält.

Richtige Antwort zu Frage 864 Bei der Teilung einiger dikaryotischer Basidiomycetenzellen wächst zunächst in der Nähe des künftigen Septums eine Ausstülpung aus, in die ein Tochterzellkern einwandert. Die Ausstülpung wird durch ein Septum abgetrennt, ebenso entsteht ein Septum als Querwand in der Hyphe, das die beiden anderen Tochterkerne voneinander trennt. Die Ausstülpung verschmilzt an der Spitze mit dem rückwärtigen Hyphenkompartiment. Der Vorgang dient der Verteilung genetisch verschiedener Zellkerne auf die beiden Hyphenkompartimente und damit der Aufrechterhaltung der dikaryotischen Phase.

Richtige Antwort zu Frage 865 Eine Basidie ist ein Ständer, auf dem die Basidiosporen gebildet werden. Ein Ascus ist eine schlauch- oder sackförmige Zelle, in der die Ascosporen entstehen.

Richtige Antwort zu Frage 866 In der Basidie wird der diploide Zellkern durch Meiose in vier Tochterkerne geteilt, die in die Sporen einwandern. Bei der Ascosporenbildung verschmelzen zwei Zellkerne in einem jungen Ascus zum diploiden Kern, der nach Meiose vier haploide Zellkerne liefert. Die Hakenbildung erlaubt die sukzessive Bildung mehrerer Asci. Zusätzlich bilden viele Basidio- und Ascomyceten asexuelle Sporen.

Richtige Antwort zu Frage 867 Eine Hefe ist einzellig, wächst isotrop und vermehrt sich durch Knospung oder Zweiteilung. Eine Hyphe wächst polar an der Hyphenspitze und kann durch Septen in Kompartimente unterteilt sein.

Richtige Antwort zu Frage 868 Als „Mycel" bezeichnet man die Gesamtheit der verzweigten Hyphen eines Pilzes.

Richtige Antwort zu Frage 869 „Dimorphismus" bezeichnet den Wechsel der Wuchsform eines Pilzes zwischen Hefe- und Hyphenform.

Richtige Antwort zu Frage 870 Als Hymenium wird die Fruchtschicht bezeichnet, in der die reproduktiven Strukturen, Asci oder Basidien, vereinigt sind.

Richtige Antwort zu Frage 871 Sporen können asexuell oder sexuell gebildet werden. Die asexuelle Vermehrung kann an speziellen morphologischen Strukturen, den Sporenträgern, erfolgen oder direkt von Hyphenzellen ausgehen. Die sexuellen Sporen werden an oder in Fruchtkörpern gebildet.

Richtige Antwort zu Frage 872 Prokaryotische Sporen werden innerhalb einer Bakterienzelle gebildet und sind typischerweise hitzeresistent.

Richtige Antwort zu Frage 873 Pilzsporen dienen der Verbreitung in der Umwelt oder der Überdauerung ungünstiger Umweltbedingungen.

Richtige Antwort zu Frage 874 Als „Spitzenkörper" wird eine Ansammlung von Vesikeln an der Hyphenspitze filamentöser Pilze bezeichnet. Von hier aus werden die Vesikel zur Zellwand transportiert und liefern Zellwandbausteine zur Verlängerung der Zelle.

Richtige Antwort zu Frage 875 Produktion von Enzymen, Antibiotika, Citronensäure.

Richtige Antwort zu Frage 876 Käse, Brot, Kefir, Bier, Sakewein.

Richtige Antwort zu Frage 877 Zwei Hefezellen unterschiedlichen Paarungstyps verschmelzen, worauf die Zellkerne fusionieren und eine diploide Zelle bilden.

Richtige Antwort zu Frage 878 Sekundärmetabolite sind chemische Verbindungen, die durch spezifische Syntheseleistungen einiger Zellen gebildet werden. Sie sind nicht unmittelbar im Energie- oder Baustoffwechsel beteiligt und damit nicht zur Aufrechterhaltung der Lebensfunktion notwendig. Beispiele: Antibiotika (Penicillin), Pilzgifte (Aflatoxin, Muscarin), Phytohormone (Gibberellin).

Richtige Antwort zu Frage 879 „Mykorrhiza" beschreibt die Lebensgemeinschaft von Pilzen mit höheren Pflanzen. Die Interaktion geschieht an der Wurzel. Die Pflanze erhält Mineralien durch den Pilz, im Gegenzug erhält der Pilz Kohlenhydrate von der Pflanze.

Richtige Antwort zu Frage 880 Einzellige Lebewesen leben in einer veränderlichen Umgebung. Die Art und Menge der verfügbaren Nährstoffe kann sich schnell ändern. Diese veränderte Verfügbarkeit führt zu großen Veränderungen der Genomaktiviät. Es werden nur die Gene exprimiert, die aktuell benötigt werden. Bei vielzelligen Lebewesen liegen die meisten Zellen in einer wenig veränderlichen Umgebung.

Richtige Antwort zu Frage 881 Durch Zweiteilung.

Richtige Antwort zu Frage 882 Es findet ein polares Zellwachstum statt, das von einem Punkt der Mutterzelle ausgeht.

Richtige Antwort zu Frage 883 Dauerzellen. Endosporen: Bildung durch endocytoseähnlichen Prozess, extrem widerstandsfähig, mehrschichtige Hülle, hoher Gehalt an Calciumdipicolinat, ruhender Stoffwechsel. Exosporen: Bildung durch Fragmentierung von Hyphen oder Knospung, ruhender Stoffwechsel. Cysten: Umwandlung der gesamten Zelle, komplexe Cystenwand, hoher Gehalt an Polyhydroxybutyrat. Heterocysten: Stickstofffixierende Zellen bei Cyanobakterien. Bakteroide: Stickstofffixierende Zellen bei Rhizobien in intrazellulärer Symbiose mit Pflanzen. Myxosporen: Umwandlung der gesamten Zelle, Aggregation zu großen Fruchtkörpern. Stiel- und Schwärmerzellen: Zelltypen im Lebenszyklus von *Caulobacter*.

Richtige Antwort zu Frage 884 Methylotrophe Bakterien wachsen auf verschiedenen reduzierten C1-Verbindungen, methanotrophe können außerdem auch Methan oxidieren.

Richtige Antwort zu Frage 885 Bei Temperaturen über 80 °C bis zu 113 °C.

Richtige Antwort zu Frage 886 Zur Stabilisierung ihrer Zellwand.

Richtige Antwort zu Frage 887 Chemotrophe Organismen nutzen organische oder anorganische Substanzen als Energiequelle, sie werden danach in Chemoorganotrophe und Chemolitotrophe unterschieden. Phototrophe Organismen nutzen das Licht als Energiequelle. Wird CO_2 als Kohlenstoffdonator genutzt, ist der Organismus autotroph, bei organischen Kohlenstoffverbindungen heterotroph. Wird nur eine einzige organische Verbindung als Energie- und Kohlenstoffquelle benötigt, ist der Organismus prototroph. Sind weitere Substanzen als Vorstufen für Biosynthesen notwendig, ist der Organismus auxotroph. Der Mensch ist ein chemoorganoheterotropher und auxotropher Organismus.

Richtige Antwort zu Frage 888 Makroelemente: Kohlenstoff, Wasserstoff, Sauerstoff, Stickstoff, Schwefel, Phosphor, Eisen, Natrium, Kalium, Magnesium und Calcium. Mikroelemente: Mangan, Kobalt, Kupfer, Nickel, Molybdän, Selen, Zink, Vanadium u. v. a. Kohlenstoff, Wasserstoff, Sauerstoff, Stickstoff und Phosphor sind grundlegende Bausteine für organische Moleküle. Schwefel ist Bestandteil der Aminosäuren Cystein und Methionin und einiger Vitamine, z. B. Coenzym A. Eisen ist Bestandteil von Cytochromen und Eisen-Schwefel-Proteinen, Magnesium der Ribosomen und des Chlorophylls. Molybdän dient bei stickstofffixierenden Bakterien als Cofaktor der Nitrogenase.

Richtige Antwort zu Frage 889 Kohlenstoff kann von autotrophen Organismen als CO_2 aus der Luft aufgenommen werden, heterotrophe Organismen nutzen den Kohlenstoff organischer Substanzen. Wasserstoff wird in Form von H_2O aufgenommen oder stammt ebenfalls aus organischen Substanzen. Sauerstoff entstammt in molekularer Form der Luft oder in gebundener Form komplexeren aufgenommenen Verbindungen. Stickstoff kann in gebundener Form, als Ammoniumion oder von Spezialisten, als Nitrat, Nitrit oder molekularer Stickstoff aufgenommen werden. Schwefel wird als Sulfation aufgenommen, Phosphor als Phosphation oder in gebundener Form. Eisen wird meist über Siderophore in Lösung gebracht und dann aufgenommen. Natrium, Kalium, Magnesium und Calcium können als Kationen anorganischer Salze aufgenommen werden.

Richtige Antwort zu Frage 890 Der Mensch ist obligat aerob. Obligat aerobe Organismen sterben ohne verfügbaren Sauerstoff, sie benötigen Sauerstoff als terminalen Elektronenakzeptor der Atmungskette. Mikroaerophile Organismen benötigen eine geringere Sauerstoffkonzentration als die der Luft. Aerotolerante Organismen brauchen den Sauerstoff nicht, können aber bei Anwesenheit von Sauerstoff ebenfalls wachsen. Obligat anaerobe Organismen wachsen nur bei Abwesenheit von Sauerstoff. Fakultativ anaerobe Organismen können sowohl aerob als auch anaerob wachsen und stellen ihren Stoffwechsel entsprechend um.

Richtige Antwort zu Frage 891 *E. coli* ist mesophil, sein Temperaturoptimum liegt bei 37 °C, der Temperatur seines Lebensraumes.

Richtige Antwort zu Frage 892 Osmotolerante Organismen können bei hohem osmotischen Druck wachsen, sind jedoch nicht auf ihn angewiesen. Halophile Organismen dagegen sterben in verdünnteren Lösungen ab, weil sie beispielsweise auf eine hohe Konzentration von Natriumionen zur Stabilisierung ihrer Membran angewiesen sind.

Richtige Antwort zu Frage 893 Teile des Mediums sind hitzelabil (Vitamine) und sollten in konzentrierter Lösung durch Filtration sterilisiert werden. Zwar kann man auch größere Mengen filtrieren, jedoch ist in der täglichen Anwendung das getrennte Autoklavieren des hitzestabilen Anteils und ein anschließendes Zusammengeben der einzelnen Komponenten unter sterilen Bedingungen zu empfehlen.

Richtige Antwort zu Frage 894 In Salz einlegen, hoher Zuckergehalt in Marmelade und Honig, Kühlung, Säuregehalt z. B. im Sauerkraut, anaerobe Bedingungen in Einmachgläsern und Konserven.

Richtige Antwort zu Frage 895 Wachstum: irreversible Zunahme lebender Substanz. Vermehrung: Anstieg der Zellzahl. Generationszeit: Zeit, in der sich Zellen unter definierten Bedingungen verdoppeln. Teilungsrate: Anzahl der Zellteilungen pro Stunde. Wachstumsrate: Zunahme der Zellmasse innerhalb einer bestimmten Zeit. Lag-Phase: Anpassungsphase des Wachstums von Zellen an ein neues Medium. Log-Phase: logarithmisch verlaufendes Wachstum einer Kultur. Stationäre Phase: die Wachstumsrate entspricht der Absterberate. Absterbephase: die Absterberate übertrifft die Wachstumsrate. Diauxie: zweiphasiges Wachstum durch aufeinanderfolgende Nutzung zweier verschiedener Substrate in einem Medium. Synchrone Kultur: alle Zellen einer Kultur befinden sich am gleichen Punkt des Zellzyklus. Inokulum: Zellen aus einer Vorkultur, mit denen eine Kultur angeimpft wird.

Richtige Antwort zu Frage 896 Für die Bestimmung der Generations- oder Verdoppelungszeit wird der Logarithmus zur Basis 2 der Zellzahl gegen die Zeit aufgetragen. Für die exponentielle Wachstumsphase ergibt sich eine Gerade, aus deren Steigung man die Generationszeit direkt ablesen kann.

Richtige Antwort zu Frage 897 Es besteht die Möglichkeit, dass sich in der beim ersten Ausstrich isolierten Kolonie einige wenige Individuen einer anderen Art befinden, die sich auf dem gewählten Medium nicht oder nur schlecht vermehren.

Richtige Antwort zu Frage 898 Nein, denn es gibt z. B. Bakterien, die einen Phasenwechsel bei der Synthese von Oberflächenkomponenten aufweisen. So können Bakterien der gleichen Art schleimig oder nicht-schleimig, glänzend oder rau sein.

Richtige Antwort zu Frage 899 Pasteur sterilisierte Medium und verwahrte es über lange Zeiträume in sogenannten Schwanenhalskolben, die zwar offen und damit der Luft zugänglich waren, durch deren gebogenen Hals aber keine Mikroorganismen eindringen konnten. In diesen Kolben entstand nicht spontan neues Leben. Erst wenn Mikroorganismen von außen das Medium zugänglich gemacht wurde, indem der Kolben gekippt wurde, wurde das Medium besiedelt.

Richtige Antwort zu Frage 900 Tyndallisieren ist ein Sterilisationsprozess, bei dem eine Lösung zunächst auf 100 °C erhitzt, dann im Brutschrank inkubiert und anschließend erneut erhitzt wird. Durch diese Methode werden die bei der ersten Erhitzung nicht abgetöteten Endosporen zum Auskeimen gebracht und können dann durch die zweite Erhitzung ebenfalls abgetötet werden.

Richtige Antwort zu Frage 901 Bei der mikrobiologischen Sterilisation wird das gesamte Leben im Sterilisiergut abgetötet, also alle vorhandenen Mikroorganismen und ihre Dauerformen. Bei der Desinfektion werden nur die pathogenen Mikroorganismen getötet oder inaktiviert. Völlige Keimfreiheit wird dabei nicht gefordert.

Richtige Antwort zu Frage 902 Metallgegenstände: durch trockene Hitze bei 180 °C für 30 min oder durch autoklavieren; Luft: Sterilfiltration oder UV-Licht; Milch: pasteurisieren; Vitaminlösung: sterilfiltrieren; mit menschlichem Blut kontaminiertes Einwegmaterial: autoklavieren.

Richtige Antwort zu Frage 903 Handelt es sich um ein fakultativ anaerobes Bakterium, kann es wie ein aerobes Bakterium an der Luft bearbeitet und kultiviert werden. Handelt es sich um ein obligat anaerobes Bakterium, muss die Bearbeitung unter Sauerstoffausschluss z. B. in einer Anaerobenkammer erfolgen. Die Kultivierung erfordert einen Anaerobentopf und ein Reduktionsmittel wie Dithionit im Medium.

Richtige Antwort zu Frage 904 Gesamtkeimzahl: alle Zellen in einer Probe, ob lebensfähig oder nicht. Kann mit der Zählkammer bestimmt werden. Lebendkeimzahl: nur die lebensfähigen Zellen einer Probe. Ungenaue, da selektive Bestimmung durch Plattieren auf Nähragar, genauer mit Vitalfarbstoff. Zellmasse: Masse des Zellmaterials pro Volumeneinheit der Probe, unabhängig von der Zellzahl. Kann durch z. B. Bestimmung des Proteingehalts der Probe mit Farbindikatoren im Photometer bestimmt werden.

Richtige Antwort zu Frage 905 Selektivkultur: Zusammensetzung lässt nur das Wachstum bestimmter Mikroorganismen zu; z. B. durch Wahl der Nährstoffquelle oder durch Zusatz von Hemmstoffen. Anreicherungskultur: Durch Kultivierung in Selektivmedium wird die Zusammensetzung einer Population verschiedener Arten zugunsten der gewünschten Art verschoben. Mischkultur: Kultur aus mehreren Arten z. B. zur Kultivierung von obligat intrazellulären Arten oder zur Untersuchung von Modellökosystemen. Reinkultur: Kultur aus der Nachkommenschaft einer einzelnen Zelle. Dauerkultur: Kultur zur Aufbewahrung von Mikroorganismen, z. B. in gefriergetrocknetem Zustand.

Richtige Antwort zu Frage 906 Eine. Für die Polymerasekettenreaktion wird ein DNA-Doppelstrang durch Hitze denaturiert. Zwei spezifische DNA-Bruchstücke werden zugesetzt, die sich mit jeweils einem Strang der Proben-DNA paaren können. Sie dienen als Startpunkt der DNA-Synthese durch ein hitzestabiles Enzym. Durch mehrfaches Wiederholen der Hitze- und Polymerisations-Schritte wird ein spezifischer Abschnitt der DNA so stark vermehrt, dass er durch Gelelektrophorese und Anfärbung nachgewiesen werden kann.

Richtige Antwort zu Frage 907 Bei einer statischen Kultur wird während des Wachstums nichts hinzugegeben oder entfernt; dadurch ändern sich die Umweltbedingungen für die Mikroorganismen im Lauf der Kultivierung, und das Wachstum verläuft in Phasen. Bei einer kontinuierlichen Kultur wird während des Wachstums frisches Nährmedium zu- und verbrauchtes mit den Zellen abgeführt. Die Umweltbedingungen für die Mikroorganismen bleiben während der Kultur sozusagen konstant, und das Wachstum verläuft linear.

Richtige Antwort zu Frage 908 Mikrobielles Leben wird von $-15\,°C$ bis $115\,°C$ gefunden.

Richtige Antwort zu Frage 909 Die Kultur wurde aus einem Patienten isoliert und ist daher möglicherweise pathogen für Menschen. Sie sollten daher die entsprechenden Sicherheitsmaßnahmen ergreifen und möglichst nach Sicherheitsstufe 3 arbeiten. Auch sollten Sie sich nach den Symptomen des Patienten erkundigen. Für die Identifizierung können Sie, je nach Verfügbarkeit und Erfolg der Methode, folgende diagnostische Methoden anwenden: Kultivierung unter verschiedenen Bedingungen (z. B. Sauerstoff, Nährstoffe, pH-Wert), bei Kultivierbarkeit Koloniemorphologie, Stoffwechselreaktionen z. B. mit kommerziell erhältlichen Systemen der sogenannten Bunten Reihe, die Beweglichkeit der Zellen oder Methoden der DNA-Analyse wie Southern-Hybridisierung. Die Polymerasekettenreaktion ist auch bei Problemen mit der Kultivierbarkeit der Mikroorganismen anwendbar, da im Idealfall eine Zelle für diese Methode ausreicht.

Richtige Antwort zu Frage 910 Organische Kohlenstoffquellen.

Richtige Antwort zu Frage 911 Die homofermentativen Milchsäurebakterien.

Richtige Antwort zu Frage 912 Sie sind in der Lage, anaerob weiter zu wachsen, da sie fakultative Mikroorganismen sind.

Richtige Antwort zu Frage 913 Anaerober Abbau von organischen Kohlenstoffverbindungen in Abwesenheit von Sauerstoff oder anderen externen Elektronenakzeptoren, die eine anaerobe Atmung zulassen würden. Die primäre Gärung leitet den anaeroben Abbau von organischen Verbindungen ein.

Richtige Antwort zu Frage 914 Bei der primären Gärung entstehen unvollständig oxidierte Verbindungen, die von einer Reihe von Bakterien weiter verstoffwechselt werden. Dabei kann es sich um vollständige Oxidation durch Eisenreduzierer oder Sulfatreduzierer handeln, um Abbau zu Acetat durch acetogene Bakterien oder um die sekundären Gärer, die die organischen Verbindungen zu Acetat, Wasserstoff und C1-Verbindungen umsetzen.

Richtige Antwort zu Frage 915 Als „Gärung" bezeichnet man den Abbau einer organischen Verbindung ohne Nutzung externer Elektronenakzeptoren und damit verbundener Energiekonservierung über Substratstufenphosphorylierung. Das Substrat wird in der Regel oxidiert, dabei wird ATP synthetisiert. Die Produkte der Oxidation dienen dann als Elektronenakzeptor, damit ist ein Ausgleich der Redoxbilanz möglich. Im Gegensatz zur Atmung, bei der immer ein externer Elektronenakzeptor zur Verfügung steht, gibt es beim Gärungsstoffwechsel keinen Elektronentransport und damit auch keine Energiekonservierung über Elektronentransportphosphorylierung. Eine Ausnahme stellt die gemischte Säuregärung der Enterobakterien dar, bei der ein kleiner Teil der Energie durch die Fumaratatmung, d. h. durch Elektronentransport bei der Oxidation von Fumarat zu Succinat, konserviert wird.

Richtige Antwort zu Frage 916 Pyruvat-Umsetzung zu Acetyl-Coenzym A, Kohlendioxid und reduziertem Ferredoxin durch Pyruvat:Ferredoxin-Oxidoreduktase (Clostridien). Pyruvat-Umsetzung zu Acetyl-Coenzym A und Formiat durch die Pyruvat:Formiat-Lyase (Enterobakterien). Pyruvat-Umsetzung zu Acetaldehyd und Kohlendioxid durch die Pyruvat-Decarboxylase (Hefen und *Zymomonas*), Umsetzung von 2 Pyruvat zu Acetyllactat und Kohlendioxid durch die Acetyllactat-Synthase (*Enterobacter*).

Richtige Antwort zu Frage 917 Bei der homofermentativen Milchsäuregärung werden aus Glucose über den Embden-Meyerhof-Parnas-Weg 2 Moleküle Lactat gebildet. Dabei werden 2 ATP gebildet. Bei der heterofermentativen Milchsäuregärung werden aus einem Molekül Glucose über den Phosphoketolaseweg jeweils ein Molekül Lactat, Ethanol und Kohlendioxid synthetisiert, die Energieausbeute beträgt nur ein ATP pro Glucose.

Richtige Antwort zu Frage 918 Bei der gemischten Säuregärung entsteht aus Kohlenhydraten ein Gemisch von Säuren, und zwar Lactat, Acetat, Formiat und Succinat. Daneben entsteht Kohlendioxid, Wasserstoff und Ethanol. Die gemischte Säuregärung ist charakteristisch für die Enterobakterien.

Richtige Antwort zu Frage 919 Unter der Stickland-Reaktion versteht man die Vergärung von Aminosäuren. Dabei wird eine Aminosäure zur 2-Ketosäure oxidiert, die andere unter Freisetzung der Aminogruppe reduziert.

Richtige Antwort zu Frage 920 Die Energiegewinnung erfolgt ausschließlich über Substratstufenphosphorylierung während der Glykolyse (Phosphoglycerat-Kinase- und Pyruvat-Kinase-Reaktion).

Richtige Antwort zu Frage 921 Phototrophe Mikroorganismen nutzen Lichtenergie, chemotrophe Mikroorganismen nutzen die im Verlauf einer chemischen Reaktion freigesetzte Energie.

Richtige Antwort zu Frage 922 Im chemorganotrophen Organismus: membranständige NADH-Dehydrogenase, Chinon- (Cytochrom-)Reduktase oder Oxidase. Phototrophe Organismen: angeregtes Reaktionszentrum (Eisen-Schwefel-Protein), Ubichinon, Cytochrom $bc1$, c-Typ-Cytochrom.

Richtige Antwort zu Frage 923 Wenn bei phototrophen oder chemotrophen Organismen das Redoxpotenzial des primären Elektronenakzeptors bei der Photosynthese bzw. bei der Oxidation eines Energiesubstrates positiver ist als das von $NADP^+/NADPH$, kann das für viele Biosynthesen und für die Kohlendioxidfixierung notwendige NADPH nicht mehr ohne Energieaufwand gebildet werden. Unter Verbrauch von protonenmotorischer Kraft werden Elektronen entgegen des Redoxpotenzialgefälles auf $NADP^+$ übertragen. Dabei werden die Elektronen über Elektronentransportketten-Komponenten letztlich auf eine NADPH-Dehydrogenase übertragen. Diesen Prozess nennt man „revertierten Elektronentransport". Er dient dazu, einen Organismus mit Reduktionskraft für den Baustoffwechsel in Form von NADPH zu versorgen.

Richtige Antwort zu Frage 924 Bei der oxygenen Photosynthese wird Wasser oxidiert, d. h. Wassermolekülen werden Elektronen entzogen, dabei wird Sauerstoff freigesetzt. Wenn andere Moleküle als Elektronendonatoren für photosynthetischen Elektronentransport verwendet werden, entsteht kein Sauerstoff, die Photosynthese ist anoxygen.

Richtige Antwort zu Frage 925 Purpurbakterien, Grüne Bakterien und Heliobakterien. Die ersten beiden Gruppen besitzen im Reaktionszentrum Bacteriochlorophyll a, Heliobakterien Bacteriochlorophyll g. Purpurbakterien tragen ihr Photosystem in ausgedehnten intrazellulären Membransystemen. Solche Membransysteme gibt es bei den beiden anderen Gruppen nicht. Die grünen Bakterien tragen ihr Photosystem in Chlorosomen. Das Redoxpotenzial des primären Elektronendonators liegt bei Purpurbakterien höher als bei den beiden anderen Gruppen. Primärer Elektronenakzeptor ist bei den Purpurbakterien ein Chinon, bei den Grünen Schwefelbakterien und den Heliobakterien ein Eisen-Schwefel-Protein. Mit dem relativ positiven Redoxpotenzial des Chinons ist eine Reduktion von NADPH nicht möglich, die Purpurbakterien sind im Gegensatz zu den beiden anderen Gruppen auf revertierten Elektronentransport angewiesen.

Richtige Antwort zu Frage 926 Die Hydrogenase enthält Nickel.

Richtige Antwort zu Frage 927 Die Nitrogenase ist sehr sauerstoffempfindlich, in den Heterocysten ist sie vor Sauerstoff geschützt.

Richtige Antwort zu Frage 928 Organismen, die bei Salzkonzentrationen von > 3,0 mol l⁻¹ ein optimales Wachstum erreichen, bezeichnet man als extrem halophil. Man findet sie zum großen Teil unter den Archaea (*Halobacterium, Haloferax, Methanohalophilus*).

Richtige Antwort zu Frage 929 Über ATP, energetisierte Membranen (elektrochemische Potenzialdifferenzen) und Reduktionskraft in Form von reduziertem Nicotinamidadenindinucleotidphosphat. Der Energiestoffwechsel liefert diese Komponenten, im Leistungsstoffwechsel werden sie genutzt.

Richtige Antwort zu Frage 930 Bei chemolithotrophen Bakterien werden die Elektronen vom Substrat direkt über membranständige Dehydrogenasen in die Elektronentransportkette eingeschleust, bei chemoorganotrophen Bakterien werden die Elektronen bei der Oxidation des Substrates in der Regel zunächst im Cytoplasma auf NAD⁺ übertragen, erst anschließend erfolgt die Reoxidation des NADH durch eine membranständige NADH-Dehydrogenase, die die Elektronen in die Atmungskette einspeist.

Richtige Antwort zu Frage 931 Sauerstoff, Nitrat, Nitrit, Sulfat, Sulfit, Schwefel, Eisen(III), Bicarbonat.

Richtige Antwort zu Frage 932 Glykolyse = Embden-Meyerhof-Parnas-Weg; 2 ATP/Glucose. Entner-Doudoroff-Weg; 1 ATP/Glucose. Phosphoketolaseweg; 1 ATP/Glucose.

Richtige Antwort zu Frage 933 Einerseits können Mikroorganismen Sauerstoff als Elektronenakzeptor in die Atmungskette durch alternative Elektronenakzeptoren, wie Nitrat, TMAO, DMSO oder Fumarat, ersetzen. Damit bauen sie anaerob einen Protonengradienten auf und gewinnen über eine ATPase Energie. Sie können aber auch auf vielfältigste Weise durch Fermentationen anaerob Energie gewinnen. Dabei wird auf der Ebene des Substratabbaus direkt Energie in Form von ATP konserviert.

Richtige Antwort zu Frage 934 Unter „Sulfatatmung" versteht man die Reduktion von Sulfat zu Sulfid, bei der über Elektronentransportphosphorylierung Energie konserviert wird. Als Elektronendonator können Wasserstoff, aber auch eine Vielzahl von organischen Verbindungen dienen. Die Organismen bezeichnet man als „Sulfatreduzierer" oder „Sulfatatmer".

Richtige Antwort zu Frage 935 Als „Denitrifikation" bezeichnet man die Umsetzung von Nitrat über Nitrit, Stickstoffmonoxid und Distickstoffmonoxid zu elementarem Stickstoff (Distickstoff) im Energiestoffwechsel einiger fakultativ anaerober Bakterien. Die Denitrifikation ist ein strikt anaerober Prozess. Bei der Ammonifikation wird Nitrat über Nitrit direkt zu Ammonium umgesetzt. Beide Prozesse werden unter „Nitratatmung" zusammengefasst.

Richtige Antwort zu Frage 936 Mit Flugreisen überwinden Keimträger in sehr kurzer Zeit große Entfernungen, das Vordringen in Urwälder ermöglicht Kontakte mit neuen Erregern, Bewässerungsprojekte erweitern den Lebensraum von Zwischenwirten, kontaminierte Handelsprodukte transportieren Erreger über große Strecken, häufiger Antibiotikagebrauch fördert das Entstehen von Resistenzen.

Richtige Antwort zu Frage 937 Liegt weder ein anziehender noch ein abstoßender Reiz vor, wird die Bewegungsrichtung der Flagelle regelmäßig geändert und die Zelle bewegt sich entweder geradlinig oder sie taumelt. Dadurch ist die Bewegungsrichtung der Zelle zufällig. Liegt ein Reiz vor, werden die Zeiträume geradliniger Bewegung verlängert, wenn die Zelle sich auf einen positiven Reiz zubewegt, und verkürzt, wenn sie sich von einem positiven Reiz wegbewegt; bei negativen Reizen entsprechend umgekehrt.

Richtige Antwort zu Frage 938 Zur Isolierung von Antibiotika-Resistenzmutanten werden die Bakterien nach der Mutagenese einfach auf antibiotikumhaltigem Festmedium ausgebracht. Zur Isolierung von auxotrophen Mutanten empfiehlt sich eine Replika-Plattierung auf Medium mit und auf Medium ohne die Substanz, für die die Mutante auxotroph sein soll.

Richtige Antwort zu Frage 939 Penicillin hemmt die Peptidoglykansynthese und wirkt nur auf wachsende Zellen tödlich. Nach einer Mutagenese werden die Bakterien in Minimalmedium mit Penicillin kultiviert. Nur die wachsenden Zellen werden abgetötet; Zellen, die nicht wachsen, z. B. auxotrophe Mutanten, überleben.

Richtige Antwort zu Frage 940 Die Gürtelrose (Zoster) ist ein schmerzhafter Hautausschlag, der durch das Varicella-Zoster-Virus hervorgerufen wird. Dieses Virus gehört zur Familie der Herpes-Viren. Beim Erstkontakt verursacht das Varicella-Zoster-Virus Windpocken (Varizellen). Typisch für Herpes-Viren ist, dass sie nach einer Infektion in bestimmten Bereichen des Nervensystems verbleiben. Werden sie reaktiviert, entwickelt sich eine Gürtelrose. Auch nach einer Impfung gegen Windpocken kann Gürtelrose auftreten. Die Behandlung besteht in medikamentöser Therapie mit antiviralen Mitteln, wie Aciclovir, Famciclovir oder Valaciclovir. Um einen schnellen Behandlungserfolg zu erzielen, sollte mit der Behandlung schnell begonnen werden.

Richtige Antwort zu Frage 941 Die Wundrose ist eine örtliche Entzündung der Lederhaut, die durch Streptokokken verursacht wird. Die Bakterien dringen über eine Eintrittspforte in die Haut ein und befallen auch das örtliche Lymphsystem. Im Lymphsystem kann sich die Infektion ausbreiten. Als Eintrittspforte dienen häufig kleine Wunden, Risse oder Geschwüre, welche in den Zwischenzehenräumen und Mundwinkeln entstanden sind.

Richtige Antwort zu Frage 942 Sulfatreduzierer produzieren große Mengen an toxischem Schwefelwasserstoff, der zu Vergiftungen oder Korrosionen führen kann.

Richtige Antwort zu Frage 943 Die Rickettsien und die Chlamydien.

Richtige Antwort zu Frage 944 Nach der Kultivierung von *Salmonella* aus beiden möglichen Infektionsquellen und dem Patienten und Identifizierung von *Salmonella enterica* durch einen serologischen Test können Sie eine Analyse des Restriktionsfragment-Längenpolymorphismus durchführen. Eines der beiden *Salmonella*-Isolate sollte mit dem Patienten-Isolat in den Restriktionsfragment-Längen übereinstimmen.

Richtige Antwort zu Frage 945 Symbiose: Nutzen für beide Partner. Kommensalismus: Nutzen für den Mikroorganismus, aber kein Schaden für den Wirt. Parasitismus: Schädigung des Wirtes durch den Mikroorganismus.

Richtige Antwort zu Frage 946 Schleim und Flimmerhärchen.

Richtige Antwort zu Frage 947 Mitglieder der Normalflora, die nur unter bestimmten Bedingungen (z. B. Antibiotikatherapie, Immunschwäche) Krankheiten verursachen.

Richtige Antwort zu Frage 948 Spezielle Eigenschaften von Mikroorganismen, die sie zur Krankheitsauslösung befähigen (z. B. Toxinproduktion, Besiedelung von Wirtszellen).

Richtige Antwort zu Frage 949 Durch die Kapsel werden Zellwandantigene maskiert, die daher nicht von den Phagocyten erkannt werden können. Erst nach der Bildung von gegen die Kapsel gerichteten Antikörpern und deren Bindung können die bekapselten Bakterien phagocytiert werden.

Richtige Antwort zu Frage 950 Von Mensch zu Mensch, von kranken Tieren, von blutsaugenden Insekten, über Wasser, Lebensmittel, Gegenstände, Erde, Staub, Luft.

Richtige Antwort zu Frage 951 Schädigung der physiologischen Mikroflora, Allergien, Resistenzbildung.

Richtige Antwort zu Frage 952 Lebendimpfstoffe: abgeschwächte, vermehrungsfähige Erreger. Totimpfstoffe: abgetötete Erreger oder Erregerbestandteile.

Richtige Antwort zu Frage 953 Ein plötzlicher Ausbruch einer Infektionskrankheit, der nach einer gewissen Zeit wieder abflaut.

Richtige Antwort zu Frage 954 Elementarer Stickstoff stellt das größte Stickstoffreservoir dar, aber Pflanzen und Tiere können den Luftstickstoff nicht selbst fixieren, den sie für ihre Proteine und Nucleinsäuren benötigen. Sie sind daher auf die Bakterien angewiesen.

Richtige Antwort zu Frage 955 In der Lebensmittelherstellung.

Richtige Antwort zu Frage 956 Diese Substanzen sind Abfallprodukte anderer Herstellungsprodukte und daher preiswert, außerdem enthalten sie viele wertvolle Nährstoffe.

Richtige Antwort zu Frage 957 Durch Erzeugung eines Biotinmangels, der die Membran durchlässig werden lässt.

Richtige Antwort zu Frage 958 Besonders kritisch ist die ausreichende Begasung der Mikroorganismen.

Richtige Antwort zu Frage 959 Primärmetaboliten werden während der Wachstumsphase gebildet, Sekundärmetaboliten erst zu Beginn der stationären Phase.

Richtige Antwort zu Frage 960 Weil die Synthese von Sekundärmetaboliten im Gegensatz zur Synthese von Primärmetaboliten nicht an den Energiestoffwechsel gekoppelt ist.

Richtige Antwort zu Frage 961 Weil dadurch die Getreidestärke zu Glucose abgebaut wird, die das Substrat für die nachfolgende Gärung durch die Brauhefe darstellt.

Richtige Antwort zu Frage 962 Durch die SO_2-Zugabe wird das Wachstum unerwünschter Mikroorganismen gehemmt.

Richtige Antwort zu Frage 963 Weil die Entstehung von Essigsäure aus Ethanol ein aerober Prozess und damit keine Gärung im chemischen Sinne ist.

Richtige Antwort zu Frage 964 Diesen Käsen fehlt die konservierende Milchsäure, sie werden daher durch eine Salzlake geschützt.

Richtige Antwort zu Frage 965 Viele Citronensäure abbauende Enzyme des Citratzyklus enthalten Metallionen, z. B. Eisen, ohne die sie nicht funktionsfähig sind. Ein Mangel an Metallionen hemmt diese Enzyme und bewirkt gleichzeitig eine verstärkte Bildung von Citronensäure, da diese als Chelatbildner wirkt und so das wenige vorhandene Eisen binden kann.

Richtige Antwort zu Frage 966 Weil im Wildtyp durch die allmähliche Anreicherung der produzierten Aminosäure ihre weitere Synthese durch diesen Regulationsmechanismus verhindert würde.

Richtige Antwort zu Frage 967 Ein natürliches Antibiotikum wird vollständig von Mikroorganismen synthetisiert. Halbsynthetische Antibiotika werden hergestellt, indem die Seitenkette eines natürlichen Antibiotikums chemisch abgespalten und durch eine andere ersetzt wird.

Richtige Antwort zu Frage 968 Clavulansäure hemmt die β-Lactamase der Bakterien, die den β-Lactamring des Penicillins angreift. Dadurch wird Penicillin wieder wirksam gegen die Bakterien.

Richtige Antwort zu Frage 969 Das Enzym kann mehrmals für eine Reaktion verwendet werden, und das Produkt enthält kein Enzym als Verunreinigung.

Richtige Antwort zu Frage 970 Die in industriellen Abwässern häufig enthaltenen toxischen Substanzen und Schwermetalle schädigen die Mikroorganismen der biologischen Stufe und beeinträchtigen so deren Reinigungswirkung.

Richtige Antwort zu Frage 971 Weil einige der Gärprodukte des organischen Materials nicht direkt von methanogenen Bakterien genutzt werden können, sondern erst von den acetogenen Bakterien zu Acetat, Kohlendioxid und Wasserstoff umgesetzt werden müssen. Anschließend können diese Substanzen dann von den Methanbildnern zu Methan und Kohlendioxid abgebaut werden.

Richtige Antwort zu Frage 972 Weil bei sehr großen oder komplex aufgebauten Proteinen mit spezifischen Modifikationen der prokaryotische Proteinsyntheseapparat nicht in der Lage ist, das Molekül korrekt zu synthetisieren.

Richtige Antwort zu Frage 973 Da die gentechnisch hergestellte Vakzine nur ein antigen wirksames Hüllprotein des Virus und keine kompletten Viren enthält, besteht im Unterschied zum herkömmlichen Impfstoff aus Humanserum kein Infektionsrisiko.

Richtige Antwort zu Frage 974 Bei *E. coli* handelt es sich um einen Mikroorganismus, für den industrielle Züchtungsverfahren seit langem erprobt und etabliert sind. Eine Produktion des gewünschten Enzyms in seinem Herkunftsorganismus würde dagegen eine langwierige und teure Optimierung der geeigneten Wachstumsbedingungen erfordern.

Richtige Antwort zu Frage 975 Biopestizide sind Präparate aus speziellen Viren, Bakterien oder Pilzen, die zum Schutz von Pflanzen vor Schädlingen eingesetzt werden können.

Richtige Antwort zu Frage 976 Die Sedimentation geschieht bei Partikeln im Schwerefeld, die dichter sind als das sie umgebende Medium. Der umgekehrte Vorgang wird „Flotation" genannt. Hier haben die Partikel eine geringere Dichte als das sie umgebende Medium. Im Schwerefeld drängt das dichtere Medium nach unten und treibt die darin enthaltenen weniger dichten Partikel nach oben. Beide Vorgänge macht man sich bei der Zentrifugation zunutze, die das Schwerefeld stark vergrößert und damit beide Vorgänge beschleunigt.

Richtige Antwort zu Frage 977 Der Abbau toxischer Verbindungen zu ungiftigen Substanzen.

Richtige Antwort zu Frage 978 Kompatible Solute werden in der Zelle angehäuft, um Wasser dort zu binden und damit ein Austrocknen der Zelle durch Wasserentzug zu verhindern. Dies ist nötig, wenn der Lebensraum des Organismus reich an osmotisch aktiven Substanzen, wie Salzen und Zuckern, ist, die Wasser osmotisch durch die Zellmembran nach außen ziehen. Die hohe intrazelluläre Konzentration dieser Substanzen muss kompatibel mit dem Stoffwechsel sein, darf diesen also nicht beeinträchtigen. Typische kompatible Solute sind Glycin-Betain, Prolin und Trehalose.

Richtige Antwort zu Frage 979 Veränderungen im Lebensraum können durch Rezeptoren/Sensoren in der Zellmembran, aber auch intrazellulär aufgenommen werden. Dies geschieht in Abhängigkeit von der chemisch-physikalischen Natur des geänderten Umweltparameters. So werden Nährstoffe und alternative Elektronenakzeptoren meist an der Membran detektiert, während Temperaturänderungen oder membrangängige Gase wie Sauerstoff zum Teil intrazellulär gemessen werden.

Richtige Antwort zu Frage 980 Die Depolymerisierung erfolgt über extrazelluläre Enzyme und liefert abhängig von der Zusammensetzung Mono-, Di-, Trisaccharide, Aminosäuren und Peptide, Nucleotide, Oligonucleotide und Fettsäuren als Produkte.

Richtige Antwort zu Frage 981 Anoxygene phototrophe Bakterien und chemolithoautotrophe Bakterien. Sie spielen mengenmäßig bei der Biomassebildung auf der Erde nur eine untergeordnete Rolle.

Richtige Antwort zu Frage 982 Methanbakterien setzen die Produkte der sekundären Gärung zu Methan und Kohlendioxid um und spielen damit eine wichtige Rolle am Ende der Mineralisation.

Richtige Antwort zu Frage 983 Durch Proteolyse, assimilatorische Nitratreduktion, dissimilatorische Nitratreduktion, Stickstofffixierung.

Richtige Antwort zu Frage 984 Der Nitrogenasekomplex, der die Stickstofffixierung katalysiert, ist extrem sauerstoffempfindlich und wird in Gegenwart von Sauerstoff nicht gebildet.

Richtige Antwort zu Frage 985 Atmungsschutz, Heterocystenbildung, Konformationsschutz.

Richtige Antwort zu Frage 986 Nitrifikation ist die Umsetzung von Ammonium über Nitrit zu Nitrat. Beteiligt sind die Ammoniumoxidierer, z. B. *Nitrosomonas*, und die Nitritoxidierer, z. B. *Nitrobacter*. Als Elektronenakzeptor fungiert in aller Regel Sauerstoff, es handelt sich also um einen aeroben Prozess.

Richtige Antwort zu Frage 987 Denitrifikation ist die Umsetzung von Nitrat über Nitrit, Stickstoffmonoxid und Distickstoffmonoxid zu elementarem Stickstoff (Distickstoff). Beteiligt sind die Denitrifikanten. Die Denitrifikation ist ein anaerober Prozess.

Richtige Antwort zu Frage 988 Bei der assimilatorischen Sulfatreduktion wird Sulfat zu Sulfid reduziert, welches dann direkt in die Biomasse eingebaut wird, also im Baustoffwechsel Verwendung findet. Zu diesem Prozess sind Bakterien und Pflanzen in der Lage.

Richtige Antwort zu Frage 989 Die farblosen Schwefeloxidierer oxidieren Sulfid über Schwefel zu Sulfat. Dabei nutzen sie Sauerstoff als Elektronenakzeptor, es handelt sich also um einen aeroben Prozess.

Richtige Antwort zu Frage 990 Grüne Bakterien besitzen zwei alternative Wege der CO_2-Fixierung, den reversen Citratzyklus (Grüne Schwefelbakterien) und den Hydroxypropionatweg (*Chloroflexus*).

Richtige Antwort zu Frage 991 Die Lipide der Bacteria sind Esterlipide, die der Archaea Etherlipide.

Richtige Antwort zu Frage 992 Bei grampositiven Bakterien ist die Peptidoglykanschicht leicht zugänglich. Bei den gramnegativen Bakterien erschwert die äußere Membran den Angriff dieser Antibiotika.

Richtige Antwort zu Frage 993 Die β-Lactam-Antibiotika hemmen die Transpeptidasereaktion. Da sie nur bei wachsenden Zellen erfolgt, werden auch nur diese gehemmt.

Richtige Antwort zu Frage 994 Die Knüpfung einer Peptidbindung erfordert Energie. Da die Polymerisierung des Peptidoglykans außerhalb des Cytoplasmas erfolgt, kann die Energieversorgung nicht mit ATP erfolgen. Die Spaltung der Peptidbindung des endständigen D-Alanin liefert die notwendige Energie.

Richtige Antwort zu Frage 995 Aus Lipoid A, dem Kernoligosaccharid und der O-Seitenkette.

Richtige Antwort zu Frage 996 Aus PEP.

Richtige Antwort zu Frage 997 Das Alarmon der stringenten Kontrolle ist ppGpp. Es wird bei Aminosäuremangel am Ribosom gebildet. Es induziert die Biosynthese von Aminosäuren und die Mobilisierung alternativer Energiequellen. Es reduziert besonders die

Proteinbiosynthese und weitere energieverbrauchende Biosynthesen. Das Alarmon der Katabolitregulation von *E. coli* ist cAMP. Bei Glucosemangel wird es durch die Adenylat-Cyclase gebildet. Durch Bindung aktiviert es den Transkriptionsregulator Crp. cAMP-Crp induziert Gene, deren Genprodukte die Erschließung alternativer Kohlenstoffquellen erlauben. Andere Bakterien nutzen auch cAMP-unabhängige Katabolitregulationsprinzipien.

Richtige Antwort zu Frage 998 Über den Acetyl-Coenzym-A-Weg. Hier wird nach Reduktion eines Kohlendioxidmoleküls zu gebundenem Kohlenmonoxid und Reduktion eines weiteren Kohlendioxidmoleküls bis zur Stufe einer Methylgruppe, aus den beiden C1-Molekülen Acetyl-Coenzym A gebildet, welches im Anschluss über Acetylphosphat zu Acetat verstoffwechselt wird. Dabei wird ATP über Substratstufenphosphorylierung gebildet. Außerdem ist die Acetyl-Coenzym-A-Bildung mit der Konservierung von Energie durch den Aufbau einer protonen- oder natriummotorischen Kraft verbunden.

Richtige Antwort zu Frage 999 Bei der Reduktion von Kohlendioxid zu Methan gibt es zwei Reaktionsschritte, die mit dem Transport von Ionen über die Cytoplasmamembran verbunden sind. Diese Schritte sind der Transfer der Methylgruppe von Tetrahydromethanopterin auf Coenzym M und die Heterodisulfid-Reduktasereaktion, welche letztendlich die Reduktionsäquivalente für den letzten Schritt der Methanbildung zur Verfügung stellt.

Richtige Antwort zu Frage 1000 Einige Bakterien sind in der Lage, die Freie Energie von Decarboxylierungsreaktionen zu konservieren. In diesen Fällen wird die Decarboxylierung, die durch membrangebundene Enzyme katalysiert wird, mit dem Export von Natriumionen gekoppelt. Damit wird ein elektrochemisches Natriumpotenzial über der Membran aufgebaut, welches für die ATP-Synthese durch eine natriumgetriebene F_1F_0-ATPase genutzt werden kann. Am besten ist diese Art der Energiekonservierung an *Propionigenium modestum* untersucht, und zwar bei der Verstoffwechselung von Succinat zu Propionat.